U0168378

Konstruktionspraxis im Maschinenbau
Vom Einzelteil zum Maschinendesign

机械设计实战——从零件、装配到创新设计

（原书第5版）

［德］格哈特·霍诺（Gerhard Hoenow）
托马斯·迈斯讷（Thomas Meiβner）编著
丁树玺　译

机械工业出版社

今天的机械工程元素不再局限于金属材料，还有塑料、花岗岩、聚合物混凝土等。本书涉及制造友好和成本效益设计、连接和装配友好设计，以及如何使用各种各样的材料来设计机器。本书的目的是深化和补充设计过程，使设计规则和示例在日常实践中得以实施。本书通过对多个示例进行讲解，可使读者学习到实际解决方案。相关的机器设计解释可以拓宽读者的视野、促进与设计师的有效合作。

本书可供与机械设计行业相关人员和机械设计工程师使用，也可供已经完成本科学业的机械工程专业的人员使用。

图书在版编目（CIP）数据

机械设计实战：从零件、装配到创新设计：原书第 5 版/（德）格哈特·霍诺，（德）托马斯·迈斯讷编著；丁树玺译. —北京：机械工业出版社，2023.3（2024.8 重印）
书名原文：Konstruktionspraxis im Maschinenbau Vom Einzelteil zum Maschinendesign
ISBN 978-7-111-72635-7

Ⅰ.①机… Ⅱ.①格… ②托… ③丁… Ⅲ.①机械设计 Ⅳ.①TH122

中国国家版本馆 CIP 数据核字（2023）第 025566 号

机械工业出版社（北京市百万庄大街 22 号　邮政编码 100037）
策划编辑：贺　怡　　　责任编辑：贺　怡　李含杨
责任校对：贾海霞　王春雨　　　封面设计：马精明
责任印制：单爱军
北京虎彩文化传播有限公司印刷
2024 年 8 月第 1 版第 3 次印刷
169mm×239mm · 14.75 印张 · 2 插页 · 303 千字
标准书号：ISBN 978-7-111-72635-7
定价：89.00 元

电话服务　　　网络服务
客服电话：010-88361066　　机　工　官　网：www.cmpbook.com
010-88379833　　机　工　官　博：weibo.com/cmp1952
010-68326294　　金　　书　　网：www.golden-book.com
封底无防伪标均为盗版　　机工教育服务网：www.cmpedu.com

前言

本书旨在激发机械工程师在零件、结构设计方面的创造性思维。这种思维方式不仅依赖于基础的科学理论，更需要知识与艺术的相互结合。一位优秀的设计师往往会有意无意地同时思考多种解决方案，这需要设计师拥有丰富的理论知识，同时能够考虑技术实现上的实际问题，并在关键点上提供数据支持。这门设计艺术要求我们一步一个脚印，扎扎实实地向前迈进。

只有在长期学习实践之后，才有可能完全掌握这门艺术，这期间没有任何秘诀可以让人快速地成为一名优秀的机械设计师。可以确定的是：

1）欲速则不达。

2）兴趣是最好的老师。

3）过程必定激动人心。

4）每一项新任务都具有挑战性。

然而不得不提的是，虽然行业内的从业人员对各自的工作感到满意，但公众对于设计行业的认可却是很少见的。事实上，在当今的机械工程领域，几乎没有哪位设计师或发明家能够达到像奥托（Otto）、狄赛尔（Diesel）他们那样广为人知的程度。作者在 *Entwerfen und Gestalten im Maschinenbau* 一书中已经完成了部分前文所提及的目标，但前作的针对人群是机械工程专业的在校学生，并把重点放在了单件制造和小批量生产领域。而在本书中将不再有如此的内容限制，当然这并不意味着能够完整地介绍生产工艺对大批量生产的全部影响，只能提供基础的设计方向、规则和方法。在此基础上，各位读者需要根据自己实际的工作领域，选择更专业的资料，因特网为我们提供了很多最新的实用信息：新的材料和相关计算方法，尤其是在轻量化和动态载荷领域，要求设计师不断地学习新知识。从业人员之间的专业交流同样十分重要，就本书而言亦是如此，首先要感谢伊娃·赫恩希尔（Eva Hernschier）、伊娜·迈斯讷（Ina Meiβner）、贝恩德·普拉茨（Bernd Platz）、哈利·托尼格（Harry Thonig）、莱纳·贝克（Rainer Bieck），以及来自德累斯顿工业大学（TU Dresden）和科特布斯森夫滕贝格兰登堡工业大学（BTU Cottbus-Senftenberg）的同学们；其次各家公司提供的专业图片也都非常有价值。很可惜，这样短短的篇幅不足以表达对所有参与本书创作人员的感谢。

本书中所提及的示例并非全部来自近期的项目，而是作者在多年工作实践中积累所得。时间较为久远的例子并不是为了给读者提供机械工程的发展史概况，而是希望大家可以从中提炼出能够运用于现在或将来实际项目中的思路和技巧。针对日后工作任务的完整解决方案是不存在的，读者应该将本书视为在工作实践和专业研究中应对设计任务的配套书籍，就像其他常备的技术绘图手册和机械零部件书籍。

格哈特·霍诺（Gerhard Hoenow）
托马斯·迈斯讷（Thomas Meiβner）

目 录

第1章 引　言

1.1 出发点

在过去的50年间，机械工程取得了巨大发展。机械部件本身不再仅仅由传统的金属材料（如铸铁、钢、轻金属等）构成，塑料、纤维复合材料、花岗岩和聚合物混凝土也都成了重要原材料。诸多电气设备丰富了小型控制柜的功能，电气、液压和气动元件均得到了适当的运用。手动操作或机械控制在机械制造过程中十分常见，机械部件相关知识的介绍成了机械工程培训中的重要一环。电子技术的引入同样给机械部件带来了极大的变化，不同类型的传感器可以监控制造过程并实现更多的功能。电子控制成了主流（图1.1），控制柜的尺寸也进一步增大。除了机械

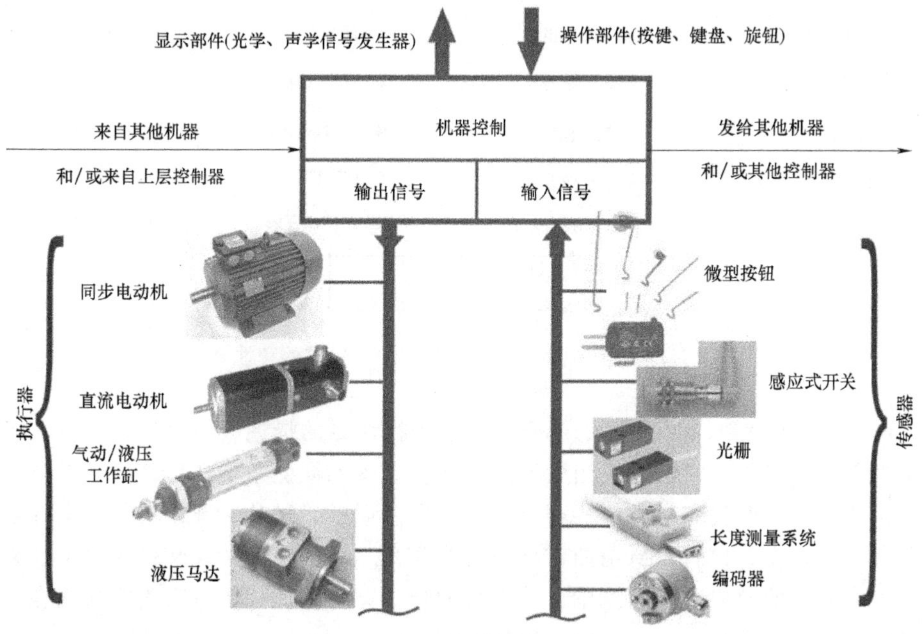

图1.1　机器控制的核心功能

设计师和电气工程师，电子工程师和计算机工程师也在机械工程的研发过程中发挥作用。零部件选型已经取代设计成为了开发工作的重点。供应商提供了各式的电气、液压和气动元件来满足不同的应用需求。面对这样的发展趋势，**自主设计的机械零部件依旧是机械工程诸多领域的基础**，而它们正是本书讨论的重点（图 1.2）。

图 1.2　自动打桩车辆的原型（FörsterMontage 有限公司）

即使在今天，机器、设备系统的核心仍旧是实现物理运动的机械零部件——它们在微电子技术的浪潮中屹立不倒。

设计师要为单个零件、机器组件及整台机器设计尽可能多的属性和特点，图 1.3 中所罗列的仅仅是一个概览，在后文中将会对其做进一步的补充。

设计师

满足功能要求	满足载荷要求	满足强度要求	满足材料要求
满足制造要求	满足成本要求	造型美观	易于加工
满足装配要求	满足环保要求	易于报废处理	安全性
易于检修	满足标准	满足质量要求	满足时间要求
适于运输	满足维护需求	耐磨损	可维修
满足人体工学	防腐蚀	满足收缩性能要求	可连接扩展

产品

图 1.3　设计师在机器设计过程中所追求的特性[8]

本书不会对表 1.1 中所提到的全部特性进行详尽的描述，但每位设计者在实际应用中必须始终关注它们——当然不同的项目会有不同侧重。在计算机辅助开发环境中，软件会帮助我们考虑这些需求。产品生命周期管理从一开始就要求设计者和决策者进行合作，也就是所谓的“同时并行工程”。处理实际需求和特性设计意味着要以本书中的简要陈述为基础，并进行大量扩充。因此，笔者将内容限制在目录所设定的理论范围内。

1.2　分析是机械设计的先决条件

每台新机器的设计开发都直接或间接地参照过去的机器，它们以原型机、图样或设计师记忆的形式流传下来。

每位设计师都会有意或无意地借鉴已有的设计为各自的任务找寻解决方案，当然他们都必须遵守以下原则：

先观察理解，再复制。

更好的处理方式是在观察理解某个结构设计后，不是简单地对其复制粘贴，而是将其理念创造性地应用于自己的任务中。接下来的简单示例就很好地说明了这一点，图 1.4 所示为应用于经典自动车床中转塔头部分的刀架，原始版本由切削加工而成，但在批量生产的过程中，需要将其设计为精铸件。外形只是略有变化，原来的定位销结构被铸造拱形所取代，但其所实现的成本节省是相当可观的，因为在铸造完成之后只需对轴面进行磨削并加工 3 个螺纹孔即可，并且无须担心之后的进一步改进，如减少壁厚和添加加强筋结构，两者都可以由铸造工艺直接完成。刀架 2 的结构如图 1.5 所示。

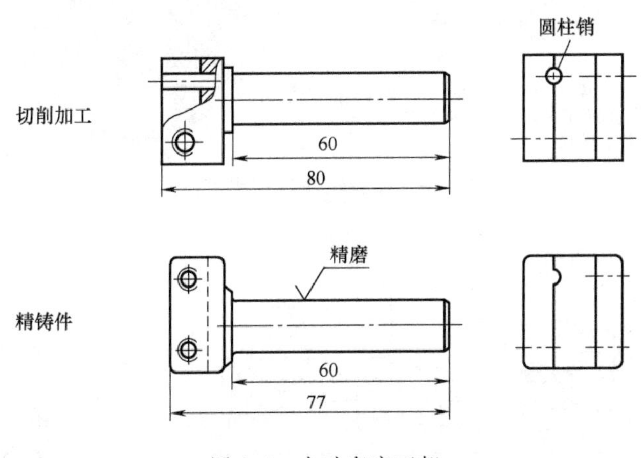

图 1.4　自动车床刀架

接下来的一个示例展示了某个应用于农业机械的外壳结构（图 1.6）。上、下外壳之间的螺纹连接有两种不同的设计，其一是带有长螺钉的无法兰螺纹连接；其二是在轴承点处带有法兰结构的螺纹连接。高侧壁具有较高的刚度，故允许直接使用两个长螺钉，从而省去法兰附件及两个短螺钉。但必须说明的是，这样的结构设计并不是它的“最终形态”。对于法兰结构如何应用于外壳连接，文献［34］在其“法兰问题”章节中进行了详细的讲解，建议各位设计师能够参考阅读。

小型自动车床驱动主轴部分的结构性故障很难识别（图 1.7）。单独安装的 V 带轮应远离空心主轴以保证拉紧力，但这种结构本身生产时间长，且在实际工作中

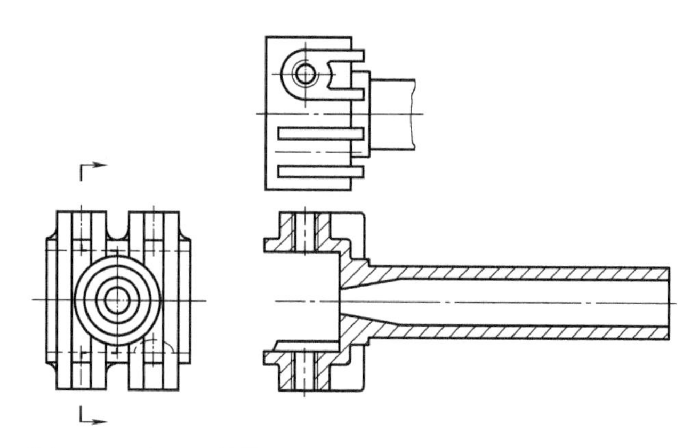

图 1.5　刀架 2（精铸件，壁厚减小，带有加强筋及空心轴；更好地利用了铸造工艺的特性，降低了零件重量）

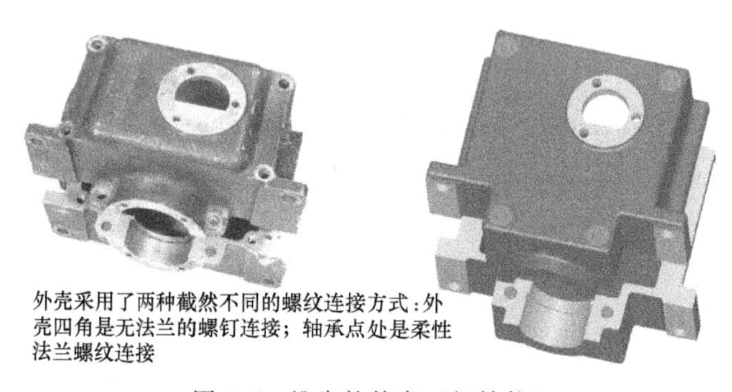

外壳采用了两种截然不同的螺纹连接方式：外
壳四角是无法兰的螺钉连接；轴承点处是柔性
法兰螺纹连接

图 1.6　锥齿轮外壳（铝铸件）

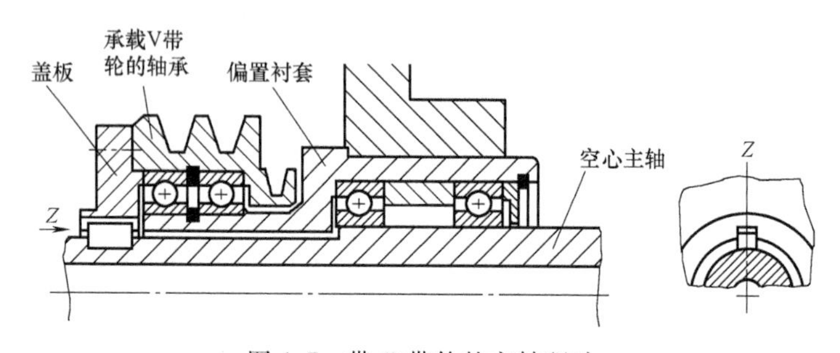

图 1.7　带 V 带轮的主轴驱动

多用于不同班组。售后服务部门的装配工人们不得不常常更换滑键，由于滑键的成本很低，且更换工作可以在日常检查过程中顺利完成，因此这一步骤被认为是无关紧要的，也不会反馈给设计部门。图 1.8 展示了某个滑键的磨损外观，

图 1.8　带有明显磨损的滑键

这是我们对此结构进行深入分析的切入点。

课题 1.1：

滑键上的磨损是如何形成的？注意：图 1.7 中可能还存在着其他的设计错误及缺陷。

图 1.9 将再次提到本章节第 2 个示例中的法兰问题。不幸的是，这类法兰底座因其强劲的“生命力”而“肆无忌惮”地出现在我们的教科书中。

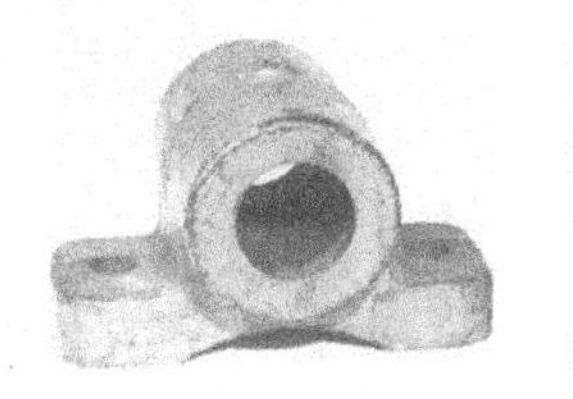

图 1.9　轴承座

注：左侧为法兰底座，弯曲应力通过壁厚来对抗（制造年份：1920）；
右侧才是满足功能的结构设计（适用于更高的负载）。

此处，我们将以一个悬挂轴承为例展开分析和思考（图 1.10 和图 1.11）。轴承从下方连接到钢架上，可以进行约±30°的回转运动。ϕ10mm 孔所受的向下的力约为 750N。该设计的生产总数也仅为单次 50 件。两个设计版本都带有应对应力变形的法兰底座，但在我们现在所讨论的问题中，它们与 1920 年生产的“不良”轴承座设计没有任何区别（图 1.9）。

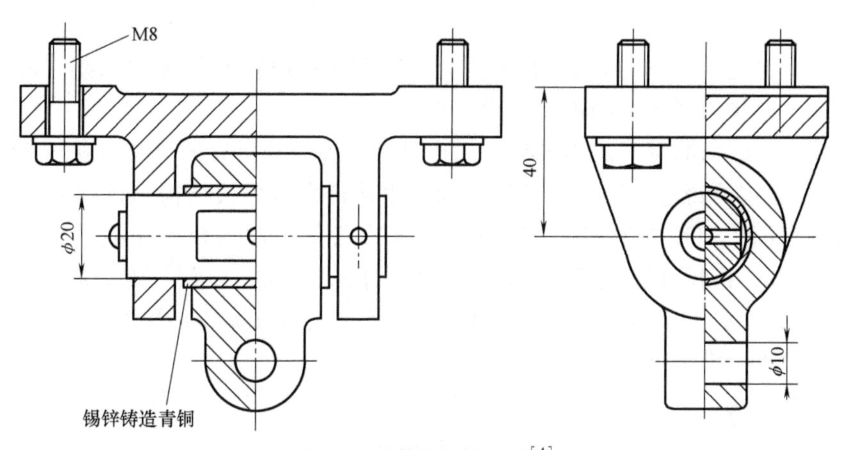

图 1.10　铸铁悬挂轴承[4]

课题 1.2：

为每个设计提出更有利的轴承体设计，尤其要对焊接设计的方案重点关注。

在实际应用中，管道中的轴承支架也常常用到焊接结构。这样的设计是唯一的，或者是恰当的解决方案吗？图 1.12 给出了答案。尽管这样的设计在钣金或钣

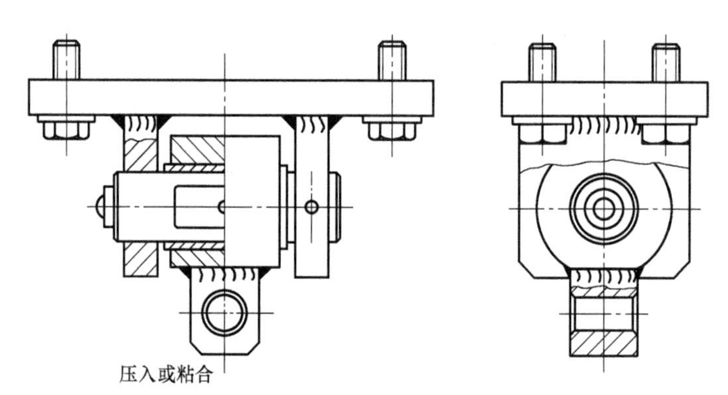

图 1.11　焊接悬挂轴承[4]

金焊接结构中并不少见，但我们都很清楚以这样的空心圆柱体为基础设计的轴承很难减小其与轴颈的接触面积。

将轴承点铸造成空心圆柱体

钣金轴承点，将承重面积限制到最小

图 1.12　不同的轴承座设计

所以，在文献［15］中，对铸造轴承座（图 1.13）和焊接轴承座（图 1.14）这两个基本形状相同的结构进行了成本分析。

比较类似结构的制造成本或生产工作量是一种完全正确的分析方法（参见 2.1 节），而将原本的铸造件不进行任何结构变化就转换为焊接结构则是我们一定要避免的（参考图 2.4 和图 2.5）。设计师们总是在尝试应用适合各种不同制造工艺的结构设计，以达到降低成本和提高生产率的目的。因此，读者们需要完成一个轴承座结构的设计任务，该结构应能够承受壁厚为 16mm 的管道，且配有 2 个 ϕ47.2mm 的轴承安装孔。

课题 1.3：

需设计一种焊接轴承座，其主要尺寸及强度与表 1.1 中的铸造结构相对应。

总结如下：

■ 分析机械图纸、设计资料是设计师在每次结构开发中都需要的一项基本能力。

■ CAD 系统在实际工作中为设计师们带来了越来越多的帮助，但依旧无法取代上述能力。

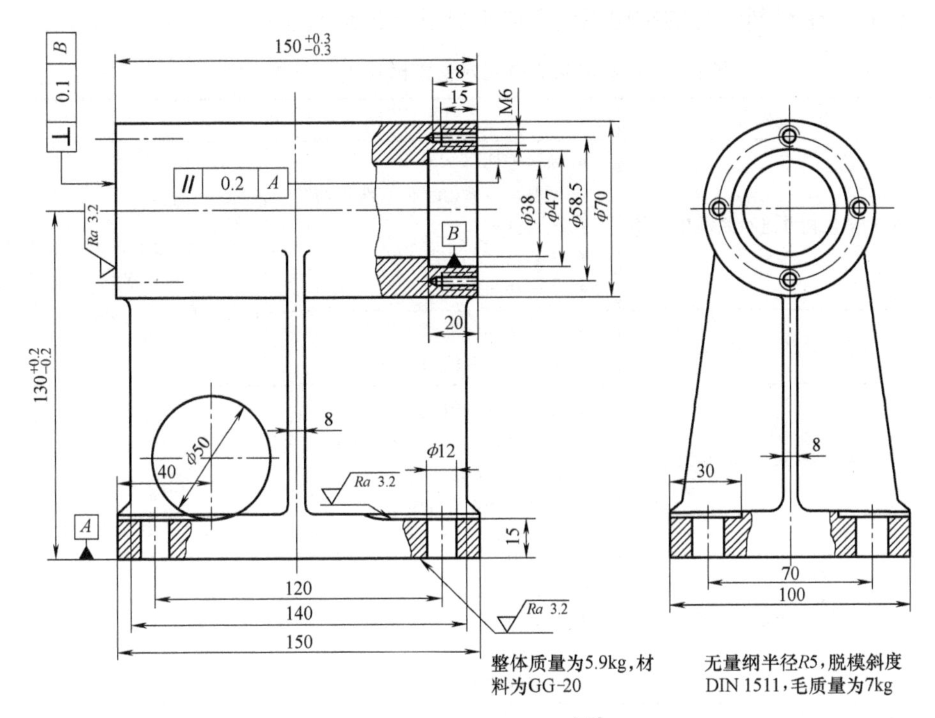

图 1.13　铸造轴承座[15]

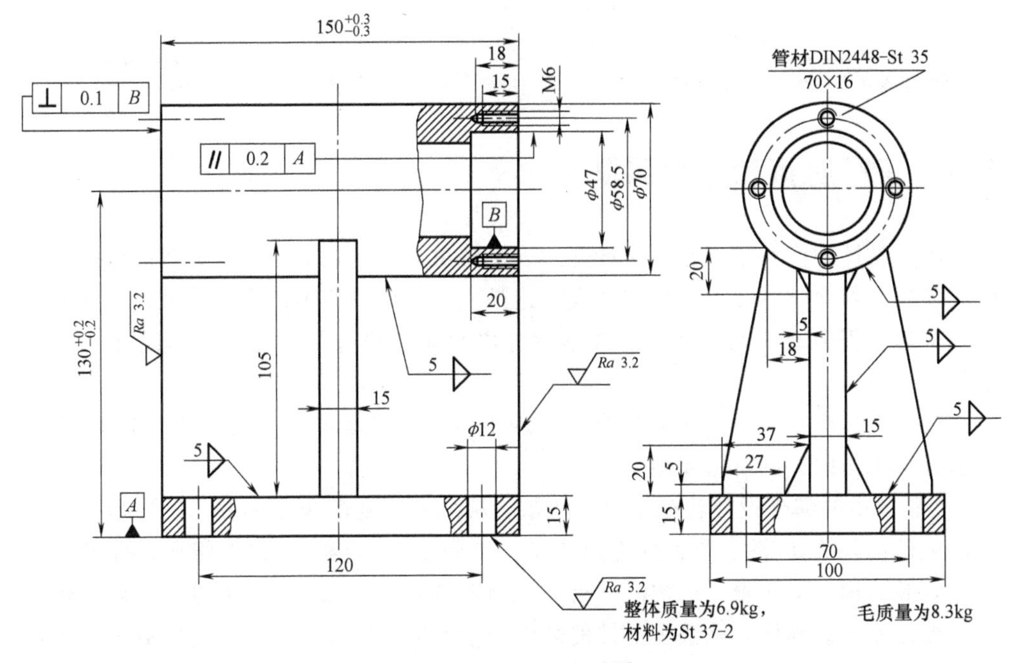

图 1.14　焊接轴承座[15]

■ 每一个全新设计的结构在应用前都要进行仔细的检查。

表 1.1　以装配图的形式对给定结构进行评估分析

<table>
<tr><th>步　骤</th><th colspan="2">分　析</th></tr>
<tr><td>1）明确整体功能并进行系统化思考</td><td>• 固定零件
• 可移动零件（旋转、直线运动）
• 载荷分布
• 变形
• 功能缺陷</td><td rowspan="2">提示：
步骤 1）和步骤 2）的顺序并不一定，两者密切相关，总是同时进行</td></tr>
<tr><td>2）识别单独零件的结构特征</td><td>• 单独零件的尺寸边界
• 画出单独零件的草图</td></tr>
<tr><td>3）思考所需的精度及公差范围</td><td colspan="2">• 间隙配合（较松或较紧）
• 过盈配合（过盈尺寸大小）
• 累计公差（如何应对）
• 判断是否存在重复定义</td></tr>
<tr><td>4）明确单独零件的制造工艺</td><td colspan="2">• 铸造加工
• 焊接加工
• 切削加工
• 钣金件
• 已知的加工问题</td></tr>
<tr><td>5）确认装配顺序</td><td colspan="2">• 装配过程是否仍有简化空间？</td></tr>
<tr><td>6）总结错误与不足</td><td colspan="2">• 制图错误
• 功能是否真正满足需求
• 单独零件加工
• 装配过程</td></tr>
</table>

注：本表并不完整，仅作为入门介绍。

1.3　变形创新和变形限制

由于设计师们并不能在不设计开发多个解决方案的前提下得出近似最优解，因此大多数人都会进行变形结构的开发。这是一项公认的基本原则。但是，在开发变形结构的过程中绝不能与重要的基本设计原则相矛盾，从而导致整体结构的功能退化。

接下来这个示例所关注的是力在结构中传递的基本原则：短和快。图 1.15 中有部分结构与此原则背道而驰。

1 和 2 中的部分设计就存在上述问题。从力和应变的角度出发，设计师必须了解钣金件因拉力 F 将会产生的应力变形，其中变形结构 2.4 的力传递设计最为糟糕。变形结构 3.1 代表了结构设计给加工制造带来的问题。如果通过火焰切割将厚金属板加工成该零件，则整个部件的表面力学性能会变差，无法直接完成第二个焊接金属板的步骤。螺纹连接的解决方案 4.1 和 4.2 则违反了基本制造规则，即优先

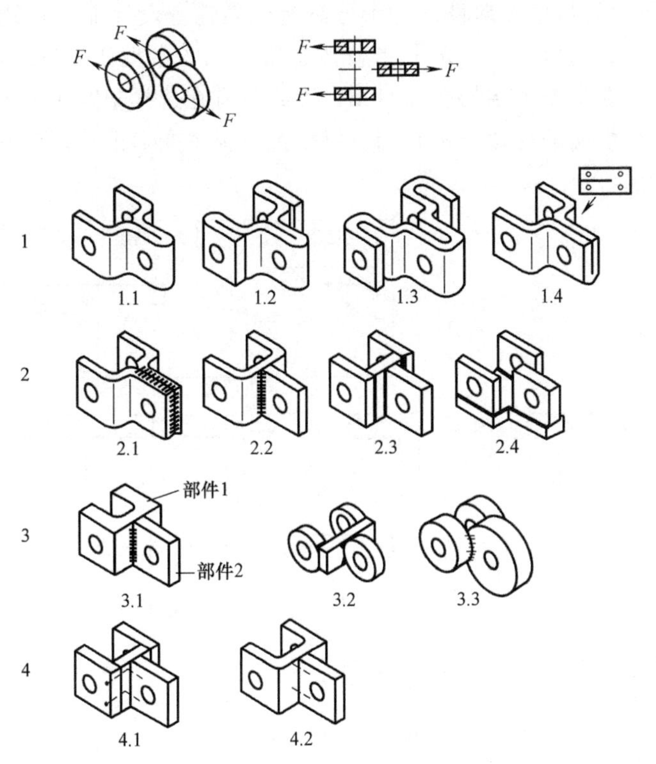

图 1.15 万向节叉形端变形结构设计的示例[14]

注：原文中共介绍了 39 个变体，并带有详细的介绍及对进一步修改的提示。

选择一体化构造。它们都是业余爱好者不专业的设计。在无法进行更大厚度火焰切割的情况下，变形结构 3.3 对于单件生产而言是非常出色的设计。

对于类似的设计任务，文献［87］提出了更适合生产的解决方案，如图 1.16 所示。

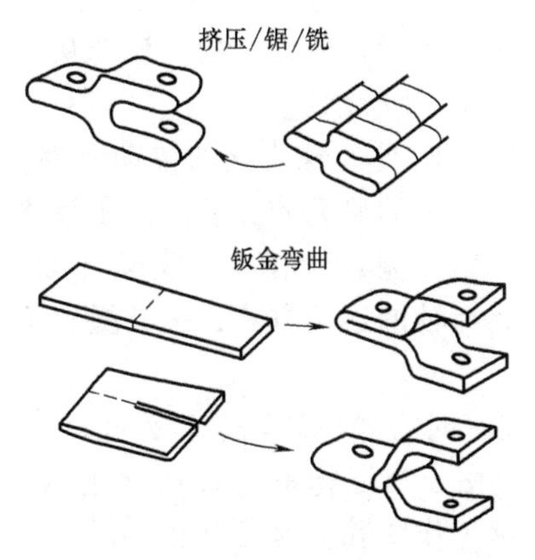

图 1.16 满足力学及制造要求的叉形端设计[87]

图 1.17 所示的棘爪变形设计也十分具有代表性。设计师们在绘制草图时会优先确定有效面积，这对于后续的外形修改也很有用，参见 2.2 节。通过图 1.17 中的食指标识可以看出整个结构受力很小，因此只有在选择塑料作为加工材料时才需要考虑强度。从最初的近似结构我们可以衍生出很多变形设计，但其中只有几个符合机械加工要求。

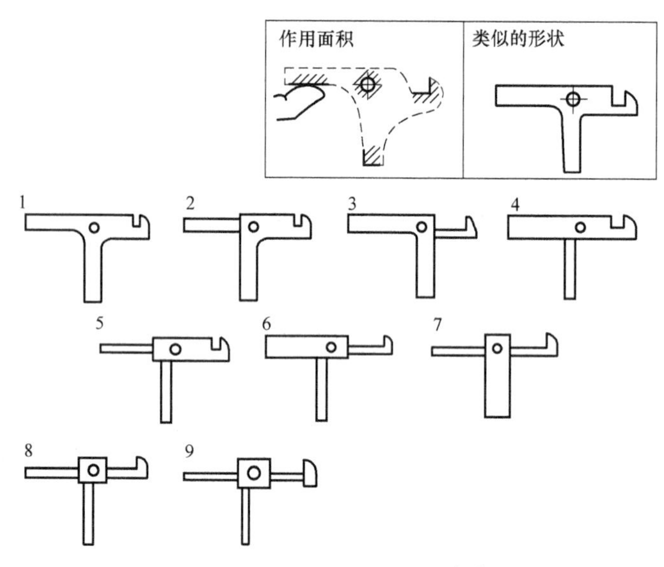

图 1.17　棘爪的变形设计[87]

对于图 1.17，符合机械加工要求的有：

1）变形 1，加工方式为火焰切割、激光、冲孔。

2）变形 3，加工方式为 L 型材配以焊接结构。

3）变形 4，加工方式为小块扁钢组合。

所有余下的结构都或多或少违背了基本的机械加工原则。

汉森（Hansen）所著的文献［27］是结构系统学的经典著作之一，在其设计文献中再三提及的示例之一就是平带传动结构。汉森从实际结构出发，首先抽象出设计任务的基本功能，如图 1.18 所示。

尽管平带传动结构很难被归类为现代化的传动元件，但文献［32］在其 2002 年的版本中依旧对它进行了全面的研究和分析。由于最终得出的推荐方案与传统观念大相径庭，因此此处再介绍一遍设计任务。文献［32］通过改变滚子轴承的位置，以及带轮相互之间及其与轴的连接方式，一共提出了 18 种方案，图 1.19 中摘录了其中的 15 种。

1 和 2 的方案在更换皮带时需要拆卸轴承，因此从节省工时的角度出发，应优先选择 3 和 4 的变形设计。由于参照物是图 1.18 中的两侧安装结构，1 和 2 的设计也是可以理解的，但在后续工作中我们必须认识到单侧支撑（3 和 4）在组装拆卸时的绝对优势。

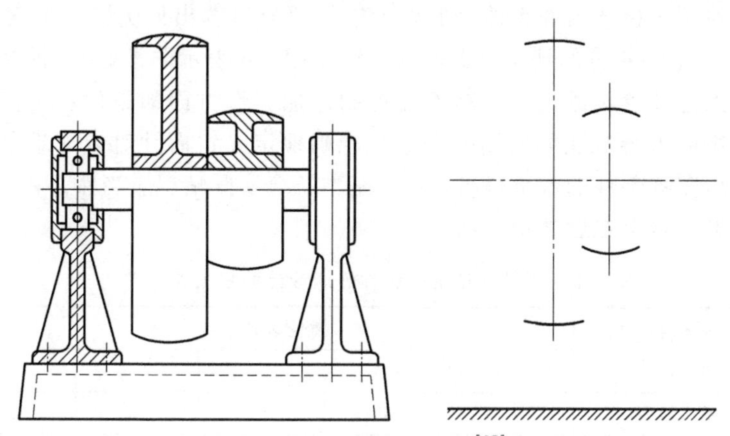

图 1.18　平带传动机构[27]

注：左侧为给定的结构，右侧为抽象出的设计任务的基本功能。

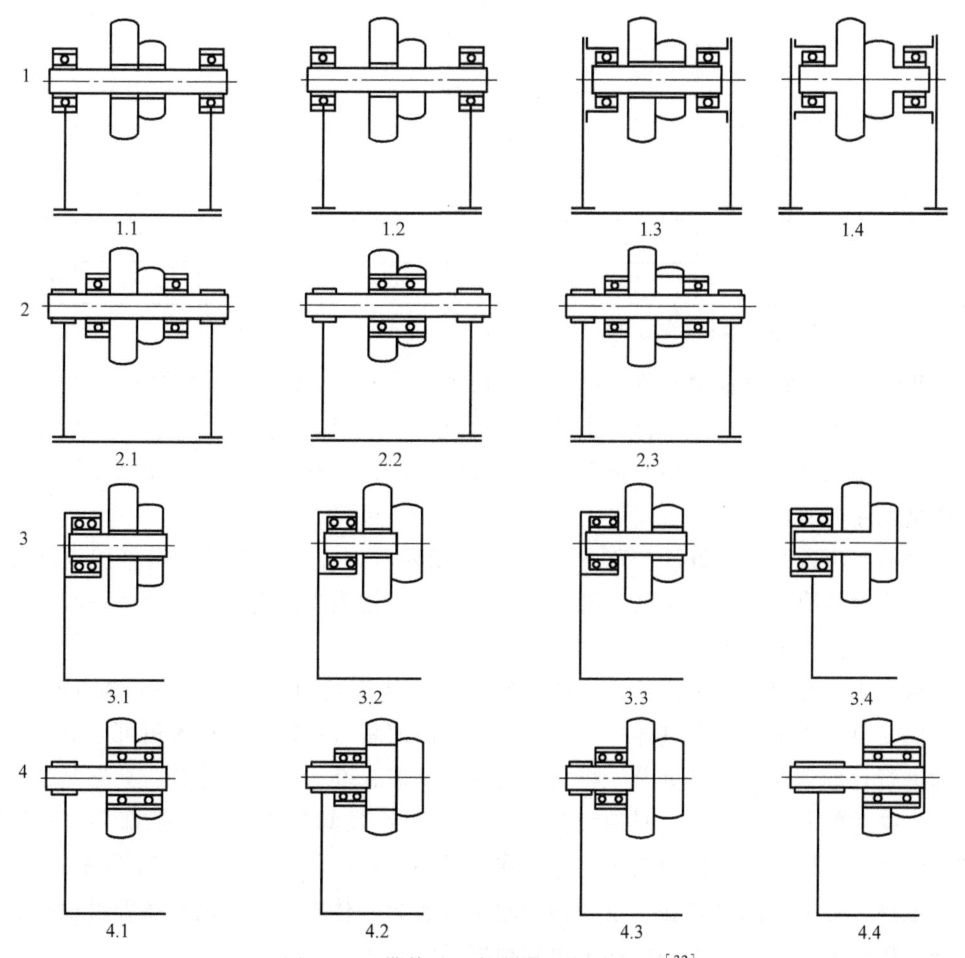

图 1.19　带传动机构的各种解决方案[32]

我们将对预先挑选出的 5 种变形设计进行评分以选出最优解（见表 1.2），对每一项属性进行 0~4 分的评价（0 表示无法使用，4 表示非常好）。前文提到的拆卸便利性自然是评价标准之一，然而在可制造加工性方面却是仁者见仁智者见智了，解决方案的可铸造性如何用一个数字准确地定义？而针对装配难易程度的评估，这里从所需零部件的数量得出，可以基本符合实际情况。当然，在装配上也会出现新的问题，这会在后文中提到。

表 1.2　平带传动机构各种概念设计的技术评分[32]

序号	技术特点（机械特性）	概念设计序号					满分
		1.3	1.4	2.1	3.6	4.3	
1	承压能力	4	4	4	2	3	4
2	质量	3	3	2	4	4	4
3	刚性/制造特性	3	3	3	2	2	4
4	可铸造性	1	1	2	3	2	4
5	可切削加工性	2	2	1	3	3	4
6	装配的难易程度/使用的方便程度	2	2	2	4	3	4
7	替换零件的便利性	1	1	1	4	4	4
	总分	16	16	15	22	21	28
	占比	57%	57%	54%	79%	75%	100%

注：部分评分并不具有实际意义，详见文献［32］。

我们应该始终辩证地看待应用上述表格来评价各个变形设计。数字的表达可以对设计进行评价，但其本质仍是主观分配的值，即 1~4。笔者在实际工作中往往会在团队中使用这种方法，但改进效果十分有限；而且只有在完成设计图纸之后，这份评价表才能实现。

根据解决方案 3.6 设计的草图如图 1.20 所示。对于大多数科班出身的设计师而言，这种解决方案可能不会是第一选择，因为他们最先想到的会是两个各自带有轴的带轮之间的轴毂连接。

从表 1.2 可以看出，这种设计的可铸造性被认为是相当好的（评分为 3），因此我们要更认真地设计其基体——带有轴承座的底板。在图纸设计阶段可以对这个结构进行外形划分或模型划分，将它分为两个型芯，其一是主孔部分，其二是带有空心支撑臂的底板。对于这样的设计，文献［32］及其他相关的文献都要求使用统一的型芯，因为它可以更安全地存放在铸模中，相应的铸件如图 1.21 所示。

这种设计的不同之处在于空心轴和两个带轮为一体式结构，这意味着可以省去轴毂连接；但轴承的可安装性并未得到很好的考量。

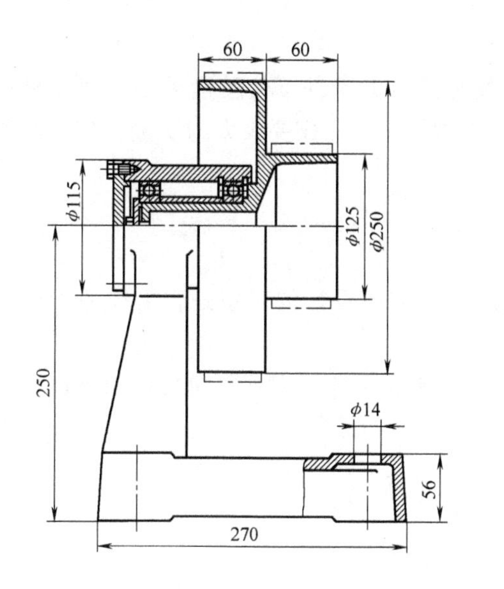

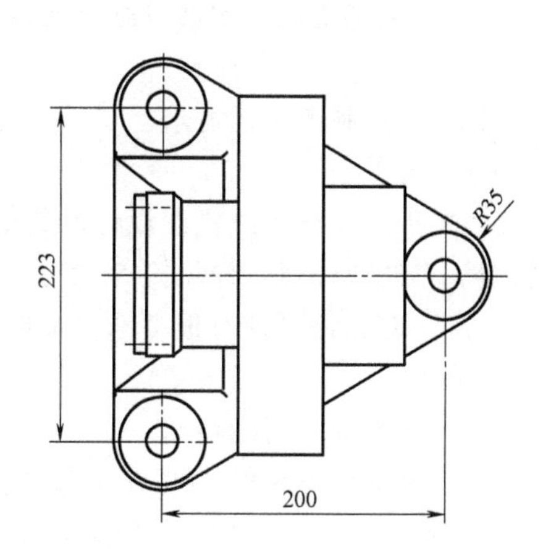

图 1.20 平带传动机构

注：带尺寸的设计草图，针对单月 100 件生产量的结构设计。[32]

课题 1.4：

请确定图 1.21 的装配顺序；如果可以的话，请提供更适合装配的轴承结构。

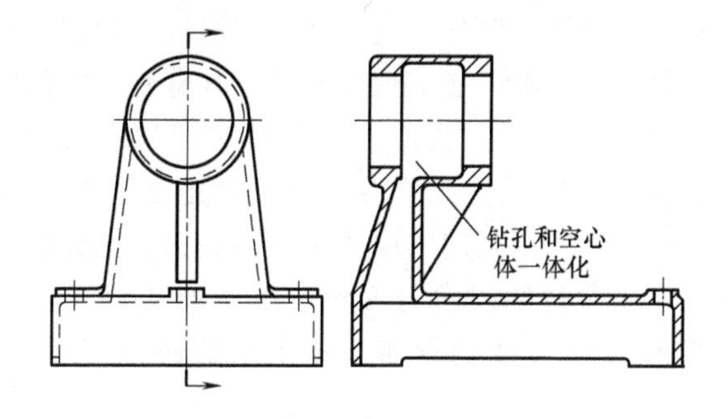

图 1.21 用于平带轮机构的轴承座

总结

在之前的示例中已经包含了部分对于变形设计限制的表述，接下来将对其进行简单的总结和补充。

首先，变形设计一定要有明确的目标。除了明确功能需求，还要尽可能地收集以下信息（但不要求详尽无遗）：

1）期望的产量（单件、小批量、批量、大批量）。

2）尺寸。

3）质量要求（轻量化结构——在不增加成本的条件下使质量最小；超轻量化结构——可以接受成本增加以减小质量；重型结构——需要极大的质量，如叉车的后部）。

4）材料及制造工艺需求。

5）应力需求。

6）关于工作环境或机器设计的其他声明（需要设计的对象是否需要适配现有的机器、系统或环境，详见第5章）。

其次，对比评价针对很多情况都能取得不错的效果。对比评价可以根据以下方面进行分类：

1）可用性强—可用性差。

2）有利的—不利的（两方面都要表述理由）。

3）单个零件少—单个零件多（装配过程复杂）。

使用对比评价，可以花费相对较少的精力来控制变形数量。在完成这一步骤后，再进行前文所提到的数字评价或运用类似的评价体系。但值得注意的是，在整个过程中专家们主观看法的影响永远无法完全消除。

1.4 发明或设计?

希望标题的问号可以引起读者们的注意。因为这个问题的答案非常明确：只有真正的设计才能带来发明创新。但是，这一切仍旧取决于我们的任务类型。当我们进行变体或适配设计时，几乎不可能实现全新的、具有专利价值的解决方案；尤其是当任务的交付时间十分紧迫时，我们不得不通过“快速通道”实现尺寸调整。当我们谈论“真正的设计”时，首先要对它有更详细准确的描述，这意味着在进行每一次新设计或主要设计修订之前都应该进行彻底的理论分析。这包括1.1节中提到的对已存在结构（他人告知或自行搜索发现）的观察，当然还包括自己设计任务的准确知识收集和有针对性的调研。接下来的两个例子可以很好地证明这一点。

1. 精密车床尾座

在对一台车床尾座进行精密测量之后发现，尾座套筒的锁定装置会导致尾座发生水平偏移。基于这一观察发现及进一步的考虑，最终设计得到了一个完全不同的套筒结构。通过一个从上方作用的夹紧装置消除了原先的水平偏移，如图1.22所示。

2. 装配压力机

为了实现大型农机公司的轴毂装配自动化，我们需要设计可更换工装的装配压力机。考虑机器人在装卸步骤中的应用及其活动自由度，C形结构将会是首选。类似车床转塔的工具架从中间“切开”C形结构，造成了很高的应力集中。出于这一点的考虑，我们在设计过程中需要摒弃传统的C形结构。最终采用了开放式的C形结构变体，使用拉杆和压杆连接基体和压头，同时拉杆也为工具架提供支撑点（图1.23）。

图1.22 带角筒的尾座

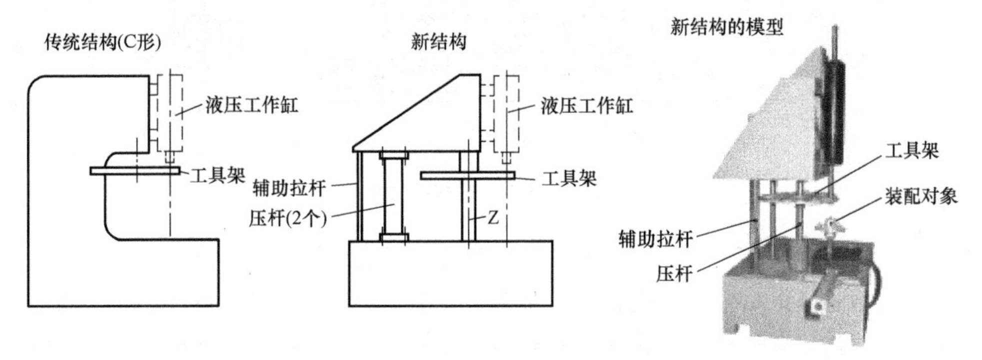

图1.23 新型压力机的概念开发设计

课题1.5：

请总结这种非传统结构压力机的其他优点。

总而言之，设计师们永远不能脱离已有机械结构的知识；但在各自的实际应用中，他们应对不同结构的优缺点进行分析，并从中找到消除公认缺点的方法以实现新的、具有专利价值的解决方案。一再出现的“复制粘贴”绝对不是专业工业设计师的工作方式。

提示！

如果各位读者发现文中的各个示例已经有了更新的解决方案（如2.3节中的鼓式制动器部分），请不要得出笔者认可旧设计的结论。本书的目的在于为读者展示如今的机械设计趋势，以便各位在工作中能够真正地实现创造性设计。如果有哪一位读者期待从一本书中找到所有问题或设计任务的解决方案，那么这本书一定会让你失望的，甚至你应该考虑换一份工作了。本书起到的是抛砖引玉的作用，让各位能够在正确的基础上独立思考。

1.5 解答

课题1.1的解决方案（图1.24）

由于偏置衬套的弯曲刚度较高，带传动机构在工作时会远离主轴，但空心主轴与轴端盖板之间的位置公差导致盖板与滑键之间产生摩擦运动。此外，这种结构无法避免弯曲应力，因为偏置衬套只能保证与带轮结构接触位置的主轴不会发生形变。如果主轴旋转 90°，滑键会阻碍偏置衬套的自由变形。合理的解决方案需要通过带轮和主轴之间的弹性连接来实现。

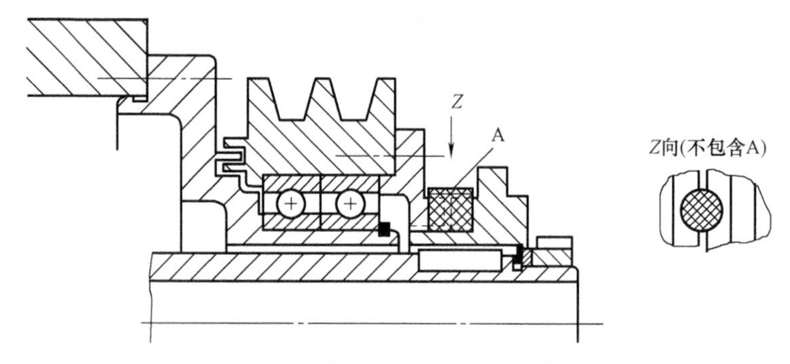

图 1.24　课题 1.1 的解决方案建议

这个设计中还有一个错误，带轮与衬套的卡环虽然是可替换的，但拆卸工作只有在外轴承损坏之后才可以进行。针对实际工作而言，只有衬套需要卡环，带轮上的卡环可以用定距环替代。转轴在衬套内的定位安装可以通过可移动的内套环加上合适的切向载荷，虽然这会带来其他缺点。

课题 1.2 的解决方案（图 1.25 和图 1.26）

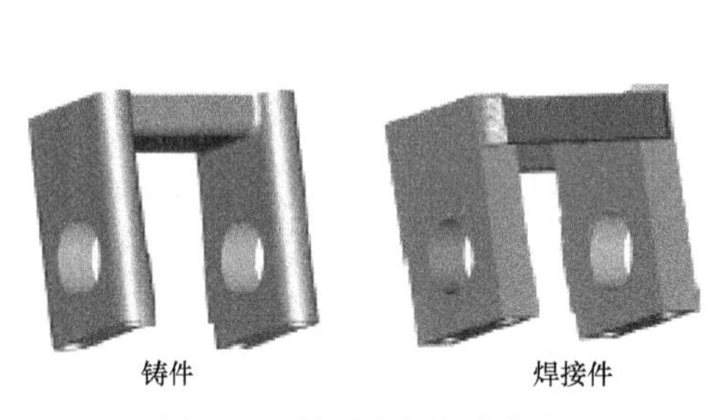

图 1.25　轴承座的解决方案

图 1.26　摆动部件的变形方案（通过厚钣金件切削制造）

铸造或焊接悬挂轴承支架结构：这两种设计都违反了文献［34］中明确的力学设计原则，因为它们都在底部的法兰结构上产生了弯曲变形。2 个孔径为 ϕ20mm 的轴承孔可以直接采用螺纹紧固的方式；图 1.9 右侧的示例可以在一定前提下得到实际应用。

焊接解决方案仅适合单件生产，而实际的生产要求是 50 件。尽管模型十分复杂，但这个数量需求决定了铸造方案依旧优于焊接方案。

摆动部件可以通过水流切割厚板材生产，设计师并不需要完全依赖铸造工艺。

针对此项设计任务，单件厚板材也足够了，但一定要注意：

最好的焊接结构只需要最少的焊接部分。

课题 1.3 的解决方案（图 1.27 和图 1.28）

对于焊接结构，给定的结构由 5 个单独的部分组成，都需要进行后加工。焊接件较少的解决方案如下：

图 1.27　2 件厚钣金件与管道相连

注：整个结构仅需 3 个焊接部件，机械加工的轴承点位于厚钣金零件中。

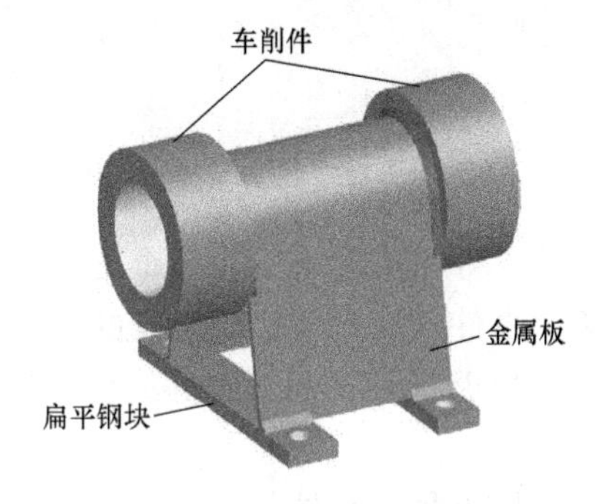

图 1.28　由弯曲金属板制成的轴承底座

注：马鞍形金属板厚度约为 6mm；底座由 2 根扁平钢块组成；固定滚柱轴承的车削件通过焊接连接。

在进行点焊之前完成轴承组件的安装，保证 2 个车削件对齐。在点焊之后拆下轴承组件，再对 2 个车削件进行最终的焊接工作，这样能够保证焊接时产生的热量不会损坏轴承。拆卸和重新组装仅适用于单件生产，若批量生产，需要使用相关的装夹设备。

优点：在焊接工艺完成后无须使用钻床或铣床进行再加工。

缺点：不能满足高精度要求。

课题 1.4 的解决方案

1）仅将固定轴承插入轴承孔（可使用过渡配合），并组装 2 个卡环。

2）连接（压入）带轮，固定轴承的内圈应选择适当的长套筒支撑。

3）将中间衬套套在空心轴上。

4）压入浮动轴承。

5）将止推垫圈拧到空心轴上。

6）盖上外壳盖并拧紧。

课题 1.5 的解决方案

1）C 形结构需要大型机床进行加工，而新结构中较小的焊接组件可以降低加工成本。

2）与 C 形结构相比，新结构的材料成本更低。

3）新结构只需更换拉、压杆就可以适配其他工作高度。

4）新结构的整体工作空间更灵活（可以从多个方向进入），这种结构也有利于装配。

第2章

制造友好和成本效益设计

制造友好和成本效益是两个密不可分的概念，因为制造友好型设计绝不仅仅是加工单个零件，而是在实现功能的前提下，尽可能地降低制造及装配总成本。包括后文中单独提及的“制造友好型设计”，笔者想要表达的都是标题中的两个概念。

2.1 设计师的责任

文献［34］中规定和解释的原则 F1～F4 有助于大家实现制造友好型的零件或产品设计，其中包括铸件、焊接结构及钣金零件的设计、加工和装配。

符合制造需求的设计规范如下：

1）善用材料！

- 原始零件等于成品零件（如非加工铸件）。
- 原始零件在很大程度上近似于成品零件。

2）尽可能使用简单的制造工艺！

3）尽可能少地使用紧固件！

4）单次夹紧完成加工！

5）使用更少的单独零件！

6）针对铸造、焊接等结构设计的基本原则和关键信息：

- **铸件**能够实现复杂的形状，但并非所有形状在经济上都是合理的！
- **焊接结构**没有尺寸限制，也不需要模型。最好的焊接结构几乎没有焊缝！
- 针对**钣金结构**，必须通过巧妙的结构设计来补偿均匀的壁厚。
- **钣金及焊接结构**在技术上不存在最小壁厚——轻量化是必须的。

文献［34］中将生产数量限制在单件和小批量生产。对于机械工程专业的学生而言，在习得基础机械制图技术之后，可以通过该书学到机械元件基础，并真正接触设计文档。本书以此为基础进一步涵盖系列化和规模化生产。而作为一本手边书，我们很难，可以说不可能做到面面俱到，单就大量的制造、连接工艺技术就不允许我们实现这一目标。

使用各种不同的制造工艺实际上可以创建任何形状（图 2.1），设计工程师总是面临以下问题：

- 我们负担得起怎样的设计？
- 换一个更好的说法，从单件生产到整体装配，我们如何做到成本最小化？

图 2.1　面向制造的设计能实现一切结构（门饰及钣金雕塑等）

有很多专家正致力于为设计师们整理提供所有制造成本的来源，并解释这些成本因素带来的影响，详见文献 [15]。这种方法很好，但设计师们决不能因此变成成本计算机。设计师有着自己的任务目标，但需要得到相应的支持。

控制成本是一项共同任务[15]。

新开发项目的初始阶段更要注意这一点，这绝不是设计部门的独立工作。有关这一观点的具体介绍将在 5.1 节中给出。那么，有什么是设计师可以直接完成的呢？文献 [15] 有如下建议：

- 设计师在公司内应自告奋勇地承担任务（这其实是理所应当的）。
- 设计师与生产顾问要保持沟通。
  - 通话。
  - 定时会面。
  - 持续信息沟通与跟进——生产顾问的办公地点在设计室，对生产工程图纸进行管控。
- 由设计师联系对应的供应商（代工厂、模具制造商等）。

设计师必须明白，在正确的时间点向顾问提出正确的问题可以得到十分有益的帮助，那会是十分重要的信息。从众多信息中演化出一个简单的、符合设计规范的解决方案才是设计师们的工作，而这需要大量的实践、设计性思维、耐心及刚入门时的某位良师。如果缺少设计师的正确“方案”，就会出现如图 2.2 所示的结构。在修复结构性的功能缺陷后（几乎所有的新设计都会这类问题），这台机器的制造复杂性仍然没有得到改善，尽管它已经量产了很多年。

设计师很容易陷入复杂的结构设计思维!

图 2.2　自动车床的转塔头（盖罩已拆卸，另见图 3.94）

注：该机器已经生产并使用多年，功能更强大的下一代产品才真正揭示了其结构的复杂程度，铸铝盖需要五级铣削及大圆角加工。

必须强调的是，“简单”一词并不是指原始化的设计，而是巧妙且简单的构造设计趋势。接下来的两个例子将有助于进一步理解。图 2.3 是一个节省成本的解决方案，但它仍有很大的改进空间。

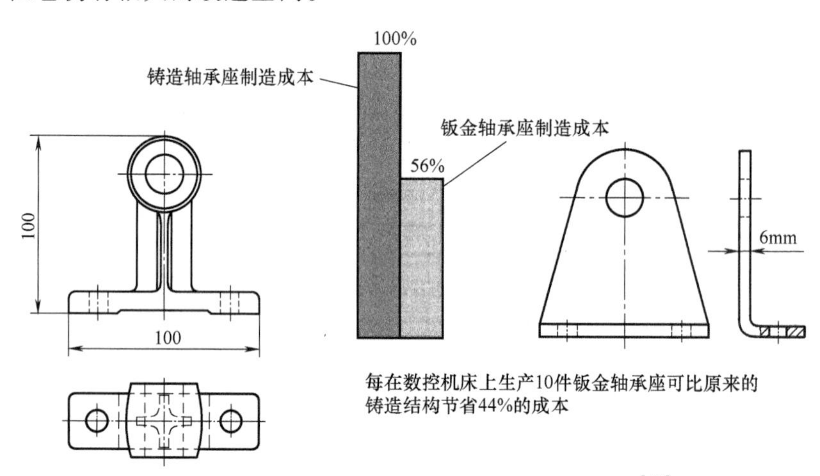

图 2.3　数控压力机上制造的廉价钣金结构示例[15]

将铸铁轴承改为简单的钣金零件可以显著地节省成本。但是，金属板的结构设计是令人失望的，“原始化”一词可以很好地概括它的特点。如果想要应用卷边等结构，也可以通过减少板材厚度来实现，上述工作都可以在数控压力机上完成。1.1 节中提到的工具架也有同样的问题。

焊接结构的一个常见缺陷是简单地复制之前的铸造结构，而没有考虑变更工艺带来的设计可能性。图 2.4 中的轴承座圆弧就是一个典型的例子。该部分的厚度为 50mm，仅能通过热成型得到，在进行焊接之前还需要其他加工步骤。

对于图 2.4，其缺点为接缝位于工作平面上；轴承座圆弧部分需要在焊接前进

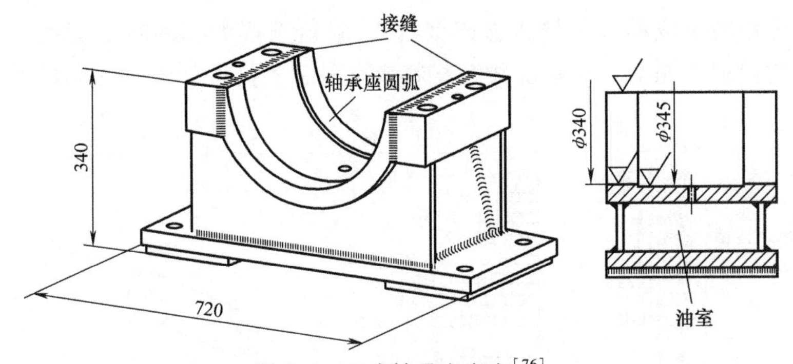

图 2.4　立式轴承座底座[76]

行加工。需要注意的是，轴承座圆弧部分的下方空间将用作油室；图 2.4 中并未标明填充口、液位控制和排放塞；焊接结构大致基于相似的铸造结构。

消除位于工作平面上的焊缝是解决方案的起点，如图 2.5 所示。轴承座连接台阶采用火焰切割的方法是可取的，虽然焊接工程师执着于原来的设计方式，但他也会建议这么做[76]。

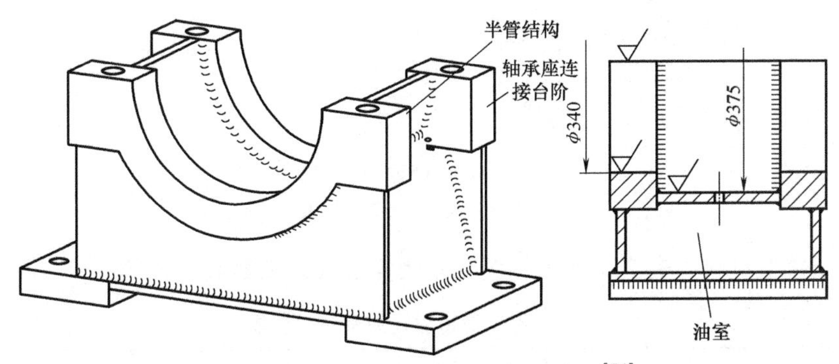

图 2.5　立式轴承座底座（改进版本）[76]

对于图 2.5，其缺点，特别是接缝，得到了消除；弯曲部分由半管结构代替。但焊缝数量并未减少。

课题 2.1：

请在保持原有结构的前提下，通过火焰切割或激光切割减少焊接部件的数量；油室必须保留。

除了主要制造加工工艺的选择及设计相关的工艺数量和工序，另一个影响设计的主要因素就是加工用的材料和数量。除了与功能相关的尺寸，设计师对其构件壁厚的选择会对设计产生最大的影响，并且设计师应该意识到材料成本可能是人工成本的几倍[15]。

材料和壁厚

不考虑材料的设计绝不是有意义的解决方案——至少要有选材范围或在某些情

况下基于可用的半成品（金属板材或型材）。材料选择的标准除了特性，成本也是必须考虑的因素。图 2.6 所示的相对材料成本对于各位设计师来说就足够了。

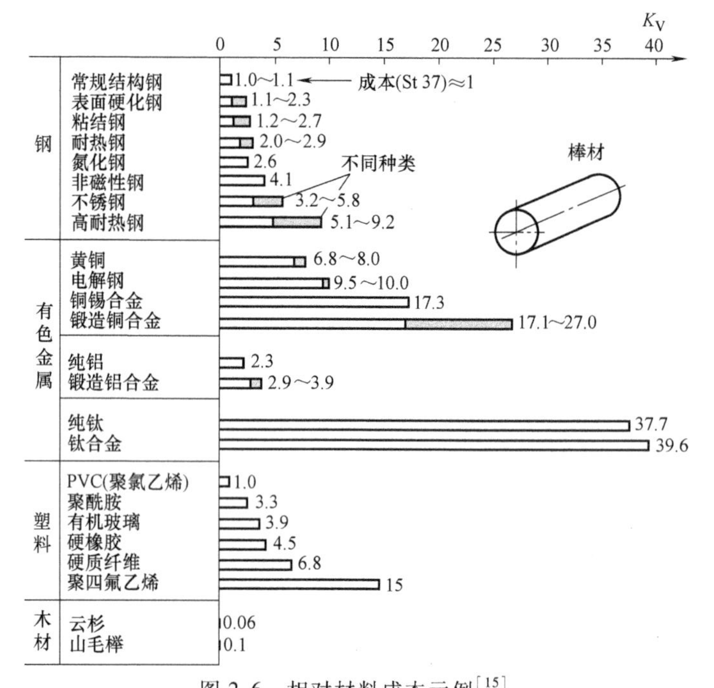

图 2.6 相对材料成本示例[15]

注：K_V 表示相对材料成本，基于 USt 32，圆形材料。

对于铸造材料，表 2.1 所列的关系是大家长久以来的共识[15]。

表 2.1 不同铸造材料的相对材料成本

灰口铸铁	……	球墨铸铁	……	可锻铸铁	……	铸钢 =
1	……	1.2~1.5	……	1.7	……	2.0~2.5

在经营良好的企业中，一份与其产品范围相对应的材料清单自是必不可少，其中也一定要包括最少生产数量附加值的参考数据。

每一种材料都有其不同的使用场景（图 2.7）。坚硬的天然石块只能桥接很短的距离，因此桥墩的间距要短；就承载能力而言不如拱桥。在机械工程中，材料是否在结构中发挥其真正的作用常常不会有很明显的表现。

壁厚的选择并不总是只与应力和计算有关。虽然最小壁厚不会对焊接结构和钣金件造成任何基本的制造问题，但对于铸件和锻件则完全不同。任意类型的铸件都存在某个最小壁厚（不同材料及铸造工艺都对应一个不同的值），如果结构壁厚小于这个值，铸造过程中材料将不再流入或无法完美地流入模具间隙。通过某些特殊处理，可以减少铸件的最小壁厚，但这也意味着成本增加或铸件性能发生不良变化。因此，对于设计者来说，最小壁厚始终取决于**无须特殊措施**即可完成铸造的铸

图 2.7　每一种材料都有其不同的使用场景

件尺寸。当然，这个最小壁厚无疑还取决于铸造厂的技术能力。对于模锻件也有同样的最小壁厚限制。

精心设计的铸件由最小可浇注壁厚构成，并通过有目的的、基于强度的设计来控制整体应力（表 2.2）使用“粗笨”壁厚结构的时代已经过去了。

表 2.2　基于力的基本设计原则及钣金设计要点

图示	设计原则及要点
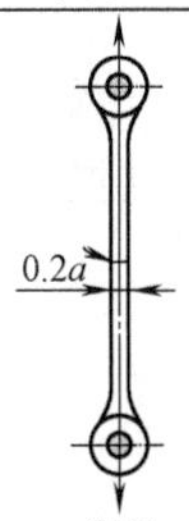 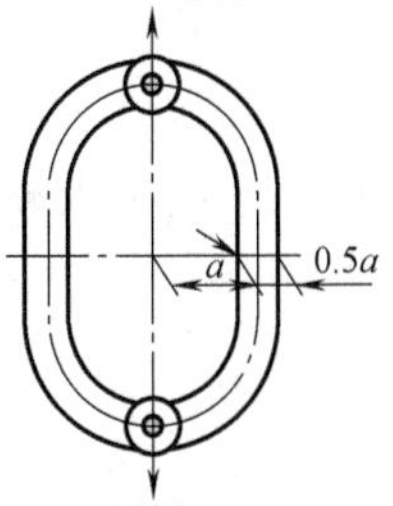 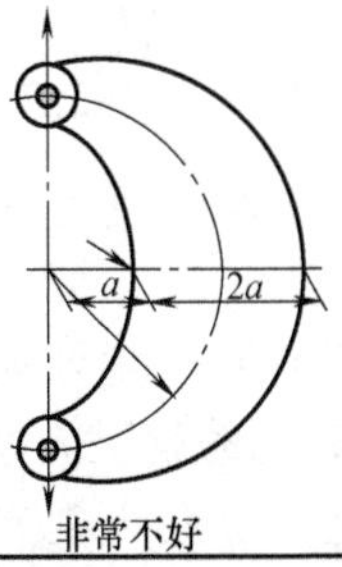	k1：以最短、最直接的方式引导力
0.2a	k1.1：拉力是最经济的应力类型！
很好	k1.2：每避免一次力的偏转就意味着消除了一个十分耗材的、易变形的弯曲
a　0.5a	k2：在不可避免弯曲的情况下，争取短的弯曲长度
	k3：为每种类型的应力设计相应的、经济的材料截面
不好	k3.1：受弯零件的结构应适应弯矩的方向
	k3.2：注意尺寸及可制造性（制造成本）的影响
a　2a	k4：承受扭矩的开放截面需要斜加强筋或角加强筋
非常不好	k5：将闭合扭转截面中的开口数量和尺寸限制到最小

注：基于力的钣金件设计特点有加强筋、卷边、弯边、拱形及镜像结构。

图 2.8 所示为双法兰结构，左侧视图无法显示该结构的壁厚；一个出色的铸件是用最小的壁厚制成的，且无须额外的加工，满足轻质结构的要求是专业设计师的职责。

图 2.8　双法兰结构（铝铸件）

2.2　工作面及工作面的变形

机械元件或组件的设计必须基于其工作面的实际要求，这一点已经通过 1.2 节中的几个示例明确。再举一例，齿轮箱的设计只有在确定轴承位置、尺寸及其安装面之后才能完成。

可以通过更改以下属性来改变工作面面积[87]。

- 尺寸。
- 数量。
- 几何形状。
- 装配结构。

数量和几何形状变化的经典示例如下：从经典的一字螺丝刀到十字螺丝刀的形状改变；从呆扳手到环形扳手或梅花扳手的过渡（图 2.9）。

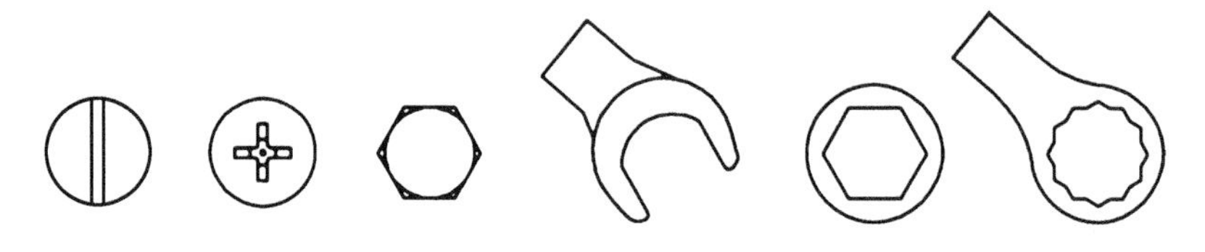

图 2.9　通过改变边的数量和几何形状实现螺钉旋具和扳手的工作面变化

图 2.10 和图 2.11 中的示例应该可以为读者的解决方案提供些许灵感。很可惜，并没有固定的算法来说明使用何种变形方式可以获得最优的解决方案。

一种改变工作面的特殊方式是追求工作面积的最小化，参见 3.2 节（重点关注图 3.14、图 3.18 和图 3.23）。修改工作面设计的另一种可能性是调整部件之间

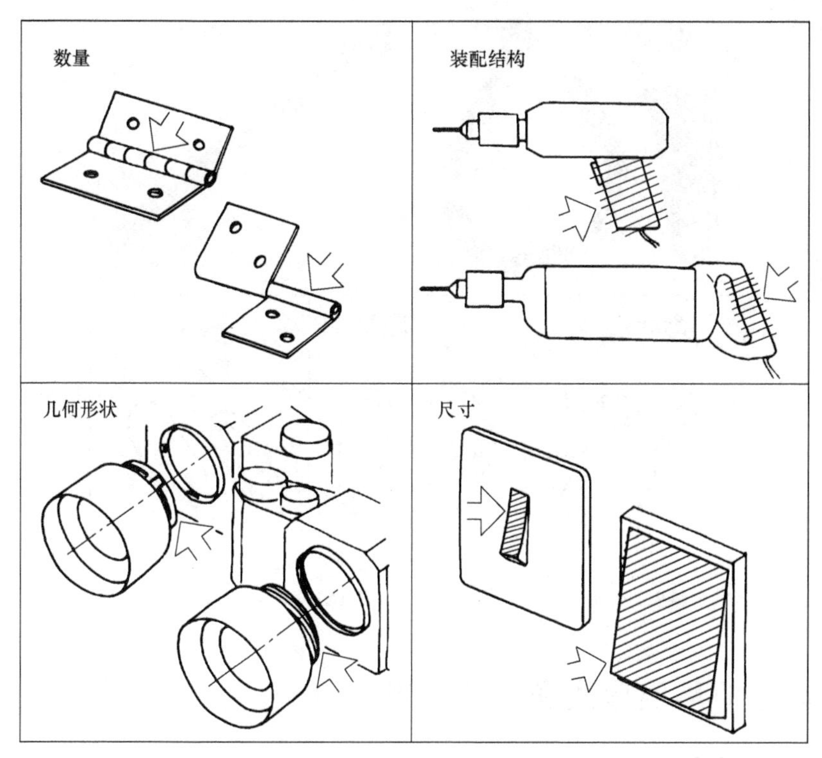

图 2.10　镜头、电钻、开关和铰链上的工作表面变化示例[87]

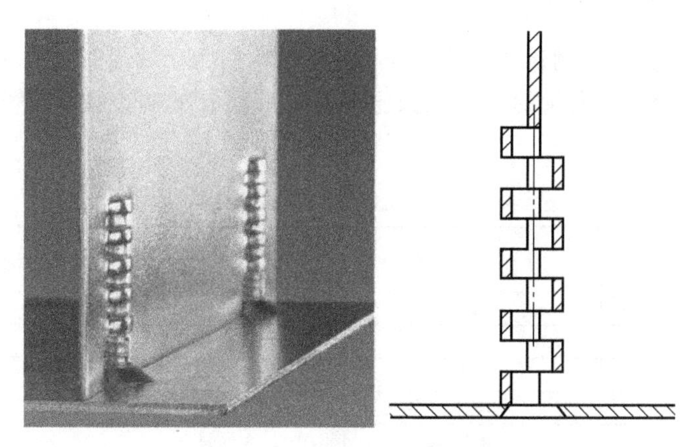

图 2.11　薄金属板零件中的螺纹

注：通过冲压生成，也是一种数量和尺寸的变形设计。

的连接方式，也就是部件之间不同的材料填充方式。图 2.12 所示的开瓶器展示了制造过程中所选制造工艺或半成品会带来的决定性影响。开瓶器的三个工作面是其连接到啤酒瓶顶盖的两个窄边和一个可以自由设计的把手。由于使用时的力很小，因此应力特性并不是设计要关注的重点。

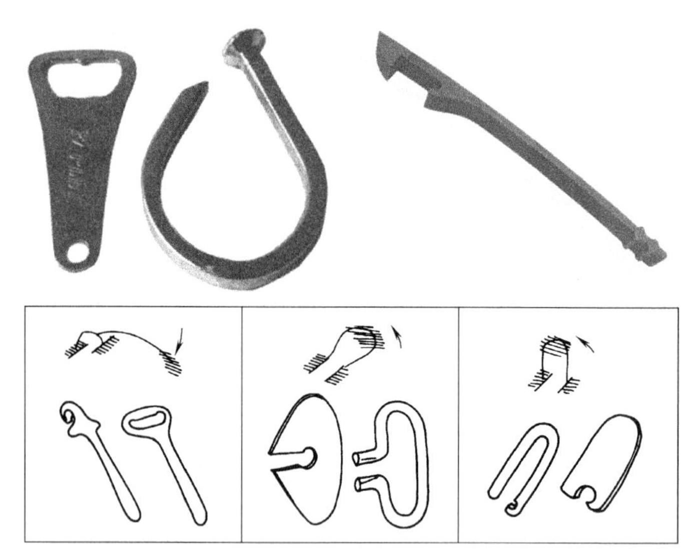

图 2.12 开瓶器

注：由半成品金属板、金属丝、厚金属板和铸件制成（参见 2.4 节，部分选自文献［87］）。

2.3 制造的基础形式和首选方案

2.3.1 概述（设计师）

制造技术类文献和制造技术课程通常根据 DIN 8580 对制造过程进行分类。表 2.3 基于 DIN 8580 对大量的，并且数量仍在不断增长的制造技术进行了很好的系统分类。

表 2.3 制造工艺的系统分类[3]

主要的制造工艺	系统化出发点		
	结合性	形状	材料颗粒
成形	创造	创造	—
改形	保持	改变	—
分离	减少	改变	—
连接	增加	改变	—
涂层	增加	保持	加入
改变材料属性	增加	保持	加入
	减少		剔除
	保持		调整位置

但表 2.3 对设计师们没有很大的帮助，因为从中无法推导出低成本的、符合制造规范的结构。设计师必须为所需的功能提供多样化的配置结构，并且尽可能地降低生产成本。各式各样的几何结构在设计师的头脑中形成，但它们只是独立的结构，并没有实现相互之间的功能联系。图 2.13 的分类（根据实际应用的分类）也

只能为设计者提供灵感，我们无法直接得到针对各个功能的最有利的制造工艺。

这样的概述能否为设计师们提供帮助呢？

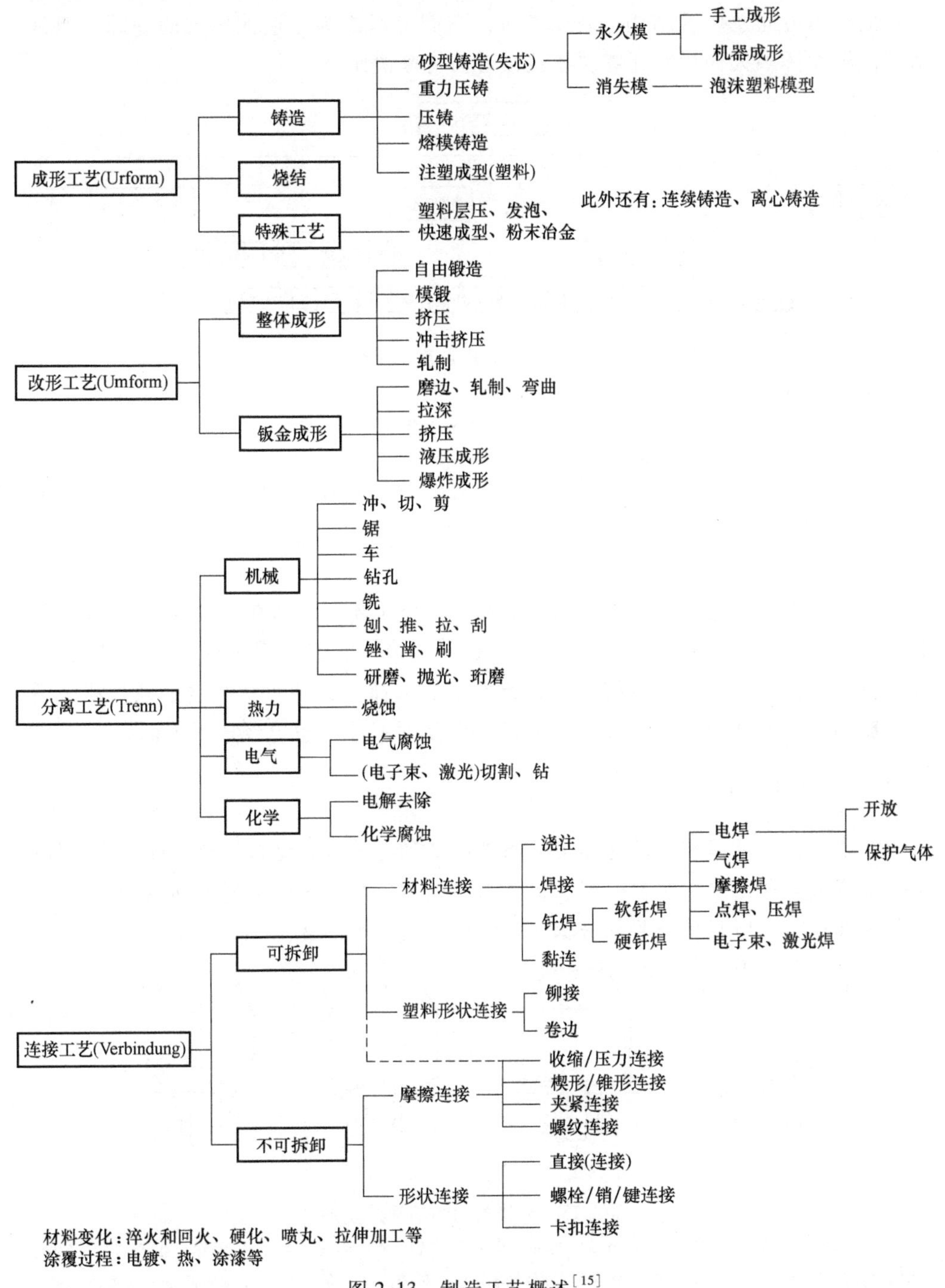

图 2.13 制造工艺概述[15]

加工所选的材料、半成品及预期生产总量对最佳几何结构的设计有着巨大的影响。不考虑所应用的半成品（如钣金或挤压材料）或材料组（如铸铁或热塑性材料）的组件设计是不可能的，或者说是不切实际的。我们将在下文中为读者提供设计的基本方向及优选结构（图 2.14），它们可以成为创造性思维的基础。但是，真正能够发挥多大作用，还需要各位读者自身来决定。

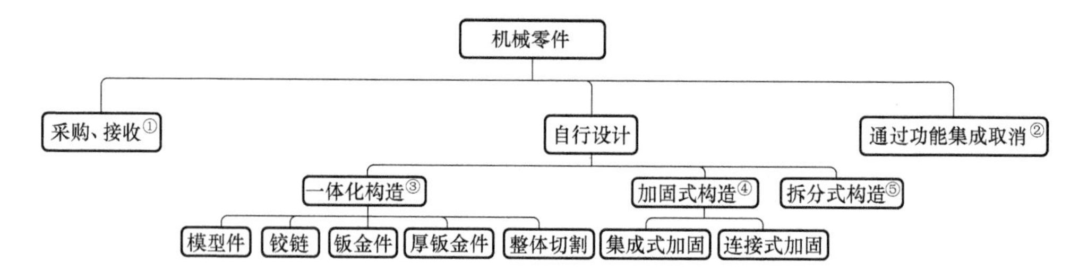

图 2.14　基本制造技术及优选结构概览

① 标准件、供应商件或已有产品中可重复使用的零件。

② 用一个零件实现两个或多个功能（如通过子零件实现功能）。

③ 优先选择一体化构造（避免使用连接工艺）。

④ 重点的局部受力区域通过经济性高的材料加固，可能的方案有部分强化（集成式加固）、加固件的螺纹、粘合和焊接连接等。

⑤ 根据功能将零件拆分成更适合加工的子零件。

只有在无法通过其他方式采购的情况下，公司才会开始在内部进行机器零部件的设计。这种模式最初从使用标准件（螺钉、销、滑键、滚珠轴承等）开始，但随着供应商市场的扩大，我们现在有着太多的选择。此外，在经过一系列测试后，从自己的产品系列中接管组件或零部件（重复性零件）也已经成了惯例。

2.3.2　功能一体化

功能一体化就是将与功能相关的组件以某种方式进行结构组合，即一个零件的主体完全或部分由另一个零件形成，从而可以节省集成零件的材料和/或制造成本。功能一体化也可以具体分为部分集成与完全集成，如图 2.15 所示。

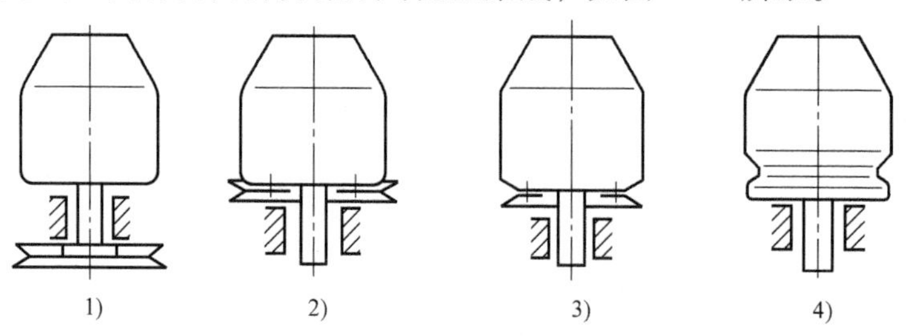

图 2.15　搅拌桶的驱动形式变形

注：1）为不集成 V 带轮，2）和 3）为部分集成 V 带轮，4）为完全集成 V 带轮。生产这种搅拌桶需要特殊的成型工具，这就是为什么这种变形结构需要相对较高的产量（还要注意内部空间的清洁）。

以下两个问题会带来功能一体化需求：

1）对于已有组件，能否实现第二种功能或将其应用于其他场景？

2）能否将两个或多个具有不同用途的组件组合成一个组件？

图 2.16 中的活塞式压缩机就解答了第一个问题。通过相应的辐条设计，带轮还实现了风扇叶轮的功能。叶轮组件是完全集成式的，无须单独生产或组装。

我们将以蜗轮（图 2.17）为例来回答第二个问题，轴组件（本例中为空心轴）将和蜗轮组合在一起。根据螺杆转速和传动比需求的不同，这一部分可以由灰铸铁或青铜制成。但是，活塞式压缩机也同样清晰地展示了功能一体化的弊端：理想的风扇转速很难对应曲轴转速。这对于短期运行的压缩机是可以接受的，高性能压缩机则仍需要单独风扇。

图 2.16　活塞式压缩机

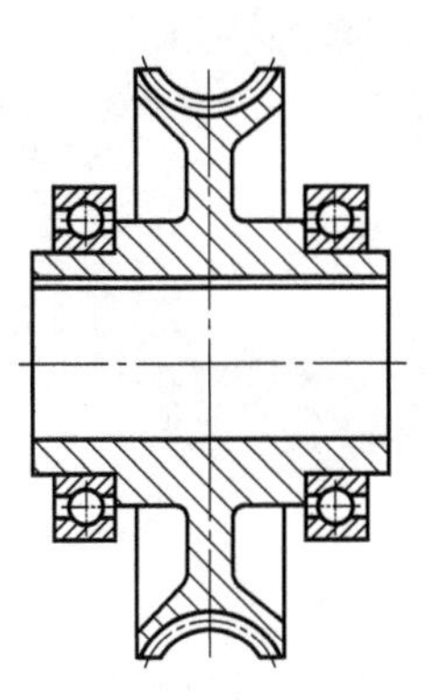

图 2.17　蜗轮

因此，想要应用功能一体化，设计师必须充分了解各部分功能实现方式不同的优缺点。

注意功能一体化的局限性和功能划分的优势！

功能划分的特点如下：

1）使单个元件具有更高的极限性能，因为应力状态通常更为清晰，可以进行针对性优化。

2）清晰的组件功能、更简单精确的计算或更好的材料均匀性带来更高的安全性和可靠性。

3）使维修更容易、更便宜，因为只需要更换简单的组件。

4）可以显著降低不合格品的风险，与功能一体化相比，生产的组件更简单。

长期以来，功能一体化有时已成为理所当然，设计师们几乎意识不到自己使用了这一方法。以下几个例子很好地印证了这一点：

1）齿轮箱——作为齿轮、部分外壳元件的支撑结构，用于抵抗外部环境的影响，以及润滑油的储存容器。

2）承载式车身——车身底盘及整体外壳结构。

3）铁路车轮轮胎——胎面和制动面（适用于较旧的设计）。

4）无外框拖拉机——发动机与变速箱通过螺栓连接在一起，成为底盘的一部分。

5）深沟球轴承通常用作径向轴承，同时也会用作推力轴承。

6）使用滑键传递扭矩需要额外的轴向锁定，但通过压配合可以直接实现该功能。

弹簧通常用于拉伸及压缩这类的往复运动，但也可以同时实现保持功能。在鼓式制动器中就利用了这一点（图 2.18）。在某些情况下，加油孔结构可以看作一整条集成式的油路（图 2.19）。此外，还可以用集成元件来替换标准零件或小零件（图 2.20 和图 2.21）。

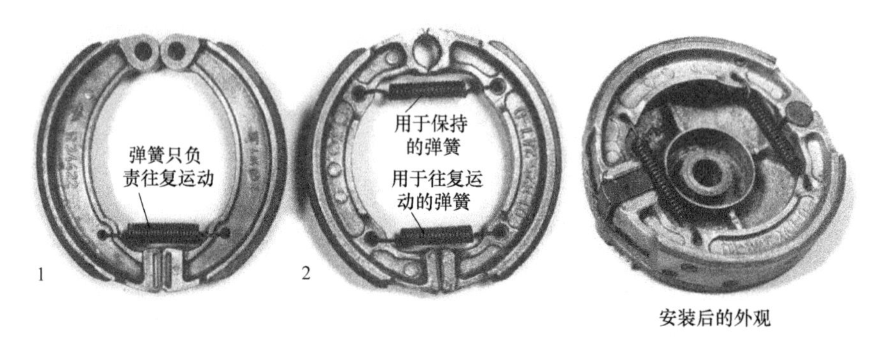

图 2.18　鼓式制动器

注：结构 2 取消了轴承销；半孔的生产相较于传统的钻孔方式需要更复杂的工艺。

图 2.19　带独立/集成式油路的连杆

本书中后续有关功能集成的示例如下：

1）弹性元件取代铰链或关节（参见 3.5 节）。

2）集成式静密封圈（参见 3.9 节）。

设计师们曾尝试在自行车的刹车把手上用一个螺钉实现两个功能：夹紧螺钉和旋转轴（图 2.22）。正常的制造公差使得卡箍无法完全夹紧在车把手上，刹车把手仍旧可以活动。

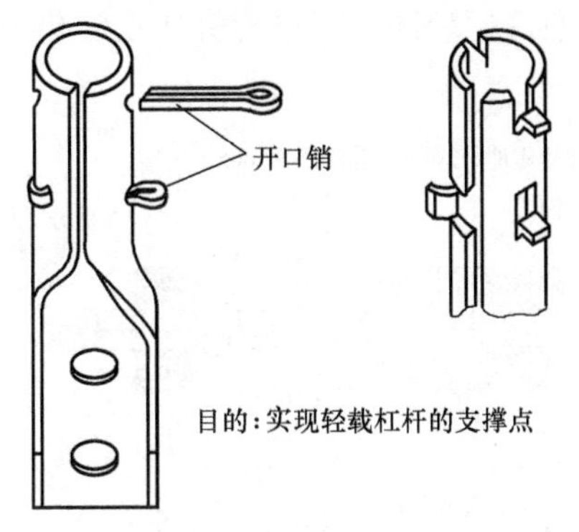

图 2.20　钣金件轴——不是精密解决方案!

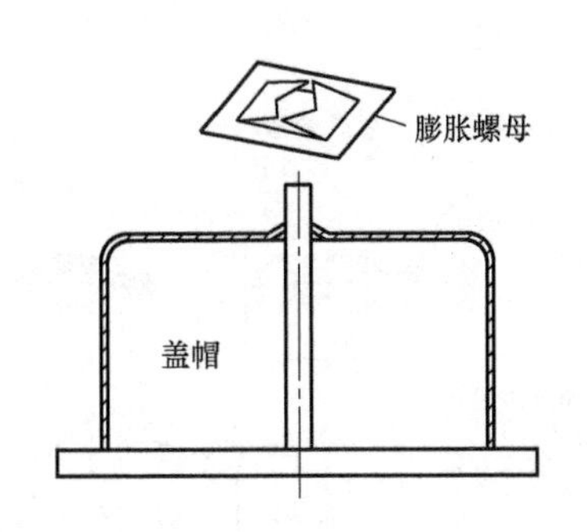

图 2.21　相同穿孔的膨胀螺母和盖帽

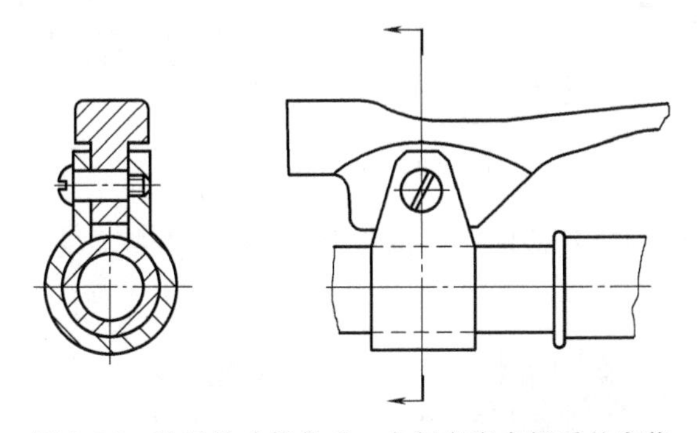

图 2.22　错误的功能集成：自行车刹车把手的安装

2.3.3　一体化构造

一体化构造又称为集成式构造，它与拆分式构造相比具有无须连接工艺的优点(该工艺通常很难实现自动化)。针对小型零件，即使在拆分式构造可以大量节省材料的前提下，一体化构造依旧有自己的一席之地（图 2.23)。

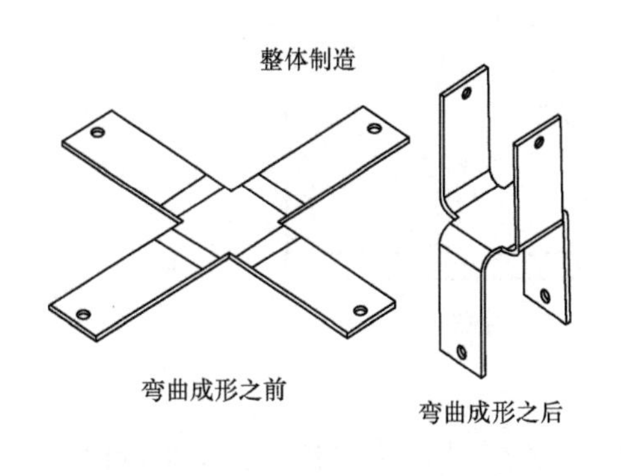

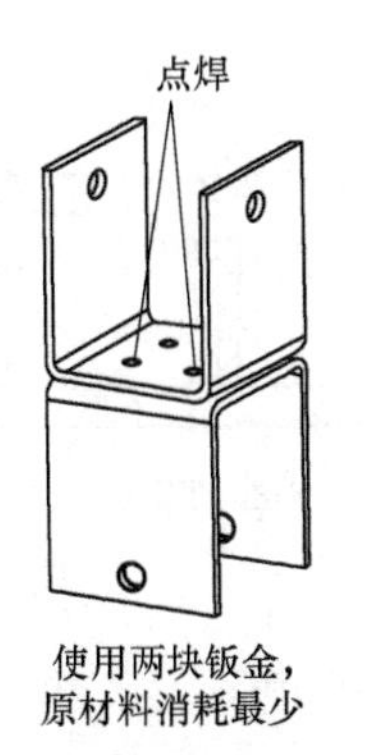

图 2.23　双向夹[88]

但在较大尺寸的情况下，由于材料成本的占比较高，所以拆分式设计仍是首选（图 2.24）。

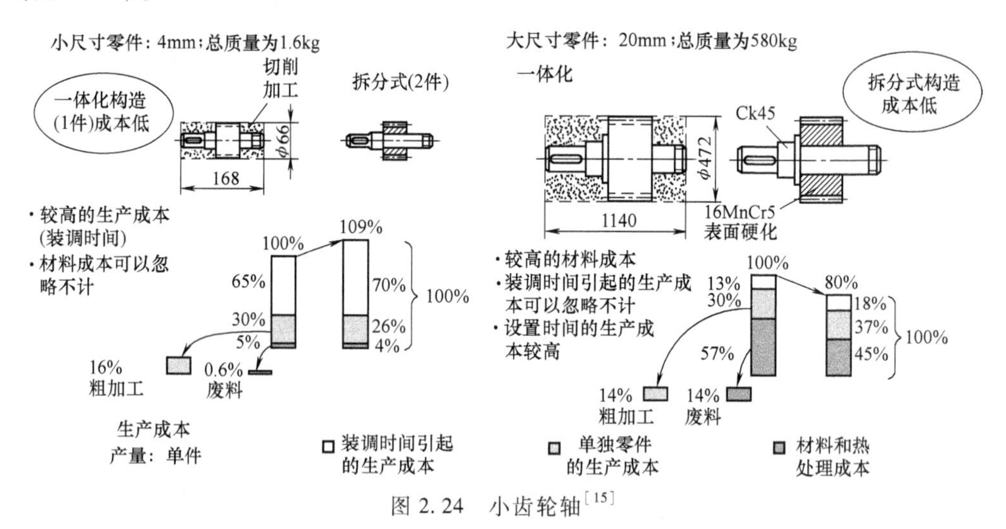

图 2.24　小齿轮轴[15]

选择不同设计结构的其他标准还包括生产数量、设备、模具，以及工具的准备成本（图 2.25 和图 2.26）。

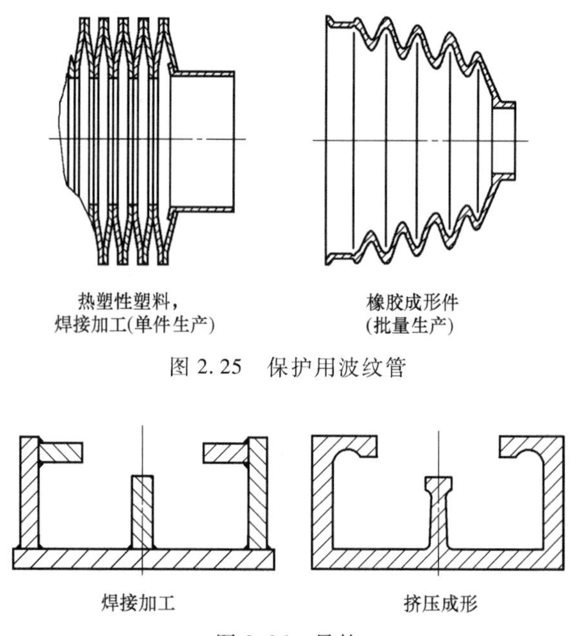

图 2.25　保护用波纹管

图 2.26　导轨

钣金结构是一个特殊领域。虽然在实际工作中，大多数机械设计师更倾向于应用铸造加工的设计结构，但针对如图 2.27 中的钣金导轨 1)，有经验的钣金结构设计师总能找到适用钣金半成品的解决方案（另请参见图 2.28）。

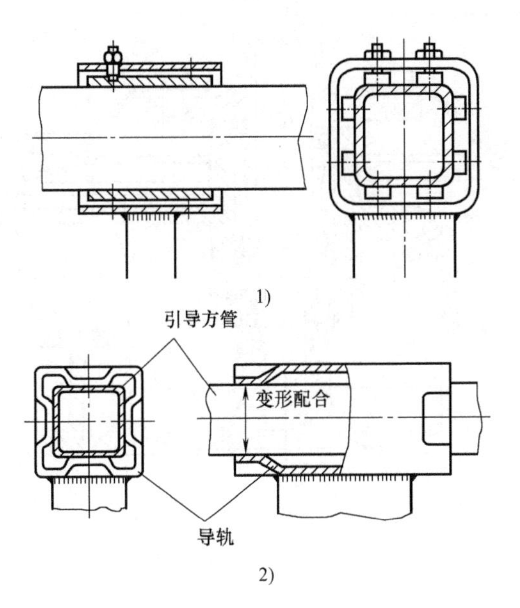

图 2.27　轻量化结构中的导轨结构

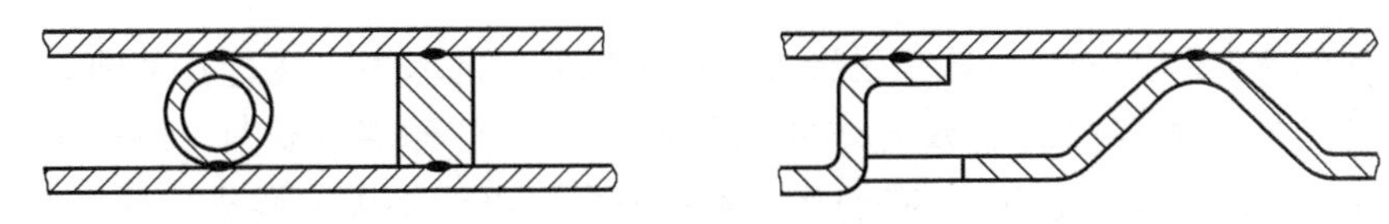

图 2.28　可用于双壁金属板结构中的间隔元件

注塑成型的塑料件可以在很多整体结构中得到应用，并实现功能集成。事实上，这一点已非常普遍，化妆品行业中的许多容器都能做到容器本体、封盖及中间连接件是一体式的（参见 2.4 节）。

供应商的新产品都有着相同的目标——一体式结构或功能集成，如带手柄的内齿轮曲柄轮的一体式结构（图 2.29）。最初，滚动轴承用户只能依赖标准件，但现在他们有了更多的集成式方案可供选择，包括径/轴向组合轴承及其他特殊产品，如汽车的车轮轴承组件或汽车和货车发动机中水泵的轴承单元（图 2.30）。

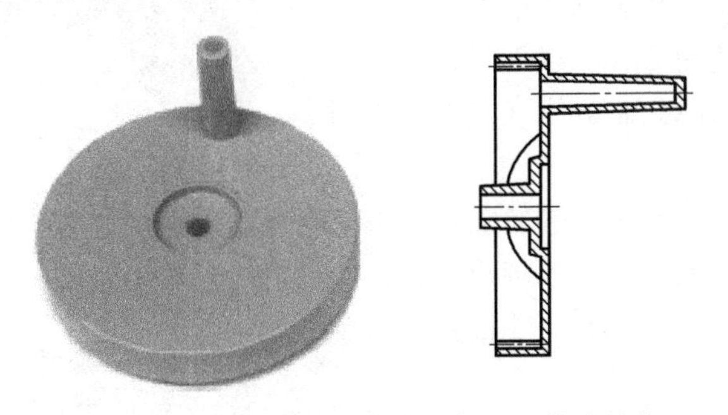

图 2.29　带手柄的内齿轮曲柄轮的一体式结构

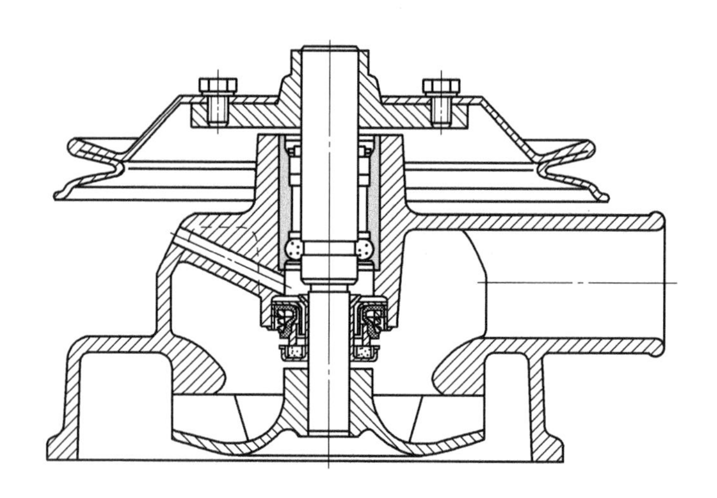

图 2.30　车用发动机水泵[18]

注：滚子轴承使用了特殊的轴承组件。

2.3.4　加固式构造

一体化构造和拆分式构造是设计文献中长期使用的术语。在这些基础设计方案中并没有考虑部件表面或有效区域的局部加固（尽管作者霍诺在 1987 年的文献[91] 中已经提出这一论点）。我们将在本章节中提出“加固式构造”的概念。

加固式构造的定义：针对廉价材料制成的工件，在其局部应力较高的区域进行加固的结构设计方法。

通常情况下，一体化构造优于加固式构造，但我们必须注意加固式构造的特殊优势：可以使用大量的廉价材料，仅在关键区域进行加固设计。制造和连接加固部件的成本与由更高质量材料制成的部件的成本之间的比较将会决定最终设计方案。

图 2.31 所示为加固结构（铝铸件）中的制动蹄，制动凸轮的接触面用钢板加固，并在压铸过程中实现接合。

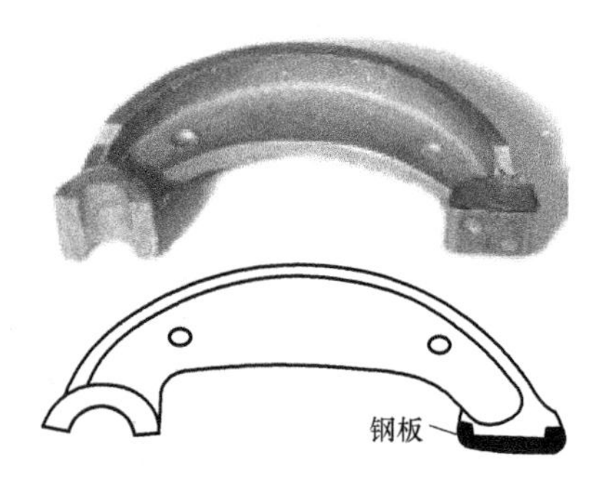

图 2.31　加固结构（铝铸件）中的制动蹄

就加固式构造而言，有以下设计选择：

■ 可拆卸的连接加强件（如插入、压入或拧等方式）。

■ 不可拆卸但可替换的加强件（如胶合、卷入、铆接及通过点焊或堆焊连接）。

■ 永久性加强件，且不可替换（如铸造、胶结等）。

■ 集成式强化（如部分表面硬化或加

工硬化)。

这也表明，这种结构设计方式可以应用在机械制造的各个领域。举例而言，滚光、抛光被视为精细加工工艺，同时可以使表面更耐磨、耐腐蚀，具有更好的工作性能。通过高光研磨可以消除硬化钢辊在夹紧过程中产生的表面不平整（图2.32)。而图2.33展示了如何使用最基本的钢球抛光法处理内孔表面；图2.34给出了可能的几何形状。

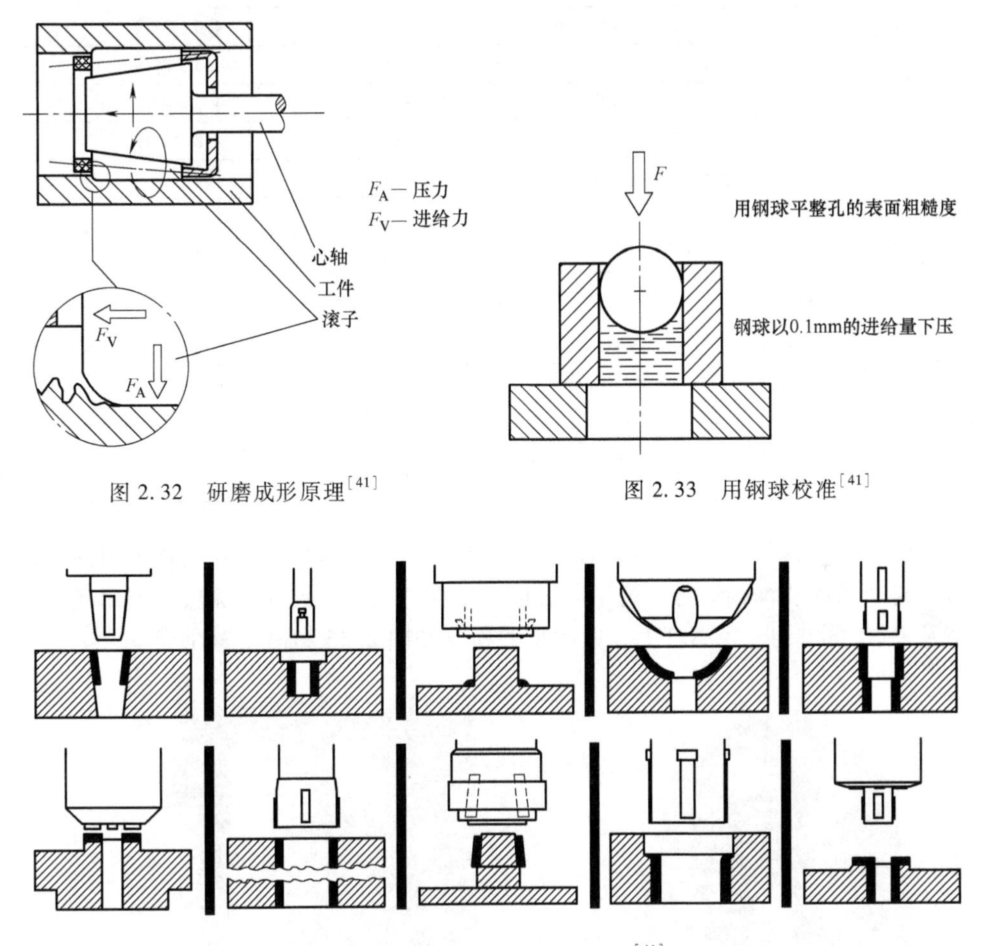

图2.32　研磨成形原理[41]

图2.33　用钢球校准[41]

图2.34　轧制时的几何形状[41]

表2.4列出了改善有效工作表面和可见表面性能的方法，可以为设计师提供这种设计方法的基本全貌。但它所罗列的工艺方法并不完整，随时可以加入新的工艺，或者补充新的建设性想法。除了加固式架构，设计师还可以根据自己的任务开发全新的解决方案，创造性地使用表2.4中第5、6部分中的内容；第3部分“涂层”不仅可以用于改善表面在压力、滑动磨损等方面的性能，还有助于在可见表面上选择装饰层。

表 2.4 改善有效工作表面和可见表面性能的方法

<table>
<tr><td colspan="5">局部强化：</td></tr>
<tr><td>1 冷作硬化</td><td colspan="2">2 热处理</td><td>3 涂层</td><td>4 连接</td></tr>
<tr><td>1.1 精整</td><td colspan="2">2.1 退火</td><td>3.1 涂油</td><td>4.1 插入</td></tr>
<tr><td>1.2 用(球)压光孔</td><td colspan="2">2.2 调质</td><td>3.2 涂脂</td><td>4.2 铸入</td></tr>
<tr><td>1.3 喷丸</td><td colspan="2">2.3 淬火</td><td>3.3 喷涂</td><td>4.3 嵌入</td></tr>
<tr><td rowspan="9"></td><td rowspan="9">表面处理</td><td>2.4 火焰淬火</td><td>3.4 磷化</td><td>4.4 滚压</td></tr>
<tr><td>2.5 感应淬火</td><td>3.5 上釉</td><td>4.5 拧入</td></tr>
<tr><td>2.6 浸液淬火</td><td>3.6 镀锌</td><td>4.6 铆接</td></tr>
<tr><td>2.7 氮化</td><td>3.7 铬化</td><td>4.7 粘连</td></tr>
<tr><td>2.8 炭化</td><td>3.8 镀铬硬化</td><td>4.8 焊接</td></tr>
<tr><td>2.9 表面硬化</td><td>3.9 镀光亮铬</td><td></td></tr>
<tr><td></td><td>3.10 阳极电镀</td><td></td></tr>
<tr><td></td><td>3.11 堆焊</td><td></td></tr>
<tr><td></td><td>3.12 金属、陶瓷、塑料注射</td><td></td></tr>
<tr><td colspan="5">取消局部加固：</td></tr>
<tr><td colspan="3">5 润滑技术的应用</td><td colspan="2">6 降低特定负载</td></tr>
<tr><td colspan="3">5.1 运用流体动力学效应
5.2 运用静水压和空气静压效应</td><td colspan="2">6.1 增大工作面面积(改善密合度)
6.2 电磁卸载</td></tr>
</table>

硬质涂层工具早已为人所知。螺钉旋具头部的 TiN 涂层可以在改善使用性能的同时，与产品的装饰相结合，这一方法也被用在剪刀上。此外，涂层还被用在假肢关节及 PVC 挤出的专用螺杆上，以减少磨损，如图 2.35 和图 2.36 所示。

图 2.35 氮化钛涂层的关节头

图 2.36 用于 PVC 挤出的氮化铬涂层螺杆[63]

2.3.5 拆分式构造

拆分式构造的经济性解决方案在小批量和单件生产中有着很多案例，如焊接型机架代替原先的铸件。只有在确定比一体化构造及加固式构造更节省成本时，才会使用拆分式构造。如图 2.37 所示的灰口铸铁机架，放弃了原来的一体化设计，以便有针对性地使用材料。薄壁机架来用强度较低的 EN-GJL-200 铸造而成；气缸采用更耐磨的材料 EN-GJL-300。

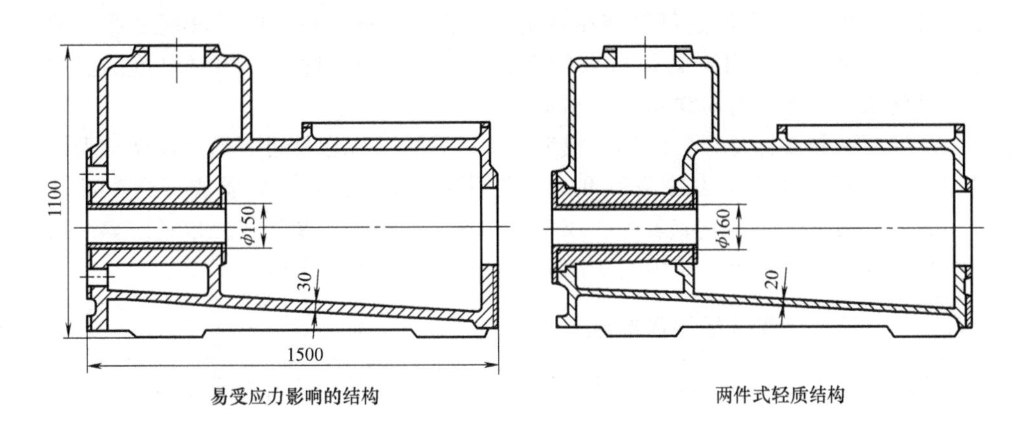

图 2.37 机架结构，GGL-25[74]

拆分式构造的部分优点：

■ 焊接结构可以免除一些大型零件的采购。

■ 可以简化大型零件的运输工作，在安装现场组装和焊接。

■ 可以更好地应对客户需求。

外镶技术和多层结构是特殊形式的拆分式架构，详见 3.4 节。

2.4 模具设计

模制零件是在完全或部分封闭的中空模具中生产的机器零件。中空模具的内表面对应所需的工件表面，其尺寸因收缩效应而需放大一些。零部件的结构设计中通常包括铸造圆角或起模斜度，在使用顶出器时常常会留下痕迹。可能的中空模具如下：

1）带黏合剂的砂（砂型铸造）。

2）金属模具（永久模具铸造、压铸、注塑、烧结模具等）。

3）模具（锻件）。

4）旋转模具（离心铸造）。

5）使用内部压力工作的模具（吹塑成型、内高压成型——液压成型）。

针对外围区域：

1）挤压工具。

2）精密冲裁工具。

此处的总结并不对应制造技术中的通用顺序，而是基于各位设计师的开放性思维。

为了取出零件，我们可以选择破坏（砂型铸造）或打开模具。如果存在零部件黏在金属模具上的风险（可能由于收缩过程），可以使用顶出器将零部件从模具/半模中顶出。在分型处可能存在毛刺。毛刺、直浇道和冒口（砂型铸造）或直浇道系统（如注塑成型）必须从未最终成型的坯料上去除。可用材料范围涵盖机器和设备结构中的所有材料组，包括塑料。

设计的主要目标是即装即用的成型零件。这个目标通常可以通过注塑成型的塑料零部件来实现（除了去除毛刺和分离浇注系统）；而对于金属成型的零部件而言，通常只用于能直接完成装配的成型零部件。如果这个金属件可以通过单个后续操作来完成加工，则可以认为它的结构设计得很好。其主要规则如下：

无底切，优先选择平面对接。

无底切零部件拥有最经济的几何形状，它们可以是旋转对称或非旋转对称的实心、异形或壳体零部件。

上述主要规则并没有得到充分的发展，也没有形成一种主流的设计方法或建设性的创造思维方式。造成这种现象的原因很多，简单罗列如下：

1）铸造技术允许通过内芯、外芯、附件、侧移来实现复杂结构。

2）在制造技术的文献和教学中，工艺流程主要由制造领域的专家编写，但他们并不熟悉设计者的思维方式。

3）结构设计相关的培训中很少有“设计”一词的空间，因为大家普遍认为设计的科学依据不充足，在以数学为理论基础的教学现场没人敢提及艺术设计。

加工工艺流程的种类非常广泛，几乎没有任何一位设计师可以掌握所有技术的详细特点。因此，第一个设计方法/设计图纸通常被视为第一个“近似值”，并且必须通过与其他领域专家合作来完善（即所谓的“同时并行工程”）。这种早期的咨询十分重要，因为在这个时间点仍然可以考虑结构修改对其他组件设计的影响。如果在成品铸件模型或模具的基础上考虑制造要求，不仅其总成本相当高，而且几乎不可能避免对相邻零件产生影响。在较大的设计部门，应注意对其设计专家（如铸造设计师）进行相关培训；他们也必须保持与供应商（如内部铸造厂）的定期交流。

2.4.1 砂铸成型件

为了更好地评估砂铸成型件的适用性，根据文献［15］和文献［2］提炼要点，对数量范围、模型设计和成本进行简要说明：

- 带模板或自由成型的砂型铸造：1 件起。
- 带泡沫模型的砂型铸造（实型铸造）：1~2 件
- 砂型铸造、快速原型模型，如试制系列，取决于复杂度：1~25 件。
- 砂模、木模。
  - 易于制造的模型（如通过车削得到的旋转体或具有直线轮廓的模型）：3 件起。
  - 更复杂的模型：10~30 件。
  - 在大批量的情况下，模型难以达到最终制造要求的形状——轻量化是必须的！
- 模型类型：
  - 木质：3~1000 个铸件。
  - 塑料：1000~5000 个铸件。
  - 金属：5000~50000 个铸件。
- 模型的成本应分摊在实际生产的数量上，但问题在于：订单数量通常难以估计。因此，要注意一体化结构的优点：铸件上的加强筋只需由模型制作一次；而在焊接结构中，每个加强筋都必须单独制造并进行焊接。
- 大型铸件（尺寸≥1000mm）的主要成本是材料成本，复杂模型的成本回收相对较快；在单件生产的情况下，也可以通过铣削成型进行模具生产——此处不展示模型（德国德累斯顿工业大学正在开发的项目）。

本文介绍了砂型铸造模具的基本制造知识：带芯和不带芯/外芯的未分割和分割模型。此处仅重复使用型砂球而不是型芯的造型。使用或不使用型芯的造型如图 2.38 所示。

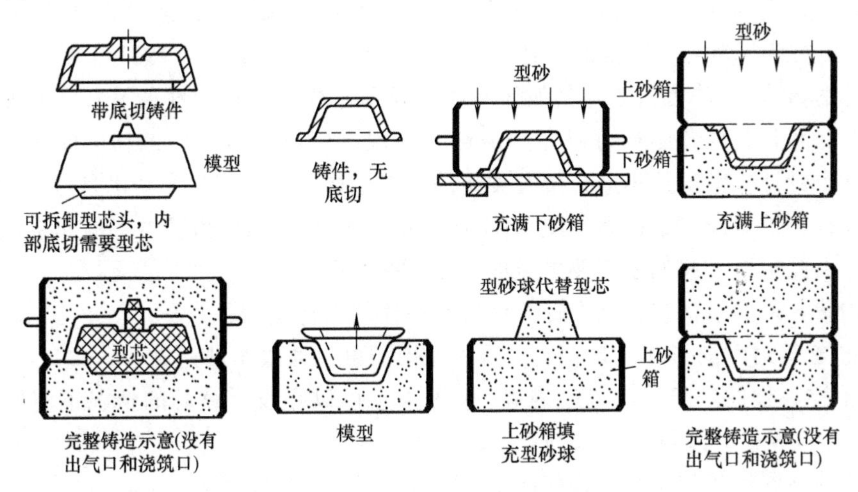

图 2.38　使用或不使用型芯的造型

其他图片均为本章最初提到的主要规则的应用示例。它们表明正确的铸件形状应基于模型/模具划分的基本规则，并找到适当的划分位置。两种不同设计的双轴承座如图 2.39 所示，两种不同设计的双摇把结构如图 2.40 所示。

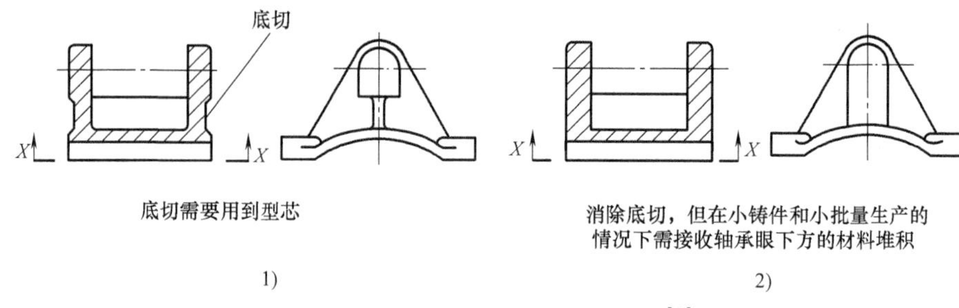
底切
X
X
X
X
底切需要用到型芯
消除底切，但在小铸件和小批量生产的
情况下需接收轴承眼下方的材料堆积
1)
2)

图 2.39 两种不同设计的双轴承座[2]

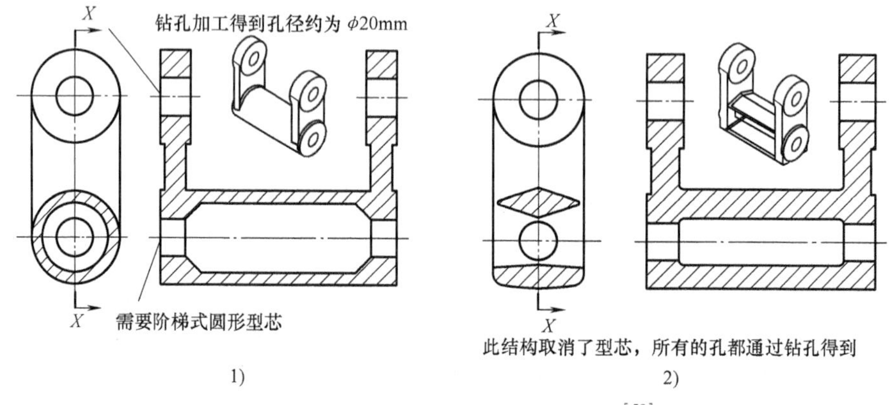
X
钻孔加工得到孔径约为 ϕ20mm
X
需要阶梯式圆形型芯
X
X
此结构取消了型芯，所有的孔都通过钻孔得到
1)
2)

图 2.40 两种不同设计的双摇把结构[58]

在设计孔的周围区域时，几乎无法一次性实现。双杠杆铸造（图 2.40 带芯的变体 1）被认为是完全正常的设计。变体 2 中提出的建议基于 1931 年的一本机械零部件书籍[58]，作者尚未在其他任何地方找到这样的结构。这种不寻常的变体无须内芯，并且其内孔结构可以完全由钻孔实现，可以忽略内芯偏移的问题。很明显，这个设计方案虽然不适合所有类型的应力结构，但对于生产技术是有利的，那么为什么它被埋没了这么久？图 2.41 所示的壁挂支架也采用了类似的非常规方式设计。由此可见，我们还需要更多地关注铸件的设计！

帽状零件的示例包含两个针对铸造空心体的设计指南：

■ 旋转对称的形状应是首选，因为其模型可以通过车削完成。

■ 空心体的理想形状是“花盆”，因为它可以在没有核芯的情况下浇铸（深度<2×开口直径，倾角 >3°~5°）。

三种不同形状的帽状铸件如图 2.42 所示。

对于未分割的模型，在分型平面中应省略未加工铸件轮廓上常见的倒圆角（图 2.43），因为它需要在手工造型车间进行额外的工作步骤。

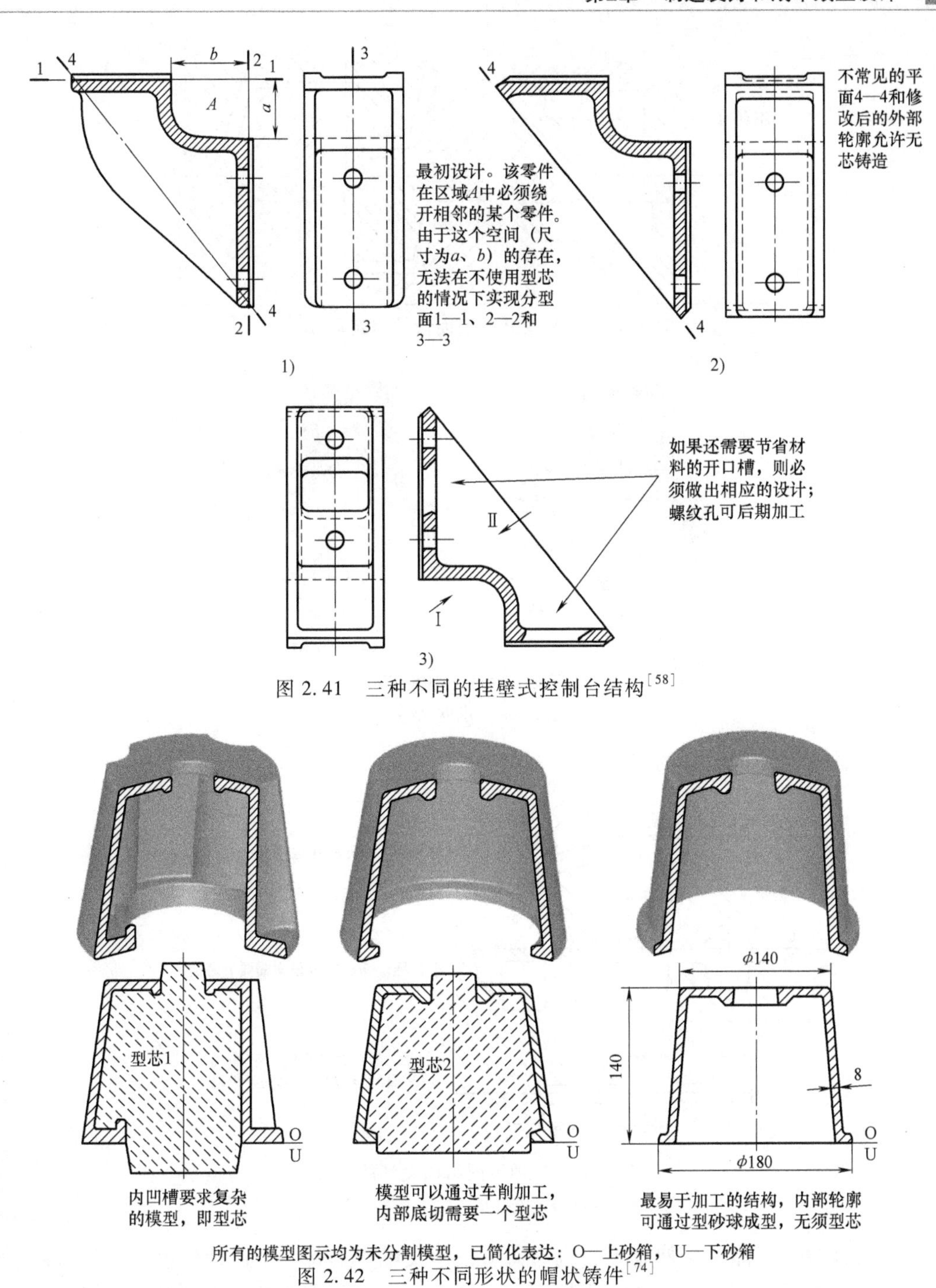
1
4
b
2
1
A
a
3
最初设计。该零件在区域A中必须绕开相邻的某个零件。由于这个空间（尺寸为a、b）的存在，无法在不使用型芯的情况下实现分型面1—1、2—2和3—3
4
2
3
1)
不常见的平面4—4和修改后的外部轮廓允许无芯铸造
2)
如果还需要节省材料的开口槽，则必须做出相应的设计；螺纹孔可后期加工
Ⅱ
Ⅰ
3)

图 2.41　三种不同的挂壁式控制台结构[58]

型芯1
型芯2
O
U
ϕ140
140
8
ϕ180
内凹槽要求复杂的模型，即型芯
模型可以通过车削加工，内部底切需要一个型芯
最易于加工的结构，内部轮廓可通过型砂球成型，无须型芯
所有的模型图示均为未分割模型，已简化表达：O—上砂箱，U—下砂箱

图 2.42　三种不同形状的帽状铸件[74]

水泵外壳如图 2.44 所示。

对于图 2.44 中的复杂内部轮廓，由于存在流体性能要求，不能去除核芯的应用。外轮廓上的外芯直到“第二次尝试”才可以取消。

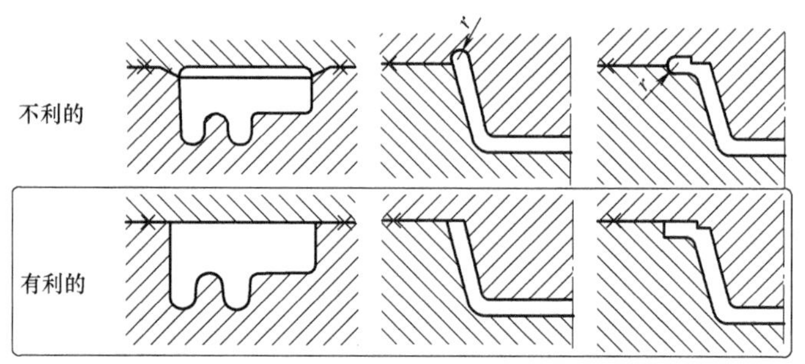

图 2.43　不要在分型平面设计浇筑曲线[2]

针对连接件，在AK处需要一个外芯

调整了结构，无须外芯

两种设计结构的下型箱相同

图 2.44　水泵外壳

三种不同结构设计的摇杆如图 2.45 所示。

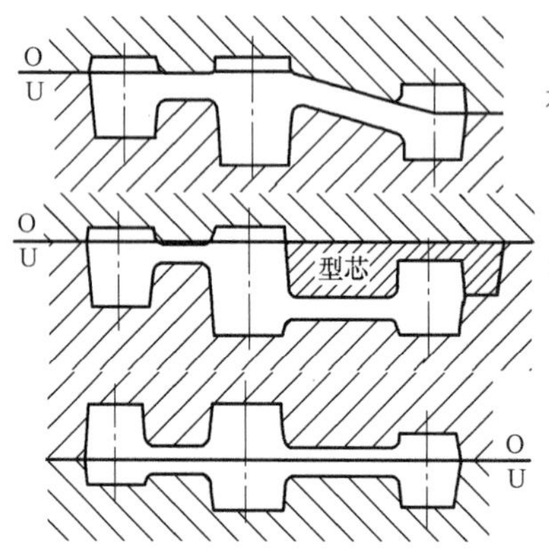

不合理：摇杆形状要求非平面的分型面

不合理：平面的分型面需要外芯配合

合理：摇杆臂位于同一平面(可用平面的分型面)，且无须外芯

图 2.45　三种不同结构设计的摇杆

注：O 表示上砂箱，U 表示下砂箱。

设计师不可能，当然也不会遵循铸造技术文献中的每一个设计建议。尽管从制造的角度来看，用加强筋浇铸代替空心浇铸在技术上是正确的（图 2.46），但实际应用中的应力始终是第一位的——对于扭转，空心型材总是最优的选择。另一个考虑因素是铸件的工作环境（参见第 5 章中关于机器设计的说明）及如何清洁机器。根据污垢量、使用地点和是否需要彻底清洁，可以优先选择没有脏角的空心型材。

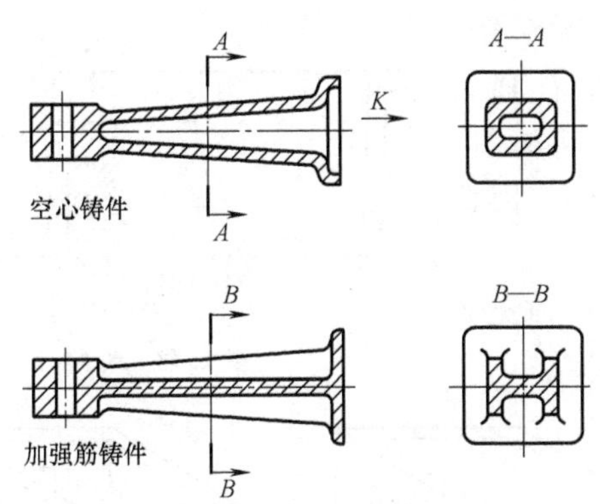

图 2.46　应避免通过结构设计将空心铸件改造成加强筋铸件来避免使用型芯[2] ——不能总是遵循这样的需求

针对细长的、突出的加强筋设计建议并不可取，如图 2.47 所示。

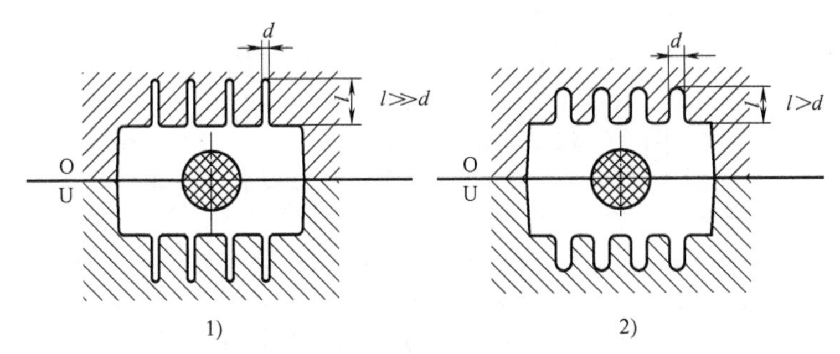

图 2.47　针对细长的、突出的加强筋设计建议并不可取[2]

注：文献［2］中向读者推荐了第 2 种方案！如果冷却功率低，则可以遵循此建议；如果冷却功率较高，则设计师应优先选择 2 倍的细加强筋数量。若某铸造厂拒绝加工这种结构，应选择另一种工艺方式或另寻一家铸造厂。

2.4.2　永久模具的成型零件设计

上一节中介绍的流程即使在小批量生产时也能获利；但由于模具的生产成本较高，当使用永久模具时所要求的最低制造数量要求也较高。大致数量可以参考下文，针对简单的形状（图 2.42 的“花盆”），数量可以稍低一些；但对于更复杂的模型，其数量也会明显超过下列数字。

■ 冷铸：极少情况从 200 件开始，大部分>1000 件起。

■ 压铸：500～3000 件。

■ 粉末注射成型：> 2000 件。

前面提到过的主要规则同样完全适用于成型零件设计，但也无法完全满足所有的具体功能需求。外壳的侧开口常见的有侧移滑块和内嵌件（图 2.48）。由于所需的配合精度较高，因此制造成本非常高。此外，侧移滑块还需要驱动机构（如气动工作缸和相应的控制元件）来移除模制部件。内嵌件通常在脱模后需要手动放回模具，这会影响工艺的自动化，因此很少使用。

图 2.49 展示了另一种无须移动模具组件的设计方案。

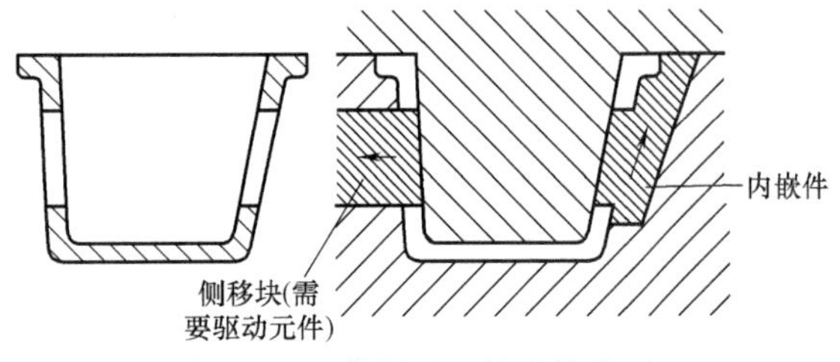

图 2.48　带侧开口的盒装造型

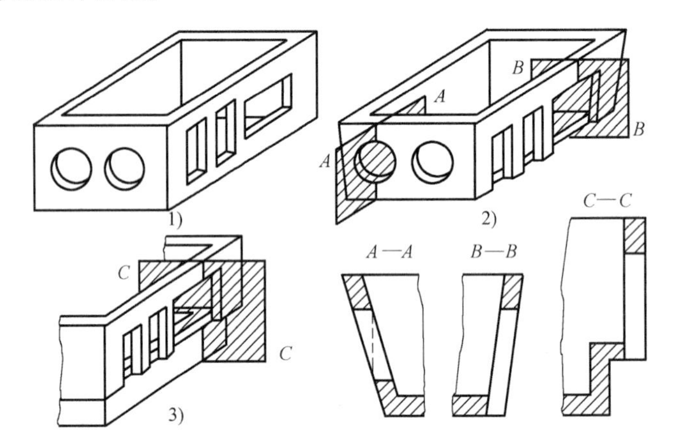

图 2.49　外壳状模制部件中侧壁无底切开口的各种变形设计方案

注：1）为不合理的底切，2）和 3）为有效的开口方式。此类设计多用于塑料模制零件和轻合金压铸件；到目前为止，在烧结零件及砂型铸造中还不常见；而模锻和挤压工艺也无法实现它们。

带底切的侧壁承载点设计和不带底切的侧壁变形设计，两者承受的载荷相近（图 2.50）。

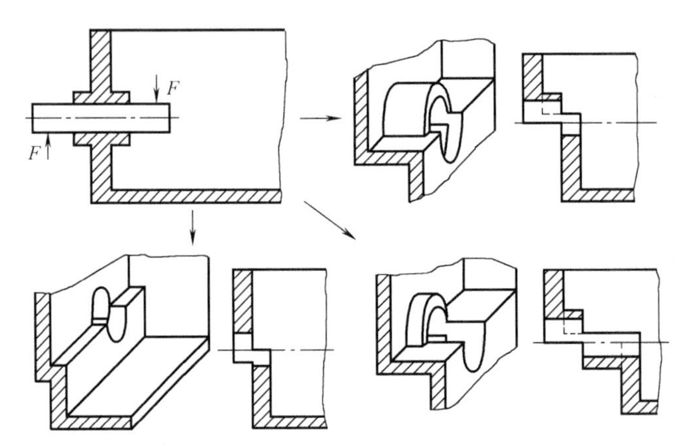

图 2.50　带底切的侧壁承载点设计和不带底切的侧壁变形设计

图 2.51 所示为一次性水杯设计[98]。杯柄结构使得整体的制造成本大幅提高，但带杯沿的杯子可以达到防烫伤的效果，而且模具的制造成本要低得多——只需切

削加工即可。

图 2.52 所示为杯柄放大示意，更清晰地展示了结构的复杂程度。

图 2.51　一次性水杯设计[98]

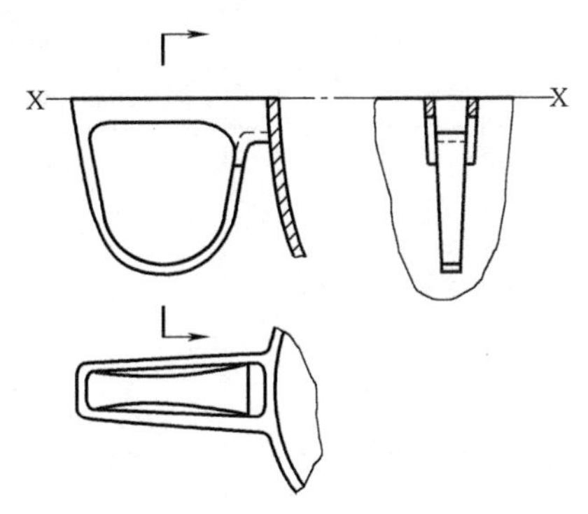

图 2.52　杯柄放大示意

直至最近，粉末冶金件都只能通过压制进行预成型，侧开口的设计如图 2.53 所示。而现在可以通过金属粉末喷涂来生产此类零件[93,94]。成型制造的方法再一次得到了拓展。与在塑料注射成型中应用侧滑块一样，可以通过有针对性的额外结构设计来管理底切。

图 2.54 和图 2.55 是非常精密的小零件示例，其特性概述和应用见表 2.5。

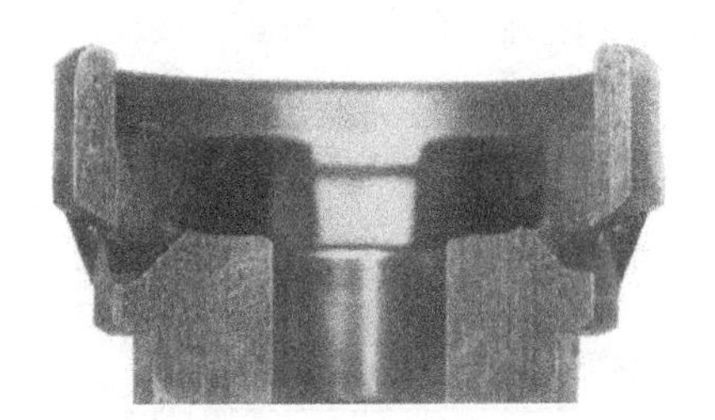

图 2.53　压制烧结零件

（根据图 2.49 的侧开口，切面 C—C）

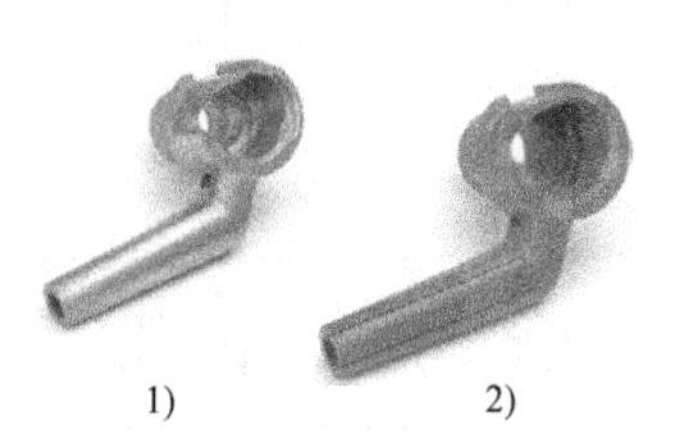

1)　　2)

图 2.54　金属粉末注射成型[98]

注：1）为带底切的成型件，2）为未烧结的压块。最初的烧结工艺无法实现底切，但这一点已经通过金属粉末注射成型克服！

1)　　2)　　3)

图 2.55　金属粉末注射成型——细小零件[98]

表 2.5　金属粉末注射成型工艺的特性概述及其应用

特性	应用	
长度	3~200mm，也能实现更小的长度	
壁厚	12~20mm，对应较小的线性尺寸也能实现更小的壁厚	
基于 DIN 2768 的公差	标准尺寸（mm）	公差（±mm）
	< 3	0.05
	3~6	0.06
	6~15	0.075
	15~30	0.15
	30~60	0.25
	>60	标准尺寸的±0.5%
直线度、平面度	长度的±0.5% ±0°30′ 以上数字都为常用的标准值。针对部分特定件的需求，公差范围可以达到更小的区域。在零件的一些非工作表面，其公差数值也可以选择更大的数字	
质量	常见值为 1~60g，最大可实现 700g	
密度	可实现理论值的 96%~100%	
表面粗糙度	*Rz*（4~20μm）取决于使用的粉末材料、加工工具的表面粗糙度和烧结环境	
结构元素	原则上，可以实现塑料注射成型中已知的全部设计结构。包括底切、薄腹板、<1mm 的孔等	
产量	当产量在 1000~20000 件时，能够体现该工艺的经济性。较小的产量和大批量生产（10 万~100 万件）也同样可以实现	

对于图 2.55，1）为带弹出标记的锁定杆，最大长度为 25mm；2）为小零件，最大长度为 20mm，若使用传统加工方案需要 5 次铣削，1 次钻孔；3）为小零件，最大长度为 12mm，最小壁厚为 0.8mm。

顶出装置通常用于取出铸件，在设计时必须为此提供足够的工作面（图 2.56）。

关于可达到的精度，必须区分形状相关和非形状相关的不同区域（图 2.57 和图 2.58）。

2.4.3　塑料成型件的特点

塑料是一种正在高速发展的材料，包括与之对应的加工工艺。直至最近，多组分注射成型、塑料-金属混合部件或气体注射工艺为塑料成型开辟了新的可能性。一方面，塑料的硬度和强度不如经典的机器/设备结构材料，并且加工过程会对其

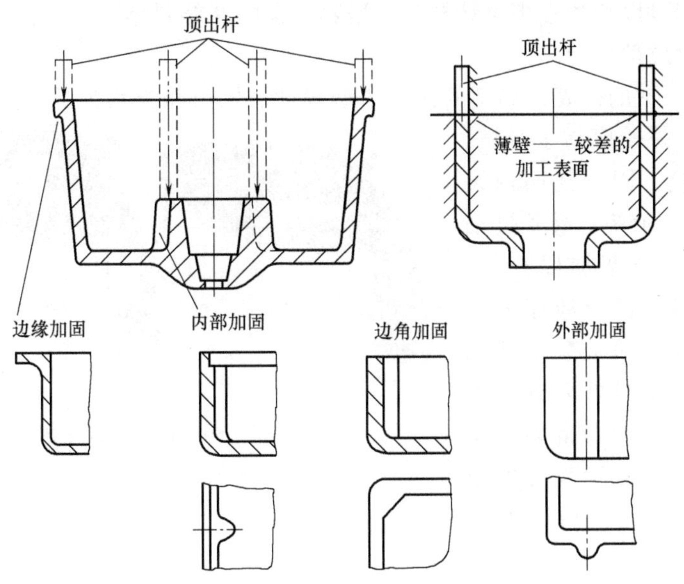

图 2.56　顶出杆对结构的影响[2]

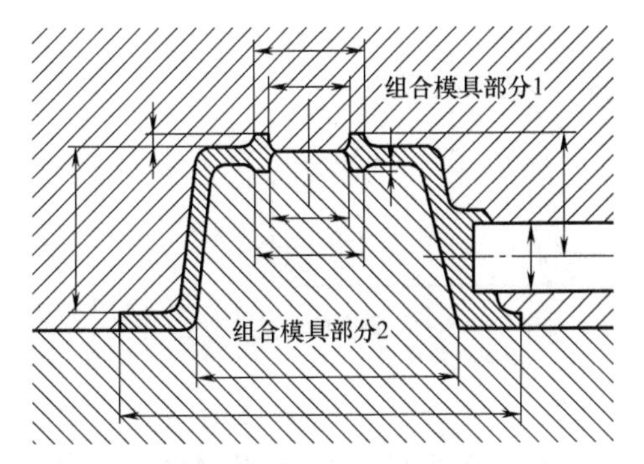

图 2.57　模制尺寸由模具的某个单独部分形成，因此其精度高于非模制尺寸[5]

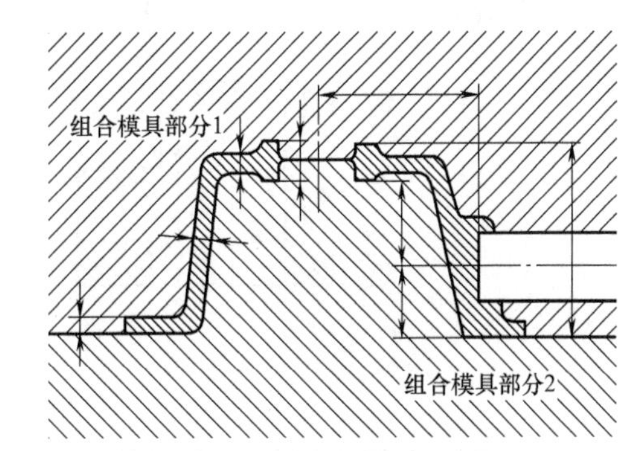

图 2.58　非模制尺寸由模具的多个部分共同形成，因此其公差相对模制尺寸要更大一些[5]

产生强烈影响；另一方面，它与其他材料不同，是一体化构造和功能集成的理想选择。卡扣连接和薄膜铰链就是非常典型的例子。但在对设计师进行塑料材料相关的培训时，仍然存在一些与金属材料处理相关的“影子”。下文将总结部分塑料设计的原则。任何想要或必须深入了解这一材料领域的人都应该熟悉相关的专业文献，如文献［7］、［13］、［51］。此外还要指出，我们必须对有纤维增强和无纤维增强的塑料进行区分。具有短纤维增强材料（1～10mm）的零件将在本章节进行介绍，而长纤维和网状增强材料的内容请参考后续章节。

1.1 节中要求的对现有结构进行分析，并以此作为设计的可能先决条件，在塑料领域依旧可以得到直接应用。塑料制品随处可见，人人可及。对结构设计有兴趣的朋友至少可以在丢弃前对其进行“仔细检查”。咖啡机外壳、扎带、背包带子上的塑料扣等都可以传达很多设计技巧，培养大家的“塑料感”。

塑料注射成型设计

图 2.59 中钻的外壳是典型的注射成型零件。它由相当均匀的壁厚构成；由于倾斜的表面，外轮廓易于脱模。对于螺钉连接，固定孔向内设置，并在适当的情况下通过细加强筋连接到外壁加以稳定，在金属件中得到广泛应用的法兰连接因刚度低而被禁止使用在塑料件上。钻机外壳的示例还表明了它是一种非常易于组装的设计。注射成型零件的质量可从 1g 以下的小零件开始，最重可达 10kg 左右。

图 2.59　钻的注射外壳

注：该外壳零件无须法兰连接。

设计规则和示例如下：

1）用薄壁构建零件主体（小壁厚可确保较短的循环时间）。

2）提供脱模斜度（图 2.60）。

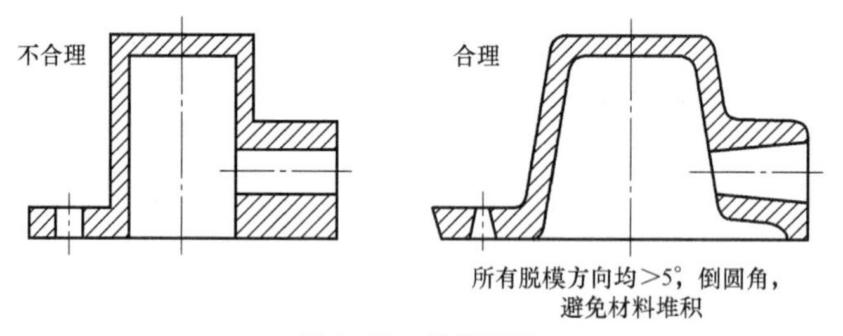

图 2.60　脱模斜度

3）尽可能避免底切，必要的对应结构可以通过适当的开口实现（图 2.61）；通过侧移滑块进行控制非常耗时（图 2.48 和图 2.62）。

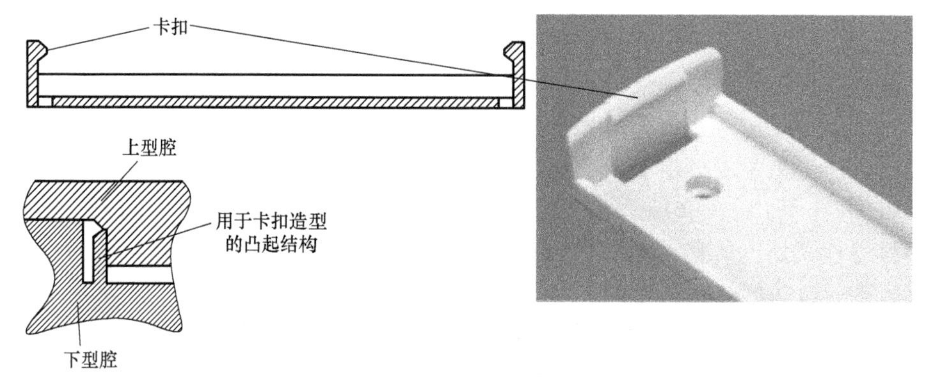

图 2.61　卡扣结构

4）避免材料堆积（图 2.63 和图 2.65 右）。

5）加强筋连接会导致缩痕（图 2.65 左），它们可以被装饰筋和装饰凹槽隐藏（图 2.64）。

6）紧固孔向内设置，仅用细加强筋连接。

7）平坦的表面容易翘曲，优先选择弯曲的表面或使用加强筋结构。

8）熔接线强度降低，注意明确浇口的类型和位置（图 2.67 和图 2.68）；与工具设计者一起工作！

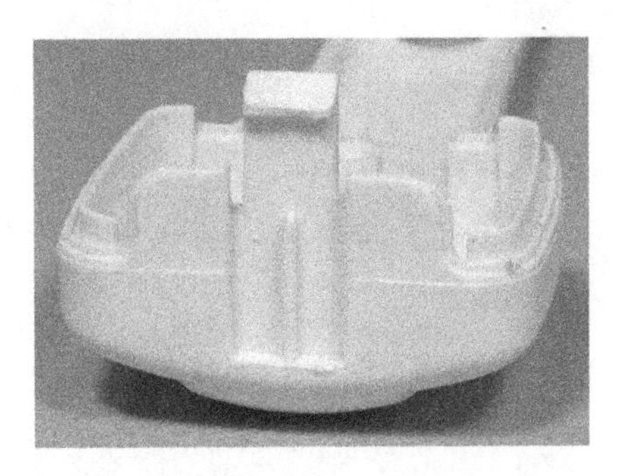

图 2.62　通过侧移滑块实现卡扣结构

注：侧移滑块的轮廓标记在了塑料模具上；图 2.61 中的方案总是首选，因为本图的方案在侧移滑块的配合制造上需要大量的工作量。

9）与旋转对称结构相比，需要考虑角形结构会对成本带去的不利影响（图 2.69）。

10）薄膜铰链可实现可移动元件的一体化设计（图 2.70～图 2.72）。

11）弹簧元件可以设计为一体化结构（图 2.72）。

12）通过调整筋和弯曲变形实现无间隙配合（图 2.73 和图 2.74）。

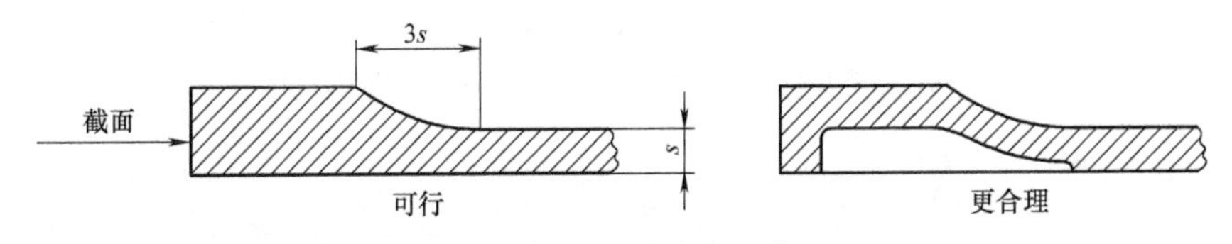

图 2.63　壁厚过渡区域

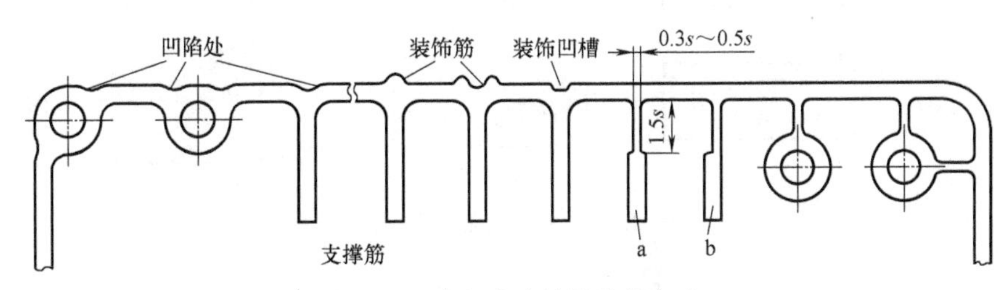

图 2.64　减少或遮挡凹陷的方法

注：凹陷主要由部分区域的材料堆积产生，如加强筋等结构；a 表示过渡区域减小壁厚，b 表示单侧减小壁厚；加强筋厚 = 壁厚；减小后的加强筋厚 = 0.5s。

当注射化合物在型芯内部或几何形状后侧汇流时，会产生强度较低的熔接线（图 2.67）。浇口位置应根据应力选择（沿熔接线寻求应力方向），并始终与工具设计者达成一致。合适的浇口结构能够影响熔接线（图 2.68）。图 2.66 展示了一个用于覆盖通风口的实际组件设计方案。为了满足稳定性而设计的内部加强筋会对外表面造成缩痕，但都可以通过装饰凹槽掩盖。

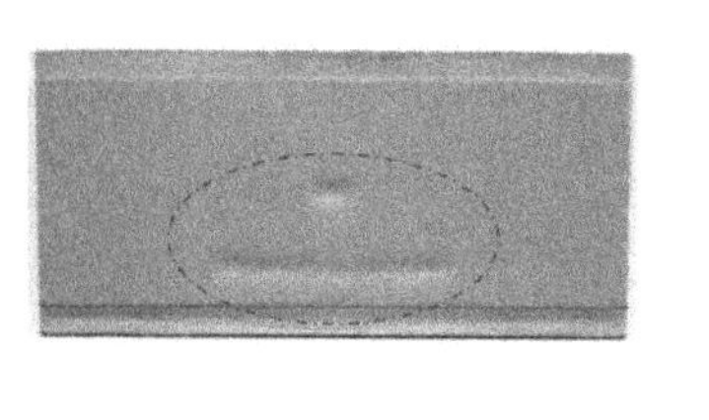

外壁内侧的卡扣轮廓造成缩痕；
加强筋上的卡扣对外壁没有影响(箭头处)

图 2.65 带凹陷的塑料盖

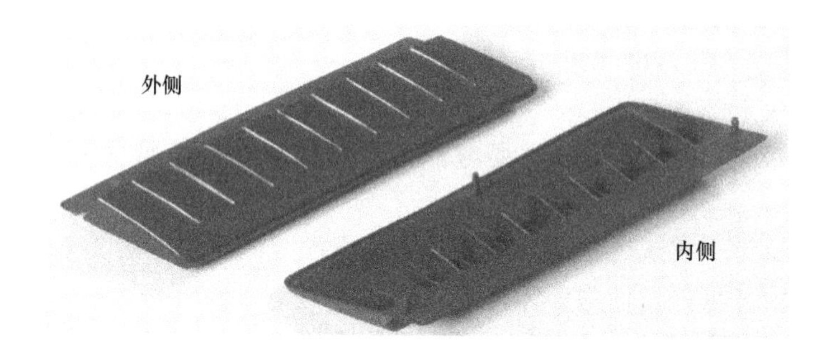

图 2.66 塑料镶板[98]

注：可能由于加强筋结构产生的凹痕可以通过结构设计避免。

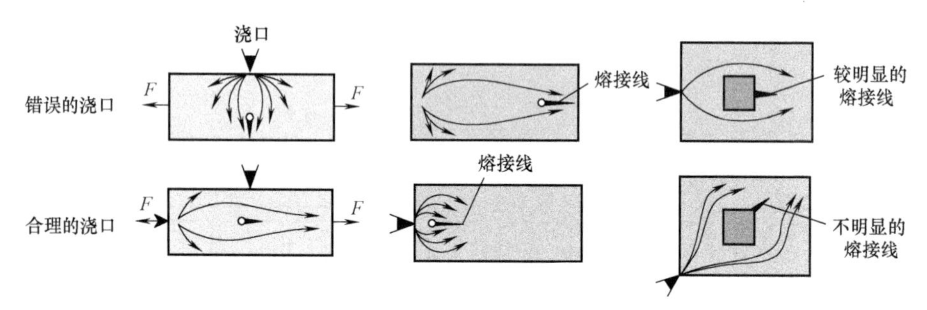

图 2.67 型芯后侧的熔接线

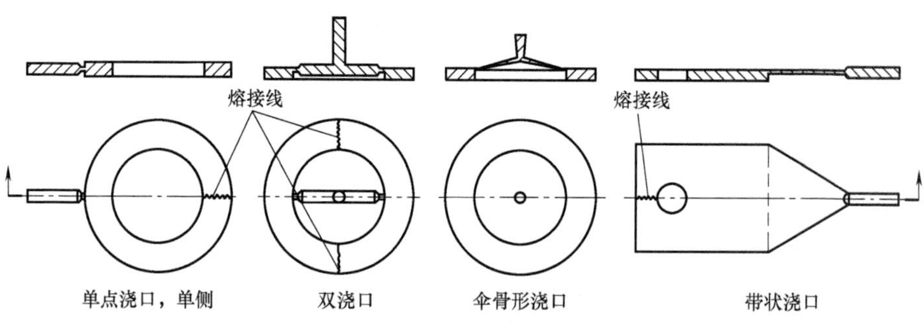

图 2.68 熔接线及不同的浇口

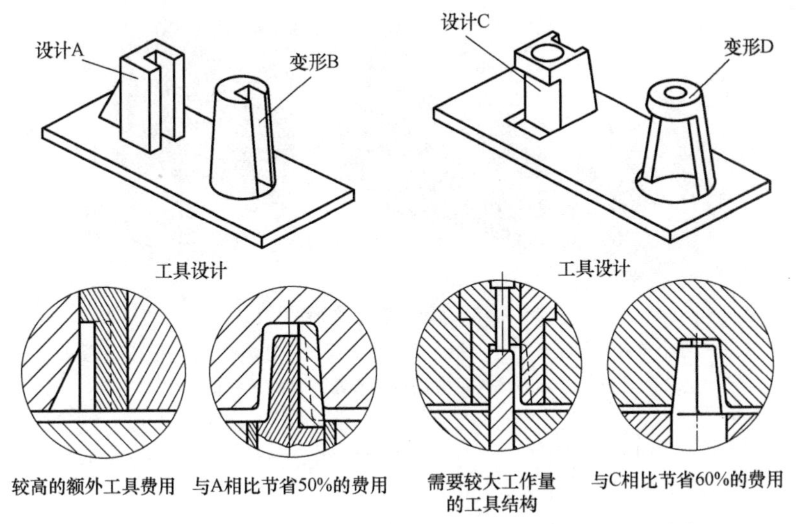

图 2.69 旋转对称的小结构在工具制造中更具有经济性[7]

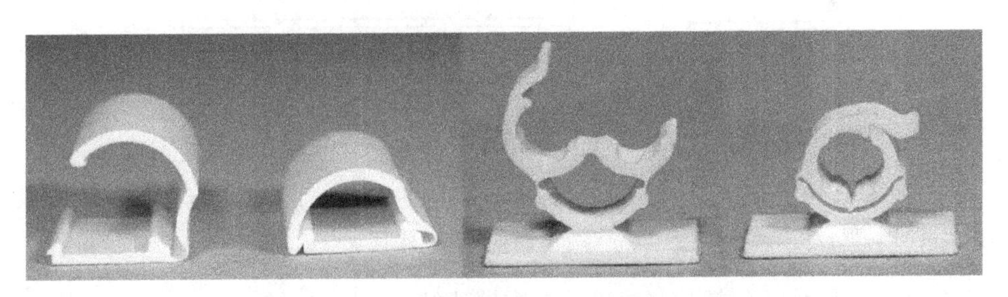

图 2.70 两种设计版本的带薄膜铰链和弹簧锁的电缆夹[98]

注：带有三个铰链连接版本的结构（右侧）在轻轻按压后就会自动关闭。这是一种不同寻常的优秀设计思路，可以视为天才之作。

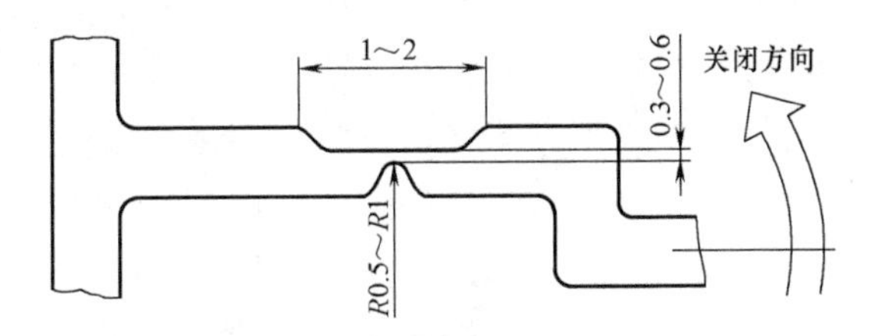

图 2.71 薄膜铰链的结构建议[30]

除了全塑料零件，塑料-金属复合材料是一种特别有趣的组合。金属零件的高刚度与塑料零件的功能形状相结合。源自早已为人所知的金属嵌件工艺，这种复合材料零件的加工被称为**外嵌件技术**（图 2.75）。这是一种拆分式设计，根据 2.2 节，它并不是我们最优先考虑的方案；但由于它可以在注塑机的一个独立操作中完成，这种类型的拆分式构造应该得到设计师们正面的评价（如果最低生产数量超

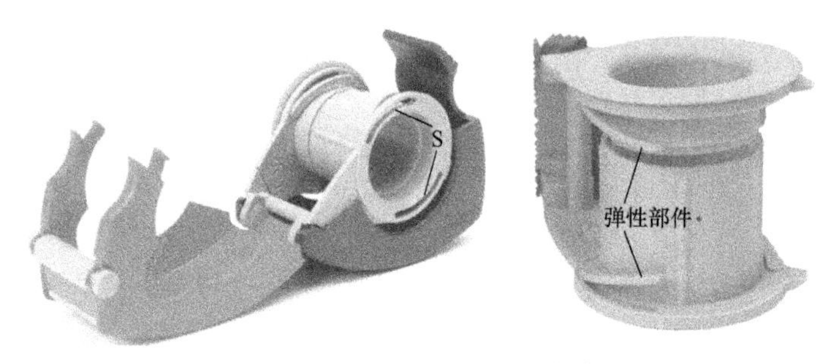

图 2.72 胶带卷架及细节[98]

注：五个单独部件全部通过卡扣连接；集成式的弹性部件可以视为胶带卷的“刹车”；弹性部件后方的槽（S 处）消除了它的顶切。

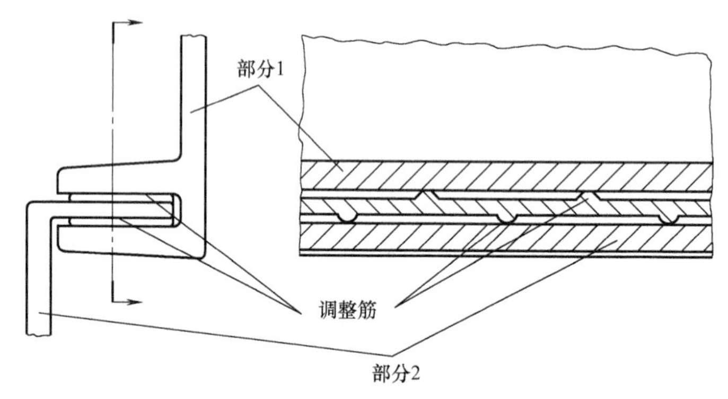

图 2.73 通过调整筋实现平面配合

过 5000 件），此外还包括一些简单的外饰设计结构。外嵌件技术的另一个优点是，当从注射温度冷却到室温时，外嵌元素的变形在很大程度上受到限制（图 2.76）。根据图 2.77 中的示例，设计师还可以创造性地将塑料（大部分）的高弹性变形能力用于弹性元件，甚至是可旋转的控制部件等。

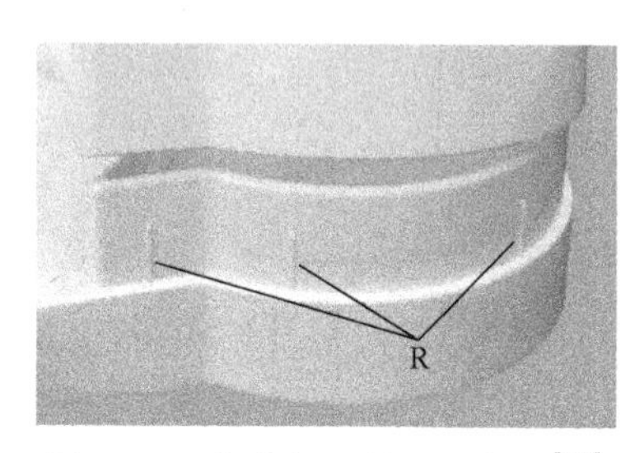

图 2.74 咖啡机上的调整筋 R[98]

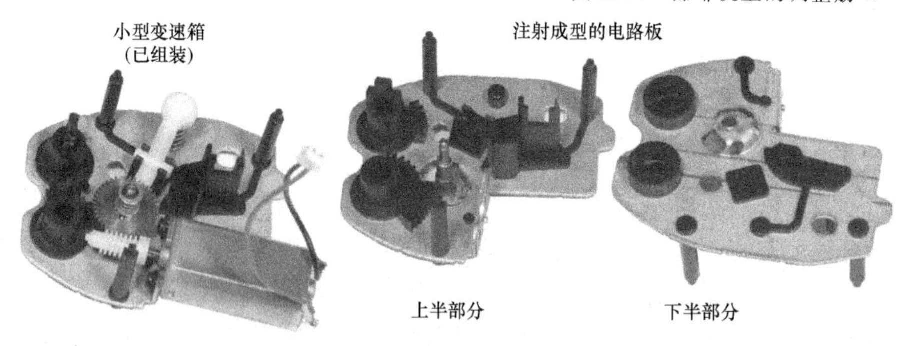

图 2.75 小型变速箱及其电路板

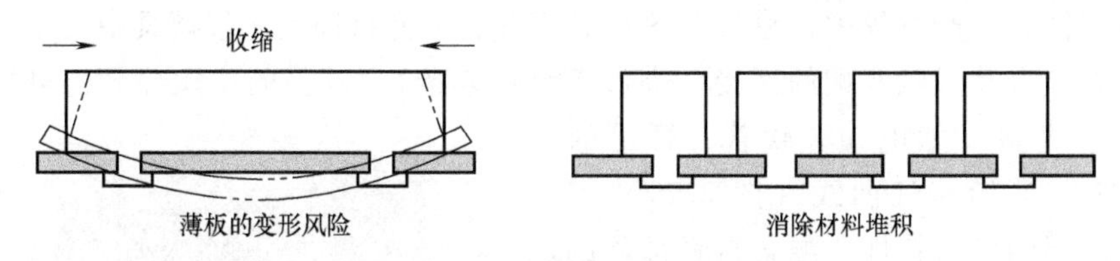

图 2.76　大型嵌入件的变形风险

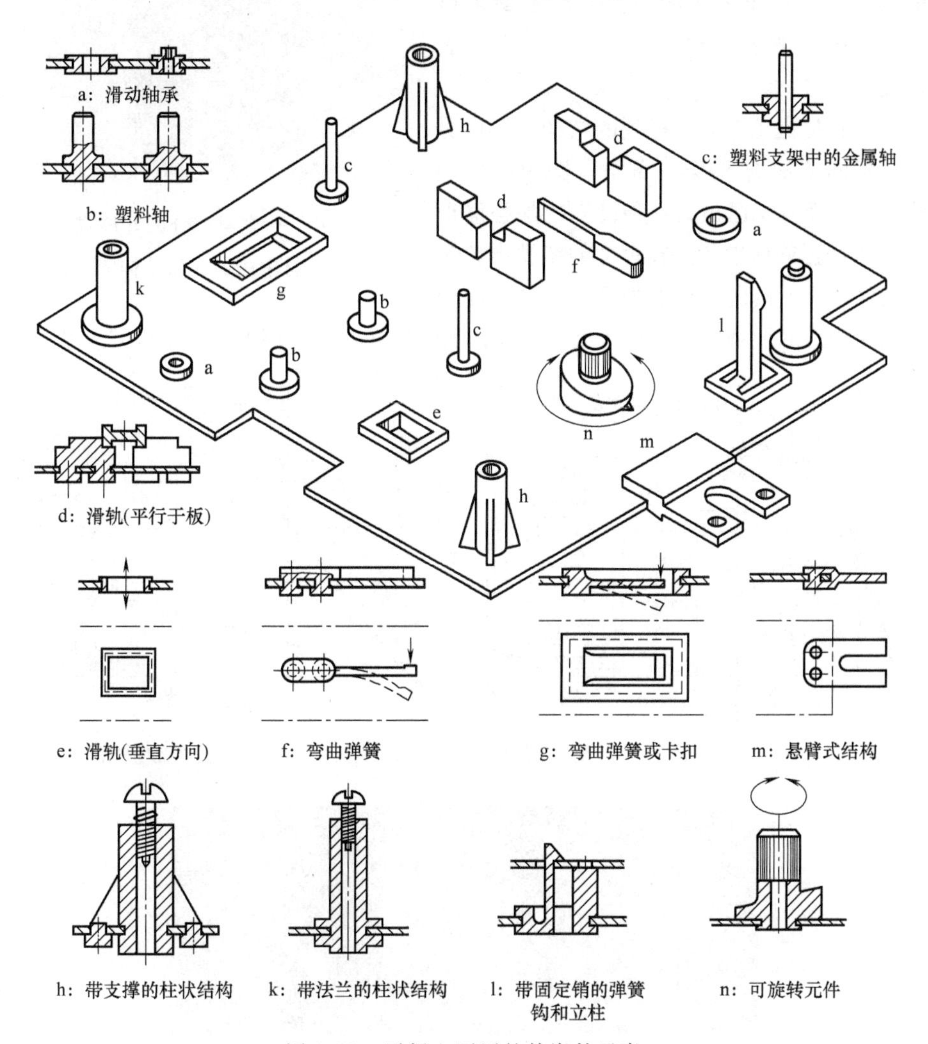

图 2.77　平板上可用的外嵌件元素

另一种方法是采用**塑料-金属复合材料**。在寻找更轻的承重结构时，设计师们总是使用更薄的钣金零件。然而，代表负载极限的通常不是强度，而是稳定性。与钣金相比，塑料具有更强的延展性，可以在这方面提供帮助（图 2.78）。这是带有角加强筋的金属板帽型材的变体，通过将长金属板壁分成小凹痕来提供支撑效果。

在塑料部件的生产过程中，将带孔的预成型金属板型材插入注塑模具中，塑料在孔处形成力锁合及形状匹配的连接（类似于铆钉连接）。其他的功能部分也可以在同一过程中成型（如电缆、软管、管道的支架）。载荷-变形特性曲线（图 2.79）表明了两者之间的应力特性。混合材料部件的承载能力最佳，根据应用的不同，质量最多可以减轻 25%。材料在扭转应力的作用下，表现也更好。

图 2.78 带塑料部分的开放式钢板型材中的加强筋结构[13]

我们将根据 1.1 节中提到的结构、组件分析来观察图 2.80 中的第一部分。图中所使用的传统加强筋方式已被另一种已知的加强筋形式——角加强筋所取代。在过去的铸铁齿轮箱上，悬臂轴承点仅由凸起的加强筋支撑，而现在类似凹槽形的加强筋也十分常见；此外，加强筋在塑料角钢上的应用也越来越多。

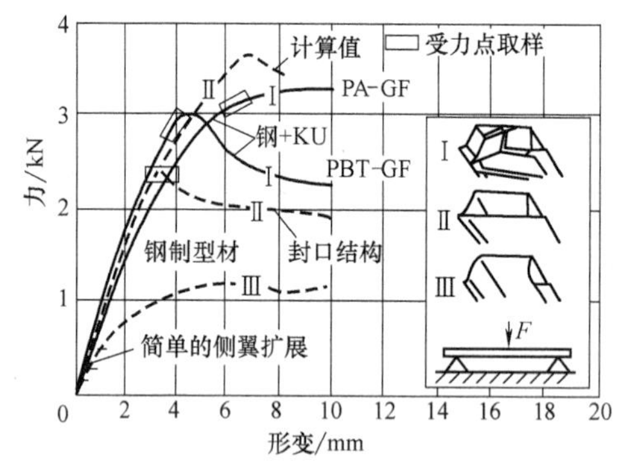

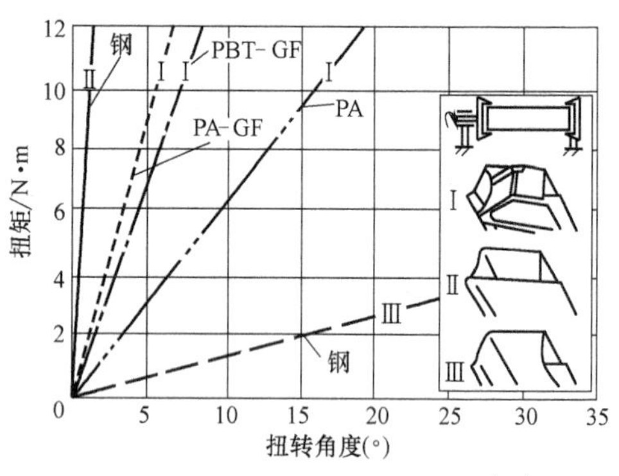

图 2.79 由钢板制成的 U 形复合型材的弯曲/扭转刚度（带/不带塑料加强筋）[13]

图 2.80 带加强筋的 L 形支架及变形设计

课题 2.2：

哪些原因可能会反对角加强筋而支持传统的加强筋？

最后，我们分析咖啡机中一个非常复杂的部分的现有结构（图 2.81）。

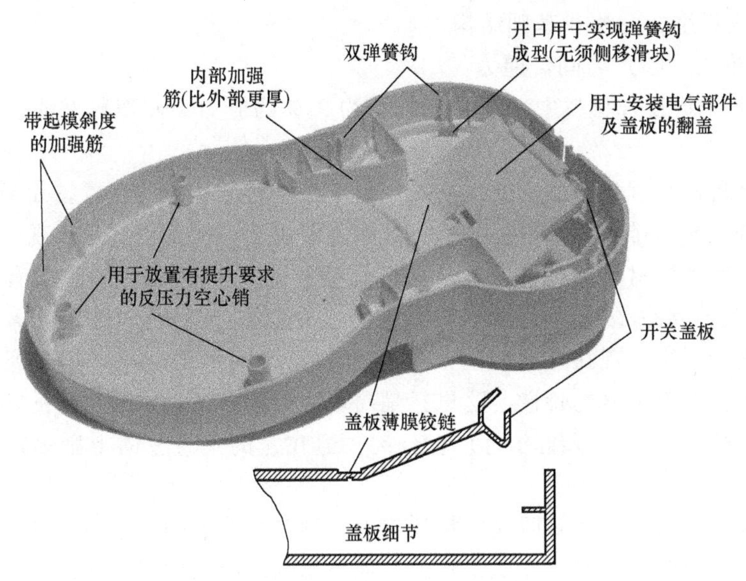

图 2.81　某咖啡机的底座

2.4.4　纤维-塑料复合材料

嵌入长纤维或网状结构（主要是较便宜的玻璃纤维、网状结构）的塑料是一组特殊的材料。在文献中，它们被称为纤维增强塑料或纤维增强复合材料。与短纤维增强材料（最大纤维长度为10mm，其设计要求已在上一节中讨论）相比，本章节将讨论长度大于25mm的纤维及连续纤维。它们结合了不同物质的特性：

1）纤维的特性。

- 抗拉强度高。
- 屈曲。
- 材料内部90°方向上拉伸。

2）塑料的特性。

- 强度较低。
- 质量较小。
- 有较高的耐腐蚀和耐化学性。

3）纤维-塑料复合材料的特性。

- 较高的强度。
- 较小的质量。
- 较高的耐化学性。

4）纤维的作用。

- 力的引导和传递。

5）塑料的作用。

- 嵌入纤维，并构建基础结构。
- 在纤维（层）之间传递力。

在纤维-塑料复合材料中，纤维吸收了约95%的应力，而塑料基质仅贡献了剩余的5%。

与经典机械工程材料的主要区别在于纤维在塑料基质中的位置。如果纤维束在塑料中并排或叠加排布，则产生的材料效果将取决于方向，也就是表现为各向异性材料行为，而金属材料则更偏向各向同性材料行为（特性在主体的所有方向上都相同）。各向异性也是人类最古老的建筑材料——木材的特征，在木质素基质中含有非常坚固的纤维。现在往往只有那些专业人士（细木工、木匠）或那些仍自己砍柴的人才会知道木材的特性。这里只是简单地介绍一下，无结树干的木材可以很容易地在生长方向（沿纤维方向）上分裂，但在它的垂直方向上则表现出完全不同的特性。

如果零件结构中存在着明显的拉伸应力，则使用明确的纤维束对齐方式；如果应力方向不太明确，则使用类似织物或其他类型的网状结构来增强纤维。这里就需要我们的应力计算工程师出场了。

哪些纤维-塑料复合材料的特性适用于机械工程？

机械工程师很少需要追求极轻结构，甚至是**超轻结构**（如飞机、太空旅行用的结构），两者均需要使用昂贵的碳纤维复合材料。那么本书中的纤维-塑料复合材料部分将为您介绍哪些特性呢？在简介中，我们已经提到了这种材料具有较高的耐化学性，这会带来很好的耐腐蚀性和耐食品性。此外，可以耐受100℃的高温（特殊树脂的耐温性甚至高达150℃），开拓了以下新的应用领域：

1）化学加工过程。

2）机械加工、食品加工。

3）水处理、污水处理厂。

4）通风系统，特别是用于排放腐蚀性蒸汽和烟气。

为这些领域设计制造了以下类型的设备：

1）无压或压力容器，反应容器。

2）直径达3m，容量达20000L的运输和收集容器，尺寸仅受公路运输能力的限制。

3）中、大公称尺寸（直径≥1000mm）的管道。

现在的制造技术允许测量探头和其他传感器及其相关支撑和安装元件的集成化，如图2.82所示。

另一个值得注意的特点是极大的表面设计自由度，尤其是双曲面。此外，还可以在层压过程中对表面进行着色。跑车灯座的示例明确说明了以上两点，如图2.83所示。用金属板生产灯座可能会遇到极大的困难，特别是不同圆弧半径之间的过渡轮廓。当用金属板制造轻轨车辆的车头时，图2.84中所示的细微弯曲结构

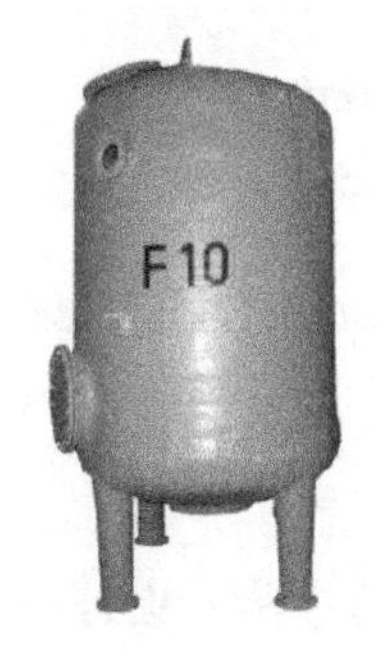

除了各种管道，还可以添加各式各样的支撑和辅助元件；它们可以直接压制到原有的容器上(箭头处)

图 2.82　水处理存储罐（左）及化学反应罐（右）

需要十分复杂的成型工具，这不适合小批量生产的产品组。这种成型工艺带来的外形自由度不仅可用于批量生产，也可用于最小的生产数量。随着产量的增加，生产工具和工艺都可以很好地适应预期的零件数量。对于非常大的生产需求，可以使用压力机和封闭模具（阴模和阳模）。在任何情况下，这种材料都比金属材料更适合于零件成型。

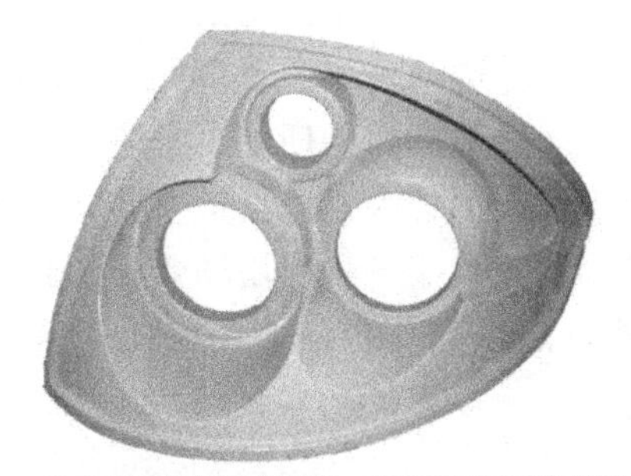

极高品质的前面板视图，表面已经过抛光处理

背面(部分视图)可见清晰的网状结构

如此复杂的几何外形展现了这种材料的特点，它能够帮助实现各种自由的结构设计

图 2.83　跑车灯座（最大尺寸约为 350mm）

钣金加工常见的加强结构，如卷边、法兰等也都可以得到应用，这一点我们可以在大型电动机的空气引流结构上看到（图 2.85）。除了以上这些加强形式之处，还可以通过层压泡沫或半软管来生产增强件，如图 2.86 所示。

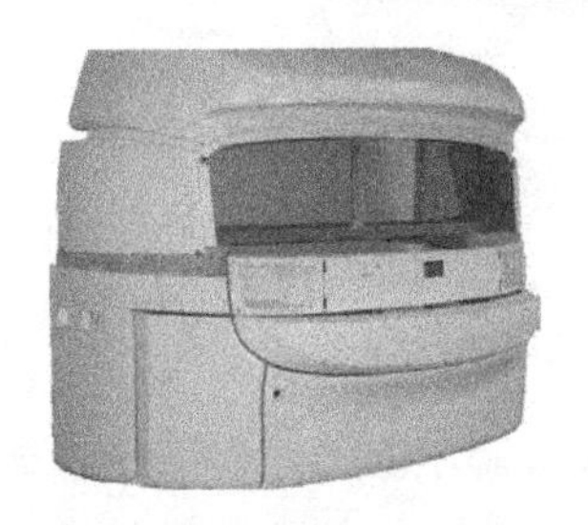

图 2.84　电车车辆中的弓形结构

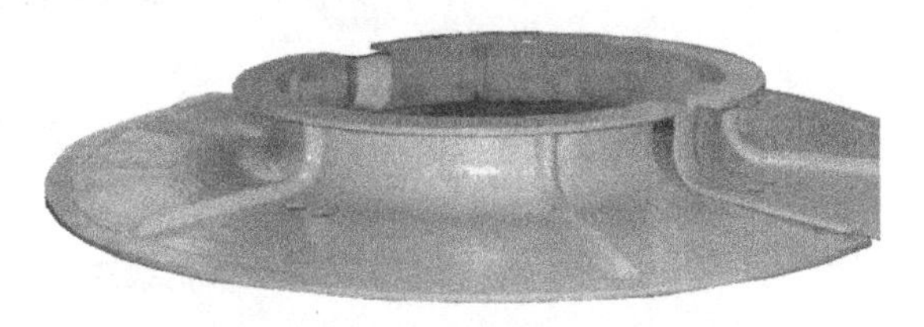

高绝缘性很适合用于电气工程中外径为2000mm

图 2.85　大型电动机的空气引流结构

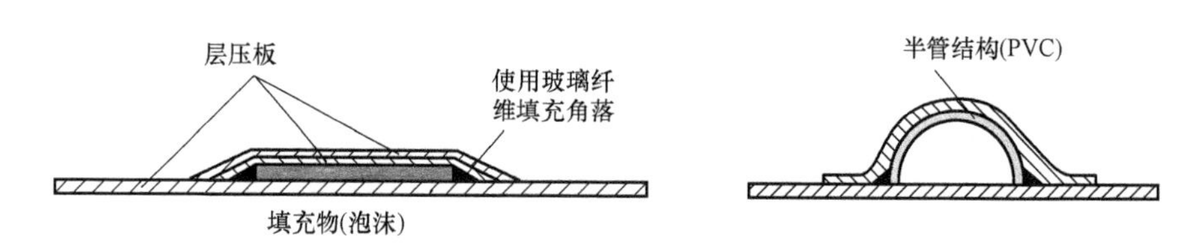

图 2.86　带泡沫或其他材料的层压加强筋

纤维塑料复合材料的处理、设计、计算和生产都需要一定的经验，更进一步的特性介绍和处理方式请参见文献［102］和文献［103］。对于设计师来说，从大量出版物中获取相关信息是非常重要的技能。这本书无法为机械工程师们明确所有要点。建议各位读者检查 5.4.8 小节中给出的示例是否适用于自己的产品范围，并与相关制造商、供应商一起开发和实施真正的解决方案。

2.4.5　锻造、挤压和精密冲裁成形零件

锻造和挤压制造工艺早已为人所知，当前设计文献中的指南几乎总是用相同的示例来描述（如文献［15］、［32］、［70］）。这两种工艺都是大规模成形工艺，但使用的形式非常不同——请参见后续图片及摘要，此处便不再赘述。模具和挤压工具的高额费用通常只能通过大批量生产来弥补，即大规模批量生产。如果不咨询相关的专家团队，则很难实现最佳的设计结构。对于各种应用场景，如高应力的车辆底盘零件，有限元法（FEM）十分常用。这项工作也需要专家的支持，现在还可以寻找专门的公司来解决此类任务。

1. 锻压件

图 2.87 所示为齿轮和小齿轮轴的锻造毛坯件及最终成形件，常作为摩托车零件。

图 2.87　齿轮和小齿轮轴的锻造毛坯件及最终成形件

上面展示的摩托车零件完全是由机械加工而成的，设计师不必考虑锻造的任何设计影响，放在此处只是为了说明不同工艺适合的形状。横向导臂的大部分表面（图 2.88）仍未处理，必须由设计人员提供适当的拔模斜度，并且精确加工所有的

相关形状组件。锻造底切组件是可能的，但实际很少这样做。底切部件可以通过机械加工或焊接结构生产（图 2.89）。铸造工艺与现代材料（如球墨铸铁）的组合在一定程度上导致了锻造工艺被弃用（图 2.90）。

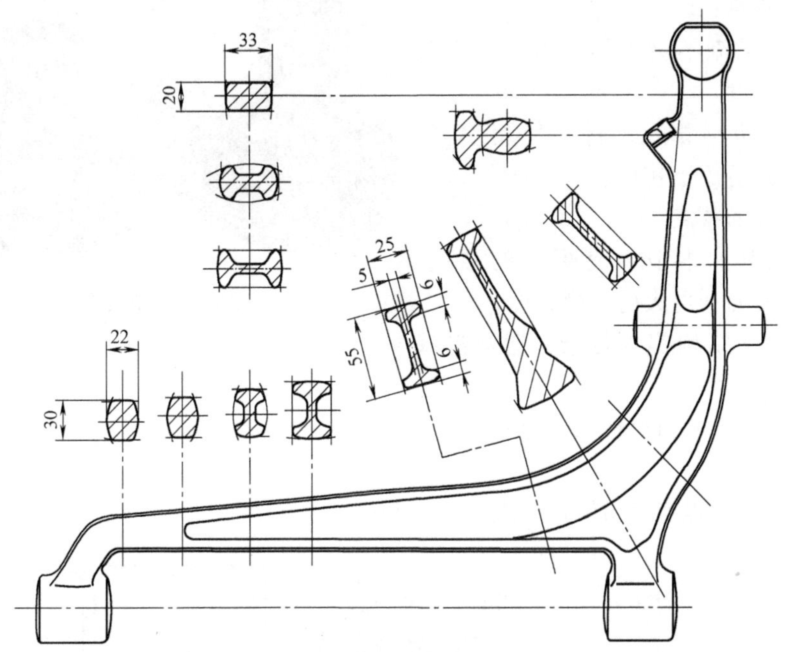

图 2.88　横向导臂（用于应力计算的设计初稿）

图 2.89　高压阀壳体（使用锻造件的焊接结构）

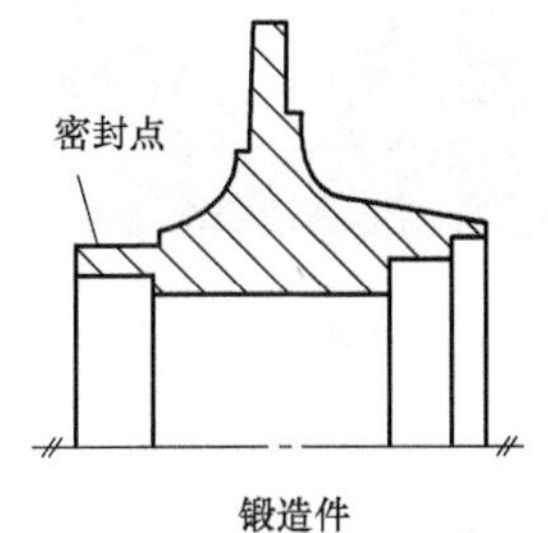

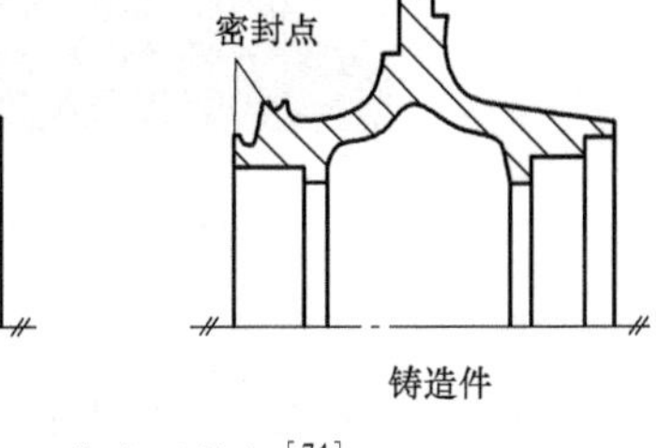

图 2.90　货车用轮毂[74]

注：原本为锻造件，可以有底切！
新结构为球墨铸铁铸件，内部轮廓通过
型芯可以降低 22%的质量，可节省 20%的成本。

2. 挤压件

挤压主要用于旋转对称的形状，但绝不仅限于此。挤压对于设计师来说可能是非常有趣的工艺，因为它既可以用于最小壁厚的钣金零件（1mm 及以下均是可能的）；同时也可以用于加工厚壁底座或法兰结构。挤压件的示例如图 2.91 和图 2.92 所示。

锻压件和挤压件的简要特征如下。

共同特点：

1）纤维流不会中断，因此一定具有高疲劳强度。

2）与切割相比，材料使用率高，这一点尤其适用于挤压。

锻压件的特点：

1）与铸件相比，有更高的强度、更清洁的表面和更大的拔模斜度。

2）底切结构实现复杂，通常选择避免。

3）配件尺寸由机械加工得到。

4）无裂纹。

5）更高的强度可由铸造实现（图 2.90）。

图 2.91　挤压件

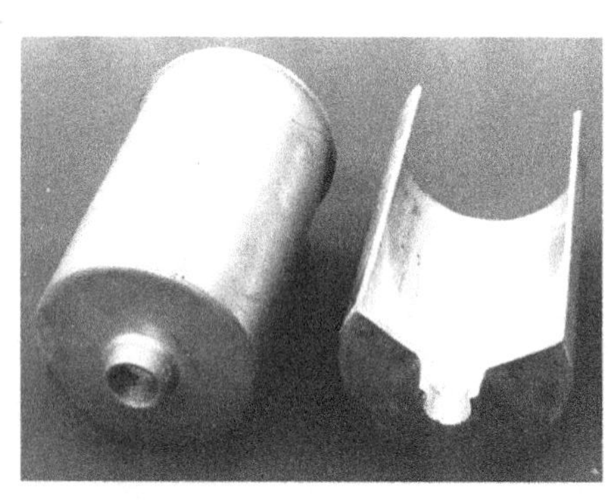
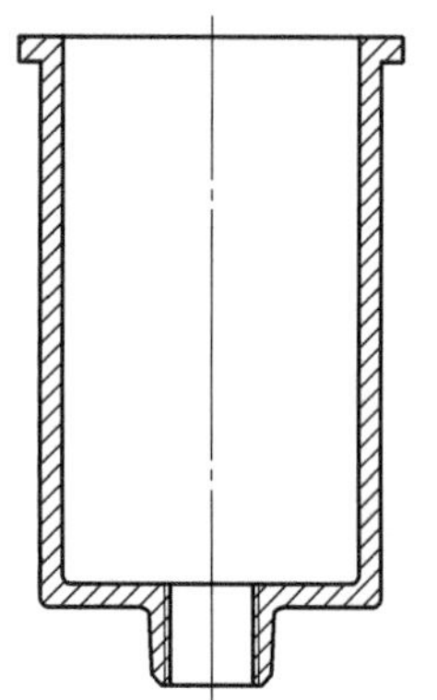
图 2.92　挤压成形的压缩空气气缸（ϕ100mm）

应用：

1）扳手（呆扳手和环形扳手）。

2）内燃机连杆。

3）车辆底盘部件，如转向节、叉臂、转向杆。

挤压件的特点：

1）高质量表面（图 2.92）。

2）高度的加工硬化。

3）冷挤压直径公差等级为 IT8，特殊处理后可达 IT6。

4）无法实现底切。

5）适用于具有不同厚度底座的薄壁、套筒状零件；也同样适用于实心零件（图 2.91）。

6）质量可从几克到 20kg，很少达到 40kg。

3. 精密冲裁成形件

本节标题中提到的第三个加工工艺的使用也取决于产量的高低，因为除了特制的精密冲裁工具，还需要特殊的压力机（图 2.93）。待切出的工件由圆环钉夹紧并固定在两个冲头之间，由此在板材中产生的应力状态保证了整体材料的切割表面干净且无裂痕（图 2.94），因此无须返工即可用作功能面。常见的尺寸公差等级在 IT13～IT8 之间，IT7 也是可以达到的，详见表 2.6。加工板材的厚度可达 10mm，最大尺寸（长度）通常小于 200mm。精密冲裁并没有放在钣金零件（2.5 节）中讲解，而是分配给成形零件，这是因为成形过程可以与切割同时进行（图 2.95）。图 2.96 所示的精密冲裁件样品表明，平面金属板形状几乎不存在。

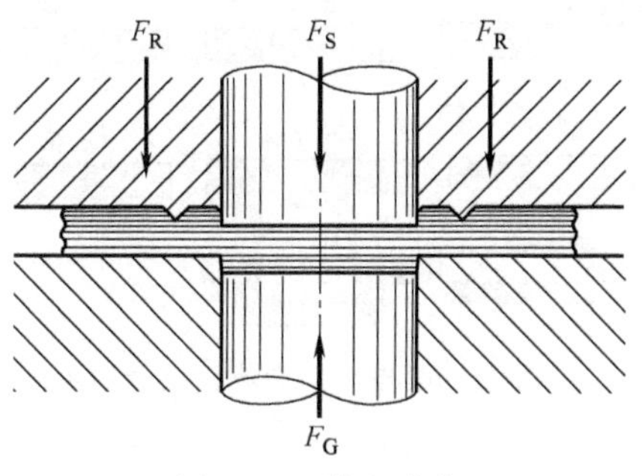

图 2.93　精密冲裁

注：F_S 表示切削力，F_G 表示反作用力，F_R 表示环爪抓力。

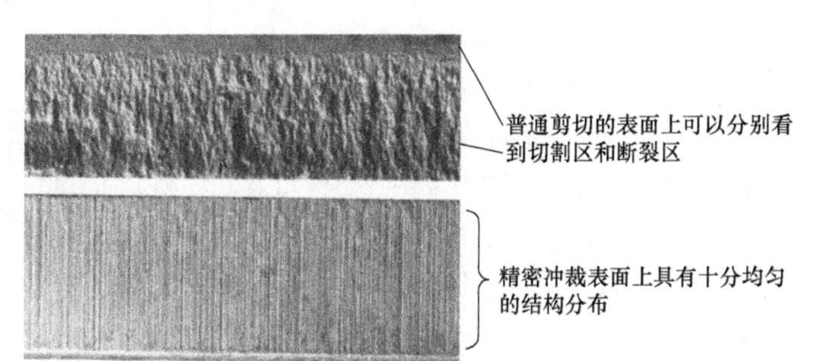

图 2.94　普通剪切和精密冲裁时的切割面（放大版）

表 2.6　精密冲裁可达到的公差范围[80]

厚度/mm	抗拉强度<500N/mm²			抗拉强度>500N/mm²		
	内部形状（ISO 质量标准）	外部形状（ISO 质量标准）	孔间距公差/mm	内部形状（ISO 质量标准）	外部形状（ISO 质量标准）	孔间距公差/mm
0.5～1	6～7	7	±0.01	7	8	±0.01
>1～2	7	7	±0.015	7～8	8	±0.015
>2～3	7	7	±0.02	8	8	±0.02
>3～4	7	8	±0.02	8	9	±0.03
>4～5	7～8	8	±0.03	8	9	±0.03
>5～6	8	9	±0.03	8～9	9	±0.03
>6	8～9	9	±0.03	9	9	±0.03

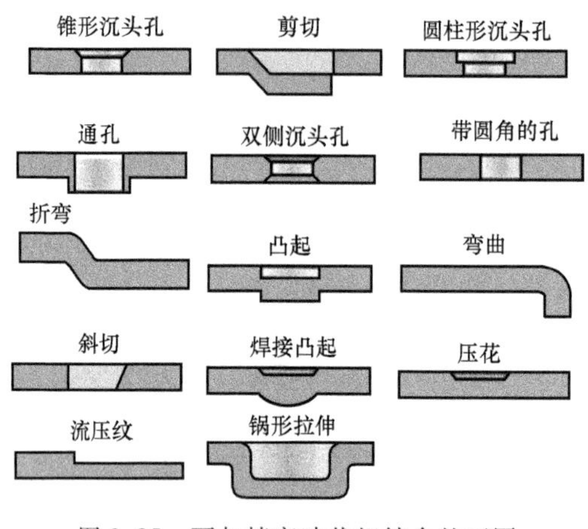

图 2.95 可与精密冲裁相结合的不同成形工艺示例[80]

图 2.96 精密冲裁件[80]

注：该零件通过折弯、通孔、锅形拉伸、弯曲、沉头孔等变形加工得到。

2.4.6 内压成型

经典的吹塑产品指通过挤出吹塑制成的中空体，塑料饮料瓶就是使用这种工艺制作的最常见的产品之一。

挤出机在两个可移动的半模之间形成管状预成型件（图 2.97 左）；闭模后往内部通入压缩空气；经冷却后在模具内壁上形成空心体；开模即可得到最终的成型件（图 2.97 右）。

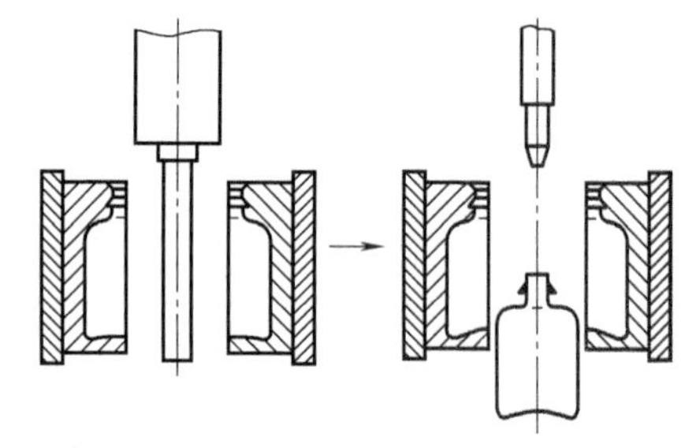

图 2.97 塑料空心结构的挤出吹塑成型[7]

微热的型坯容易变形，充气压力低（约 $5\times10^5\sim8\times10^5$Pa)，且模具上的应力相对较低。

气体辅助注射工艺（内压工艺）的工作方式也非常相似（图 2.98）。当熔液在模具中填充到 50%~90%后，注入气体（通常是氮气）。该技术有如下优点[13]：

1）可以最小化缩痕。

2）可以减轻质量和减少冷却时间。

3）有良好的弯曲和扭转刚度（空心体）。

内高压成型有着与内压成型相同的基本工作原理，但其主要针对金属管及其他空心零件（图 2.99），并且有着更高的压力（水压可达 $1\times10^8\sim6\times10^8$Pa）。

加工工具可以包含可移动元件，用于横截面和穿孔处理，如图 2.100 所示。

金属空心件可以一件成型，内轮廓不需要特殊工具（型芯）。预制件的外形可以是直的、弯曲的或其他任何形状。

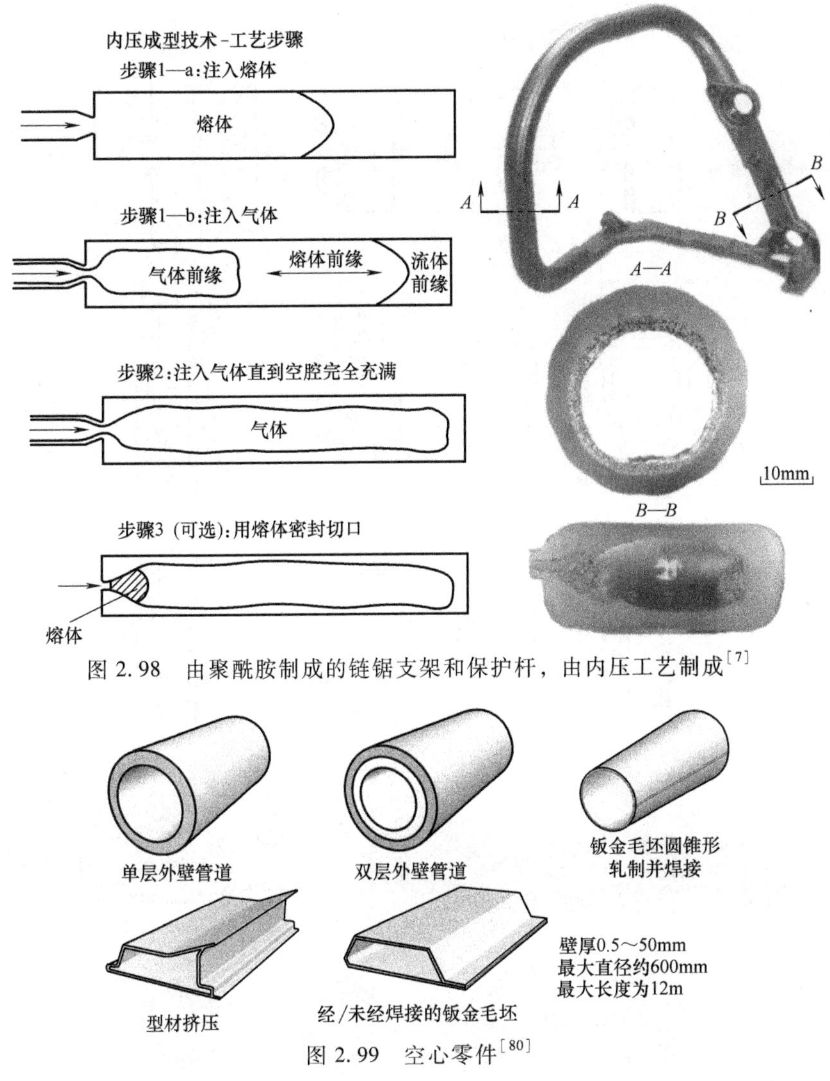

图 2.98　由聚酰胺制成的链锯支架和保护杆，由内压工艺制成[7]

图 2.99　空心零件[80]

在此之前，设计师几乎只能使用在长壁和薄壁空心零件的整个长度上具有均匀横截面的挤压材料；而现在这样的空心体也可以拥有旋转对称及非旋转对称的横截面或其他的附加结构设计，如图 2.101 所示。

与此同时，空心体可以或多或少地承受弯曲应力。除了管道结构中管件的简单应用（T形件、横梁、异径管），还可用于生产车辆结构及热交换器中弯曲半径较大

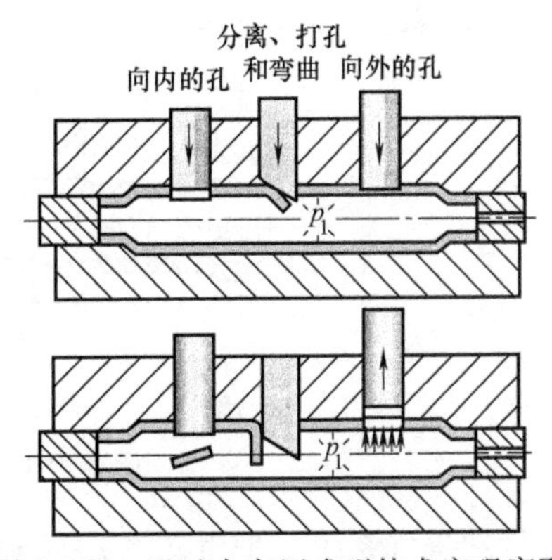

图 2.100　通过内高压成型技术实现穿孔

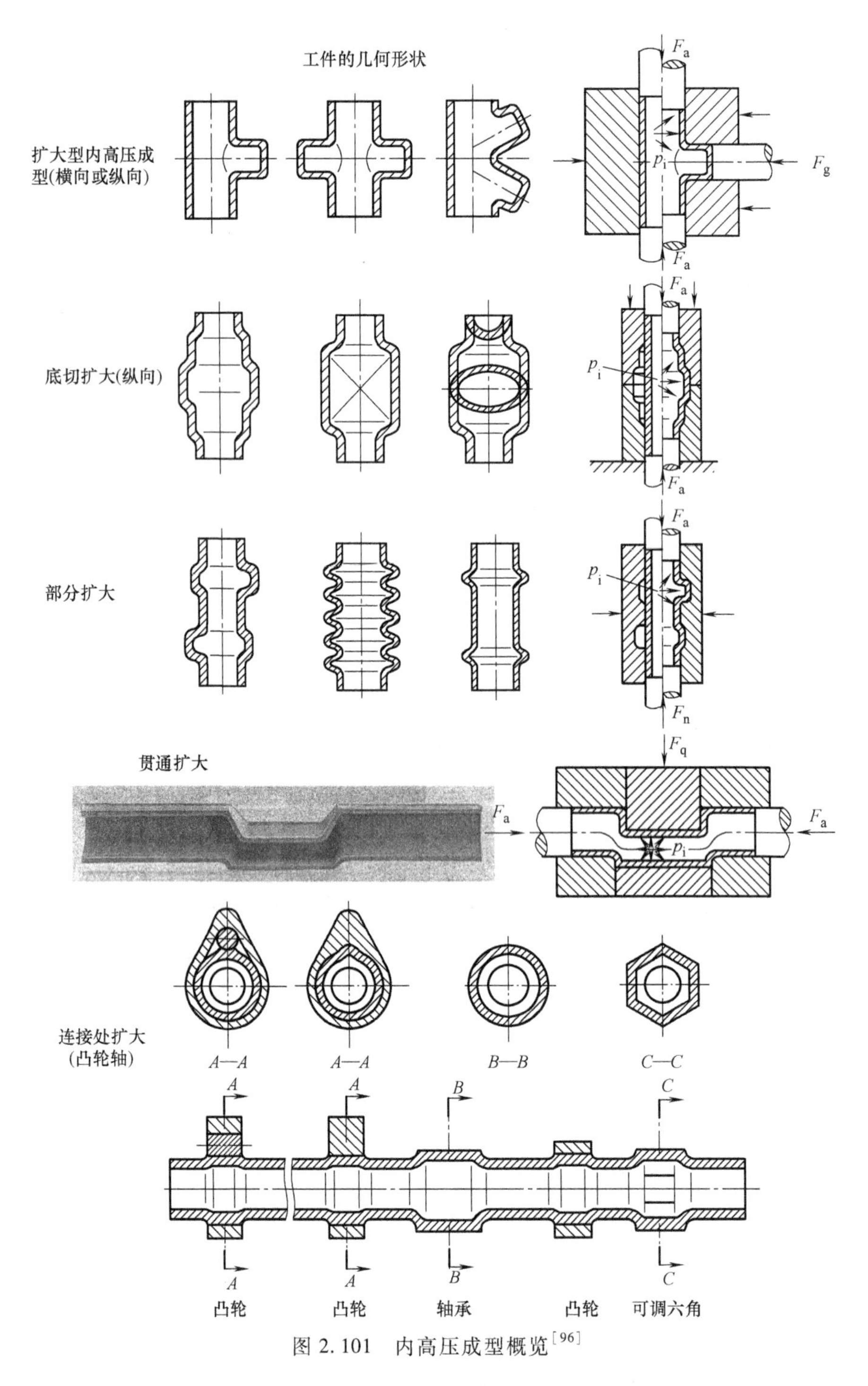

图 2.101　内高压成型概览[96]

的排气和进气系统。平滑的内表面和横截面过渡处的圆形轮廓具有促进流动的作用；中空截面对于弯曲部件，尤其是承受高扭转载荷的结构具有极其有益的效果。迄今为止，仅使用点焊件结构的车身也可以通过这种方式实现，其他更多的应用可以在表 2.7 中找到。

表 2.7　内高压成型的应用领域

应用领域	零件组	零件(示例)
车辆工程、车辆、道路、水利、轨道	底盘、排气和进气系统、附加部件、驱动装置、座椅、车架/车身、转向系统	横梁和纵梁，弯头，扰流板，A-、B-、C-柱，车顶框架型材，转向柱及补偿器
化学、天然气、石油工业、发电站	管线及容器零件、管道	三通、减速器、壳体、整流罩、弯头、横档
家用电器、两轮车行业	配件、机器、管道	底部支架、接头、框架

这种制造工艺可实现的结构异常丰富，此处仅再罗列几个示例，如图 2.102 所示。

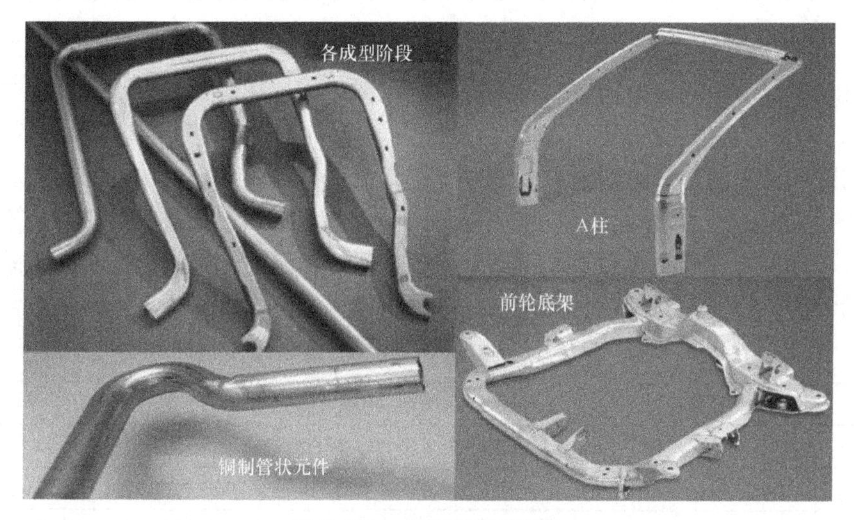

图 2.102　内高压成型零件

除了图 2.99 所示的毛坯形状，还可以使用不同板材（厚度、板材质量）的激光焊钣金毛坯（即所谓的拼缝毛坯，请参见 4.3 节）。

由于成型和压制的成本较高，该工艺更适合大批量生产。此外，有相关经验的专家参与进行的可行性分析也同样是必须的。

2.4.7　通过增材制造成型零件

增材制造工艺起源于原型制造，它也因此被称为“快速原型制造”。然而，这一工艺过程现已成为产品制造的一个组成部分。除了原型，现在还包括工具和最终产品[108]。表 2.8 是目前根据 VDI 3405 该工艺方法在商业上的具体使用。

表 2.8　符合 VDI 3405 的商业化增材制造工艺

工艺名称	材料				
	纸	塑料	型砂	金属	陶瓷
立体光刻		×			×
激光烧结		×	×	×	×
激光束熔化				×	
电子束熔化				×	
融合层塑型		×			
多喷头塑型		×			
聚合射流塑型		×			
3D 打印		×	×	×	×
分层实体成型	×	×		×	×
数字光处理		×		×	×
热传导烧结		×			

机械工程中经常使用的工艺是激光烧结、激光束熔化和电子束熔化。以下所有内容都与这种工艺方法相关。

消除了传统制造工艺的限制，增材工艺为设计师提供了相当大的自由度，能够实现传统方法无法生产的几何形状。为了充分发挥增材制造的潜力，仅在已有的传统零件基础上进行增材设计是不够的[109]。相反的，需要在产品开发中自主地利用增材制造的优势。相应的设计目标已经在专业文献［110］中制订（表 2.9）。

表 2.9　增材制造的设计目标[110]

序号	结构目的	描述
1	节省材料	减少材料总量，提高材料利用率
2	功能集成	用最少的零件尽可能多地集成功能
3	薄壁结构	在保证边界条件的前提下，应用薄壁结构以降低结构质量
4	受力调节	针对应力特点调整材料分布，以降低结构质量，提高机械特性
5	管道集成	管线和流体通道集成在结构内部
6	大规模定制化	针对客户需求实现结构调整
7	设计	更自由的表面设计，改进人体工学特性
8	有限元几何结构	基于仿真结果设计预定义的复杂表面，如流体优化
9	局部特性定制化	调整结构中的部分材料特性
10	内部效应	通过粉末沉积、改变熔化方式等调整材料的内部特性

设计目标的选择在零件开发过程中起着决定性的作用，当然多个设计目标的组合也是十分常见的。

以下示例描述了基于选定的设计目标进行零件优化。带有双挤出机的3D打印机的加热块通过常规制造工艺制造（图2.103），这种制造方式的材料去除率高，且内嵌管道的生产方式十分复杂；此外，制造过程中塑料熔体的流动条件也无法达到最佳。因此，开发的目的便是节省材料和优化流动条件。加热块有效表面的最初模型和结构优化如图2.104所示，优化后的加热块CAD模型如图2.105所示。

图2.103 传统加热块

图2.104 加热块有效表面的最初模型（模型抽象表达，左侧）和结构优化（适用于增材制造，右侧）

图2.105 优化后的加热块CAD模型

注：这是最终零件的几何形状设计，考虑到了工作所需的壁厚及加工工艺要求，整体材料节省达50%。

传统制造工艺拥有丰富的经验和大量设计指南，而增材制造工艺却缺少这些“财富”。VDI 3405中的表3.5和相关的专业文献提供了部分解决方案。表2.10显示了针对激光束熔化过程的一些最重要的设计规则，其中的数值对应LBM系统的技术水平[110]。

表2.10 激光束熔化过程中的设计规则[110]

设计规则	描述
注意零件大小	零件必须小于工作空间
避免扭结	薄壁几何形状与涂层平行对齐
根据载荷分布	注意由于分层结构引起的各向异性
钻孔	最小孔径为0.6mm
缝	最小缝隙宽度为0.5mm
横截面调整	避免材料堆积，以减少由热量引入导致的残余应力
圆角、棱边	最小棱边半径受激光加工精度的限制
清洁孔	必须设计至少一个开口用于从腔体中去除粉末；如果整体结构复杂，则需要多个开口
孔设计	圆孔设计需要保证支撑结构，或设计为自支撑截面
支撑结构	重要的下表面角需要设计支撑结构，角度的大小取决于下表面厚度和材料，一个不错的标准值是45°
拆除支撑结构	保证可以轻松地拆除支撑结构

增材制造的应用正在向各个领域拓展，设计过程中的极大自由度和不同材料的选择多样性为设计师研发新产品开辟了道路。但为增材制造工艺设计的结构对于制造成本也有很大的影响。以传统部件为基础设计的增材制造部件极有可能比传统制造的部件更昂贵。而另一方面，当扩展基于增材制造工艺开发的组件的复杂性或功能时，只会增加打印时间，并不需要额外的制造步骤或工具。

图 2.106　摩托车车架及后轮臂结构（BMW）

以下是增材制造组件的其他示例（图 2.106~图 2.108）。

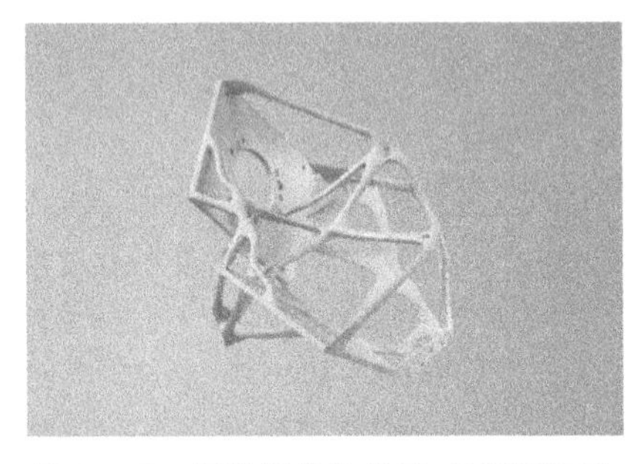

图 2.107　跟踪摄像头单元（TRUMPF）

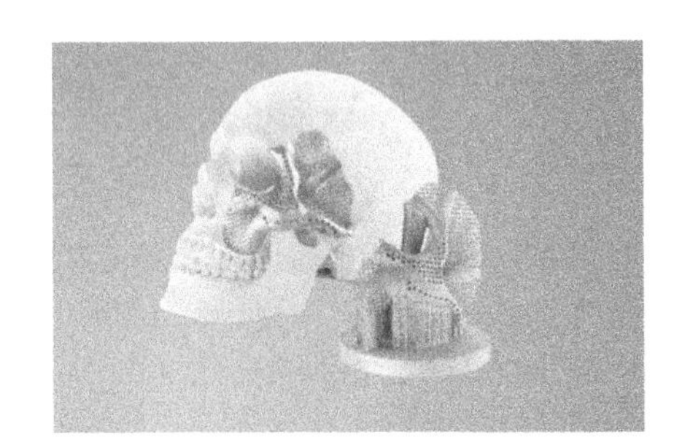

图 2.108　颅骨植入物（TRUMPF）

2.5　旋转锻造的造型世界

如果遵循制造技术的定义，旋转锻造既是自由成型，也是模具成型[20]（后者指使用心轴的旋锻，如内齿轮）。此类制造工艺对设计师的帮助并不大，这一点我们已经在 2.3.1 小节中讨论过了。旋锻机自 1925 年开始使用，但机械工程师使用的标准文献中却一直很少有包含该工艺相关的说明及它所适用的结构设计的简介。尽管它可用于生产许多二次成型元件的轻型空心轴，详见表 2.11 中的示例。除了表中的示例，还可用于内齿轮和外齿轮及其他特殊形状。旋锻件的尺寸比较如图 2.109 所示，旋转锻造的特殊几何结构见表 2.12。

图 2.109　旋锻件的尺寸比较

表 2.11　旋转锻造的造型

描述	造型
不同长度，不同外径；主要为空心管道，也可以是实心结构	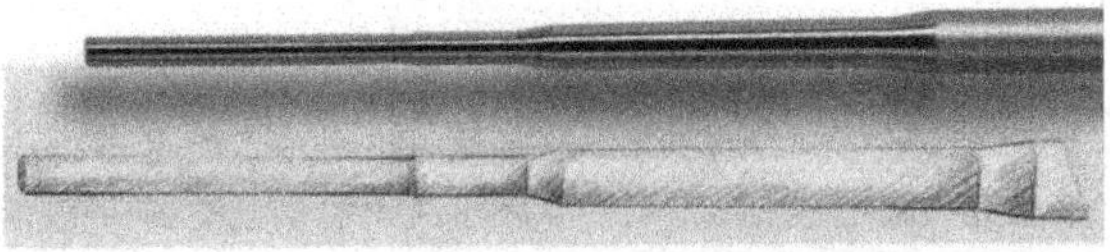
不同长度，不同内径	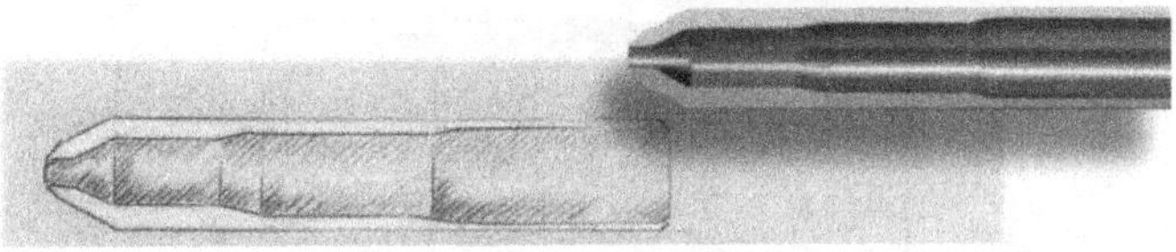
收缩与凹槽（工件中间）	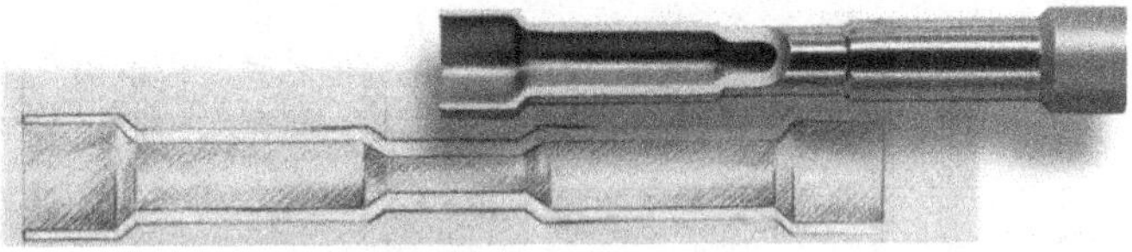
外凸起（锻造） 外凹槽（滚轧）	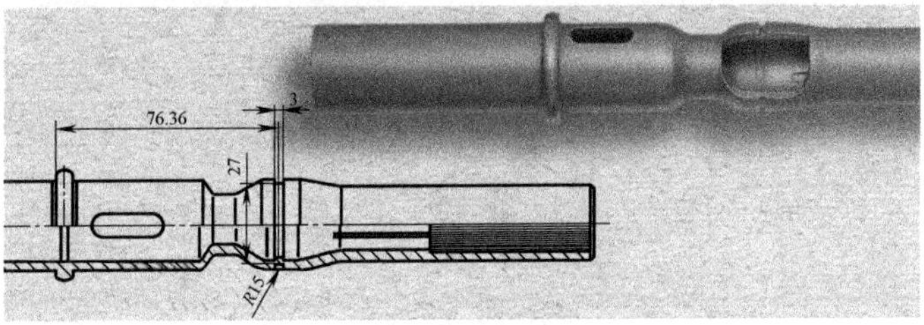
内、外螺纹	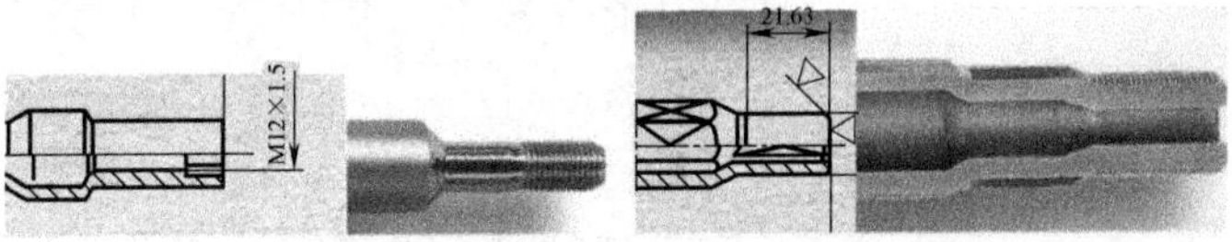
内、外齿（细齿槽）	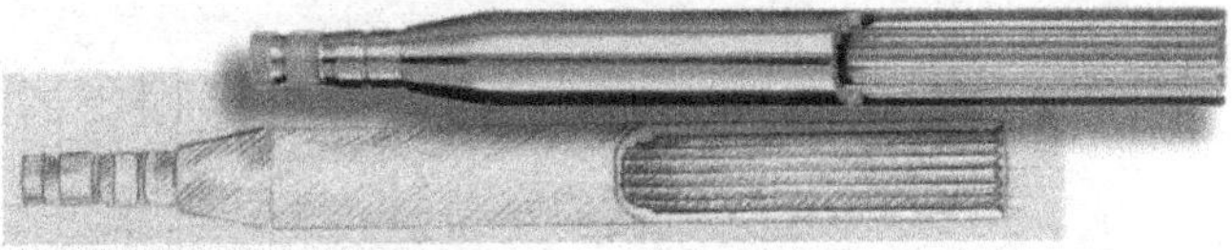
软管连接结构 球形结构	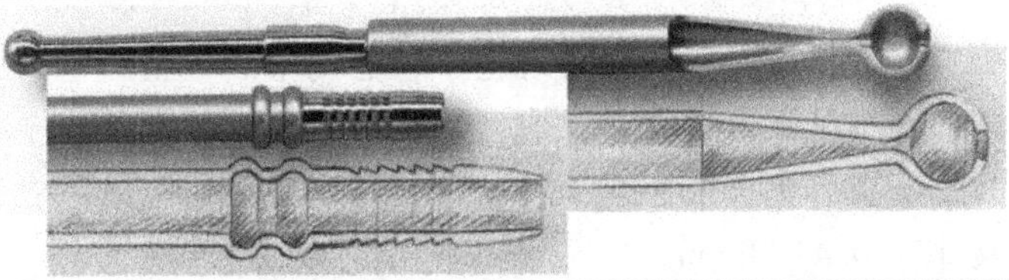
一端封闭结构	

（续）

描述	造型
非圆形外部几何形状 双平面 三角形 正方形 六边形	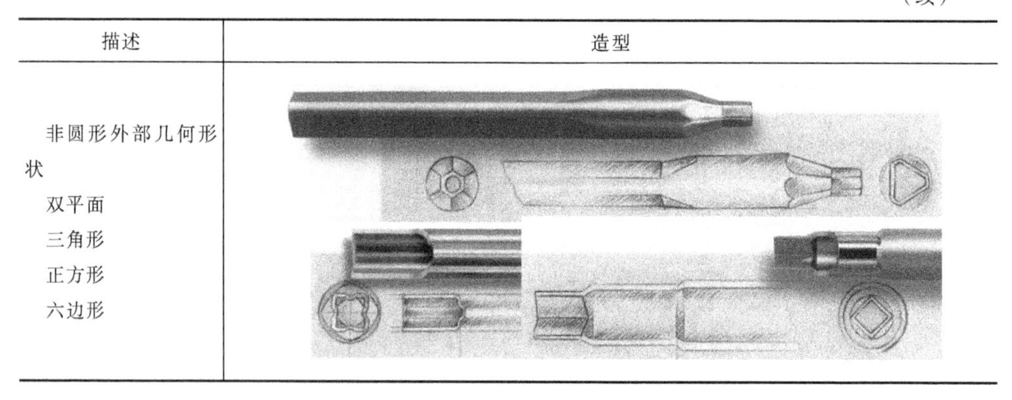

表 2.12　旋转锻造的特殊几何结构

描述	造型
切槽（此处槽的尺寸为 8mm×25mm）及冲压操作	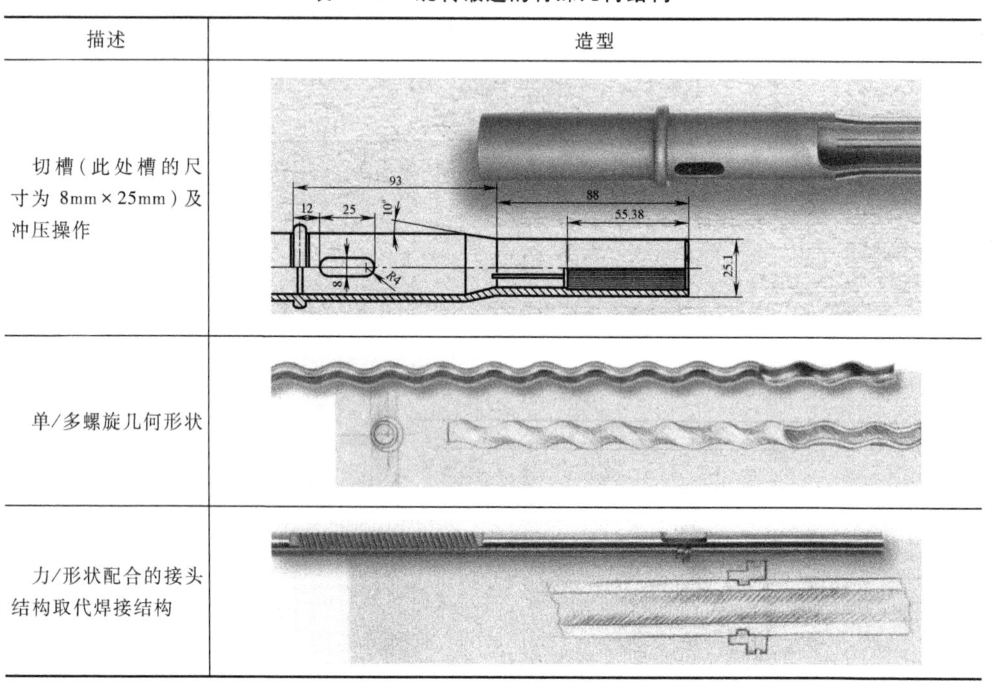
单/多螺旋几何形状	
力/形状配合的接头结构取代焊接结构	

旋转锻造的主要优点是实现基于管道使用的轻型结构；此外，还有冷作硬化及不间断的纤维流。可以在以下直径范围内使用所有低合金钢和高合金钢、不锈钢、铝和几乎所有有色金属：

- 杆：0.4～70mm。
- 管道：0.4～120mm

可实现的公差范围为±0.1～±0.01mm（IT9～IT8）；内径公差可达 0.03mm；最好的表面粗糙度可达 $Ra<0.1\mu m$，正常情况下可达 $Ra<1\mu m$。

除了旋锻加工，旋锻零件的制造商还会使用其他的成型工艺（如挤压）和其他加工工艺（如冲压、车削、磨削）。通过这种方式，用户可以通过与专业公司的合作来开发特殊结构加工的专有技术。

2.6　解答

课题 2.1 的解决方案（图 2.110）

基于火焰切割部件——轴承座连接台阶（此处为 1）和半管结构（此处为 2），改进的变体结构（图 2.5）可以得到正确的应用，此处为进一步开发的解决方案。

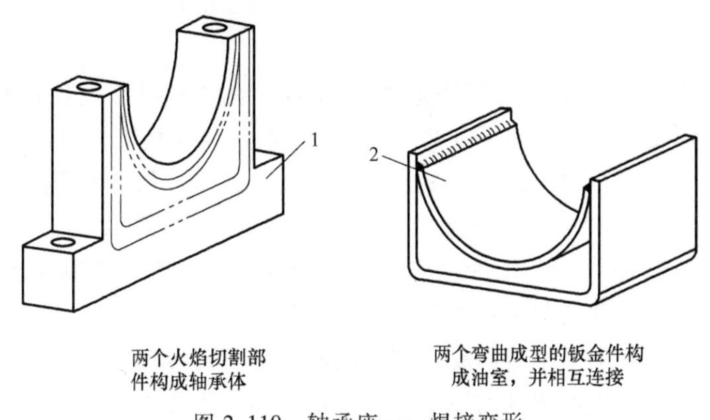

1
2
两个火焰切割部件构成轴承体
两个弯曲成型的钣金件构成油室，并相互连接

图 2.110　轴承座——焊接变形

课题 2.2 的解决方案

模具制作更容易，只有一半需要凹槽。对于小产量而言，这十分重要。

第3章

特殊要求和设计工具

满足机械生产需求的设计指南通常“散落”在各机械元器件的相关文献中。为了弥补这一不足，作者撰写了文献［34］。它被认为是培训机械设计师的基础文献。而本书则是进一步对此进行扩展和补充，尝试将作者偶然发现的设计方法和示例结合在一起，并传授已有的教学经验。这其中就包括 2.2 节中根据贾维尔（Tjalve）在文献［87］中介绍的工作面变形设计方法。本章节则会涉及装配和整个机器的最小安装空间、单个零件的最小结构等问题。在某些情况下，作者也只能给出部分提示或一些引导性的问题，实际问题仍需要读者针对自己的任务创造性地处理。笔者认为，文中所提到的设计信息及示例能够引导大家找到不寻常的解决方案。但是，这种效果只有在经常阅读本书的情况下才会产生。当然，它也可以为各位设计新手们提供经验和帮助。笔者十分期待各位读者的反馈。

3.1 机器的最小安装空间

每一位设计师都会尝试在尽可能小的安装空间内实现其整体结构。在经典设计方法论[44] 中以图 3.1 的断路器为例展开。凯塞林（Kesselring）发现，长久以来

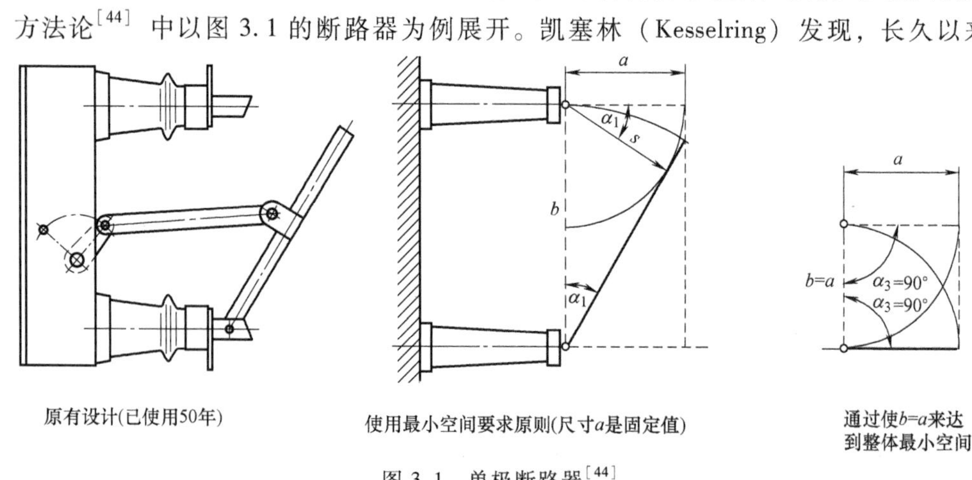

图 3.1 单极断路器[44]

一直制造和使用的开关虽然在简易性方面十分突出，但尺寸可以设计得更小，以此来降低高压开关设备的壳体尺寸。由此我们可以得出**最小空间要求原则**。

即使不了解这一原则，拧紧装置及钻的设计者们也必须面对孔间距极小时带来的空间问题。解决方案可以从图 3.2 和图 3.3 中找到；在示例的多轴钻中，外圈之间的最小距离为零。轧机齿轮筒轴承之间连接螺钉的放置也是一个类似的安装空间问题（图 3.4）。

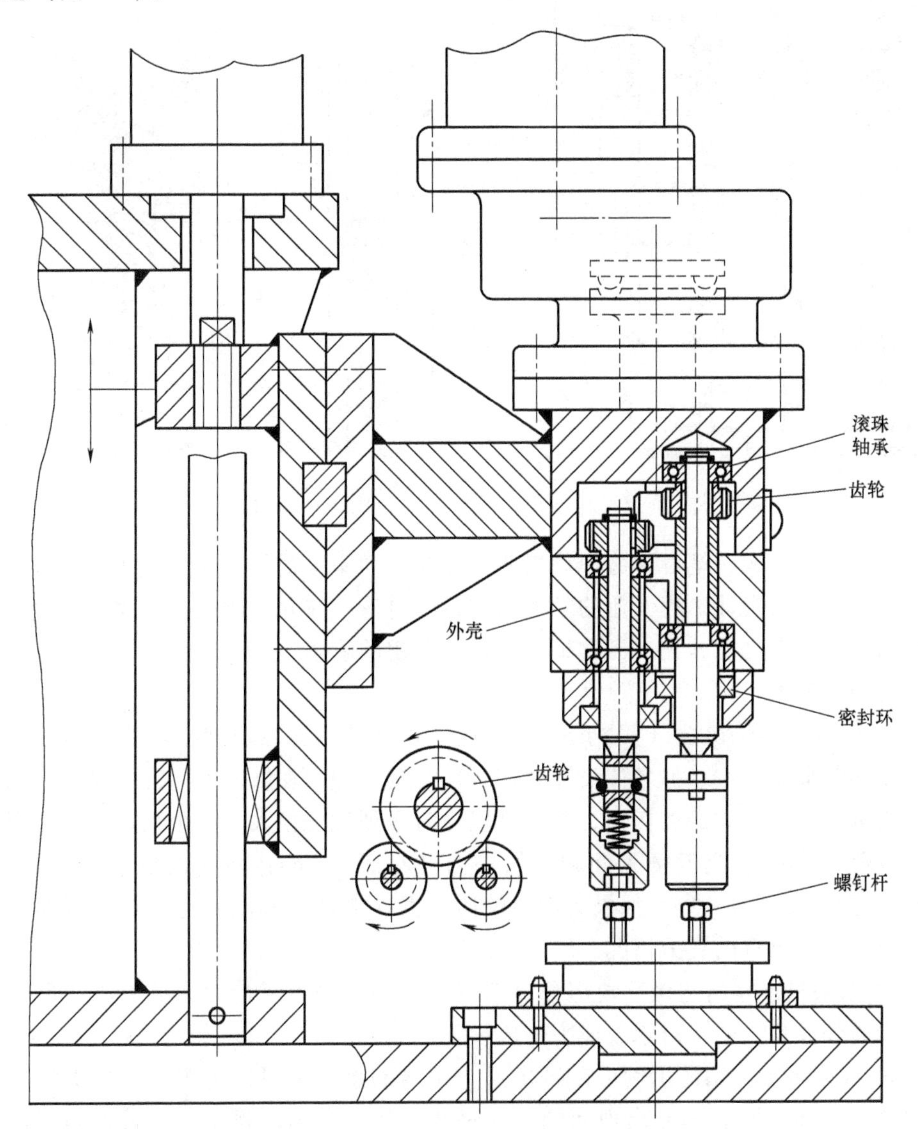

图 3.2　文献［31］中介绍的双螺杆装置

对于图 3.2，待拧紧螺钉之间的小距离要求螺钉杆的间距也要窄。为了使密封环不相互碰触，只能将它们布置得更高。而这引起的滚珠轴承和齿轮所需要的偏移量并不明确（请注意齿轮和外壳）。

对于图 3.4，轴承之间的螺钉空间不足，螺钉被“挤在”凹陷的外壁、轴承和齿轮之间。操作螺钉的空间甚至需要调整铸件结构才能得以保证。

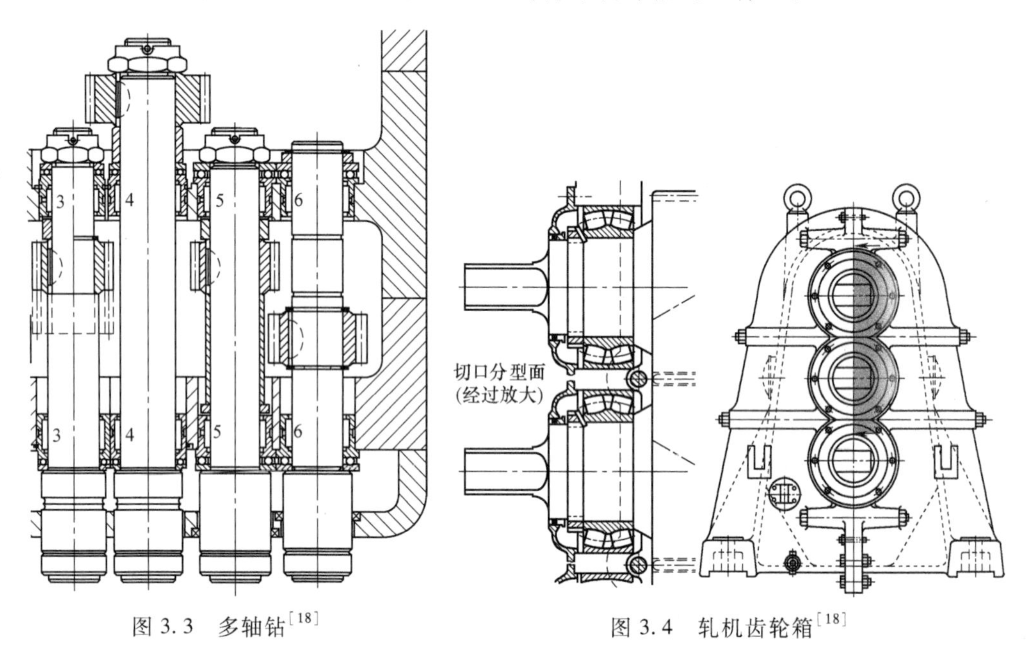

图 3.3　多轴钻[18]

图 3.4　轧机齿轮箱[18]

基于以上示例，笔者为德国德累斯顿工业大学举办的设计研讨会准备了图 3.5 中的问题，并与设计工程专业的学生们进行了讨论。在此，建议各位读者在学习后文中的解决方案之前，先自己尝试找到这些问题的答案。

问题的答案：

① 德国标准化协会（DIN）并未对这一距离的选择给出理由。从图中可以看出所需的距离非常小，但各位设计师们必须时刻牢记，在轴向载荷的情况下，孔周围的边缘将受到极大的剪切力，在计算应力时必须考虑很大的冗余系数。如果没有轴向载荷，1mm 的宽度毫无问题；如果内径小于 20mm，则可以更小；如果 $\phi>$ 80mm，则需要稍大一些；如果有倒角的话，也要更宽一些。一定要考虑机器在特殊情况下可能出现的受力情况。

② 如果只是露出边缘倒角部分，则不会对轴承的承载能力造成影响；但如果进一步向外放置，则会对承载能力造成损害。

③ 根据多主轴钻的示例可以得出这个距离的最小值可以为零。只要支撑力不指向这个“瓶颈”就不会出现问题。在一些已知的钻的示例中，对其外圈表面进行了磨削以实现负“距离”（特殊机器结构）。如果这样的轴承过早失效，滚动轴承的制造商绝对不需要承担责任。

④ 零距离当然是可行的（请注意公差！）。

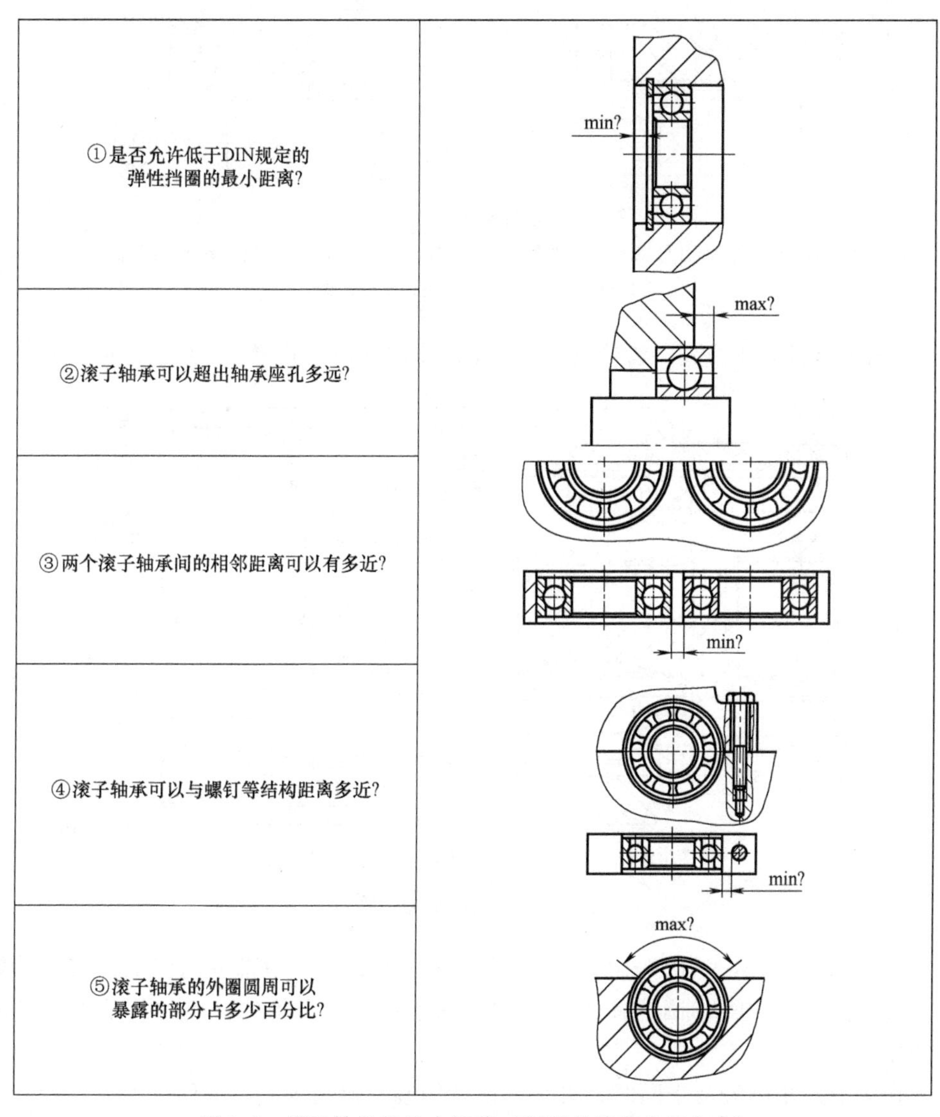

①是否允许低于DIN规定的弹性挡圈的最小距离?
②滚子轴承可以超出轴承座孔多远?
③两个滚子轴承间的相邻距离可以有多近?
④滚子轴承可以与螺钉等结构距离多近?
⑤滚子轴承的外圈圆周可以暴露的部分占多少百分比?
min?
max?
min?
min?
max?

图 3.5 滚子轴承的最小间隙（问题的答案在后文中）

⑤ 首先，所产生的轴承力应尽可能地控制在封闭的环形截面内，这一点是毋庸置疑的。偶尔（非正常操作过程中）出现在开口方向上的力也应该极小。在该结构下如果出现问题，轴承制造商也无须承担任何责任。

最小的滚动轴承（滚针轴承）可以直接在其隔离圈内工作，因此未硬化的零件也可以在低负载和速度下使用（图 3.6）。加固构造的方法（2.3.4 小节）也可以得到应用，如加工硬化。

从图 3.7 中的行星齿轮结构可以看出，设计师为了追求最小的齿轮外径，对滚子轴承外圈的位置做出了妥协。图 3.8 中从动锥齿轮和行星齿轮的单个滚珠轴承布置则

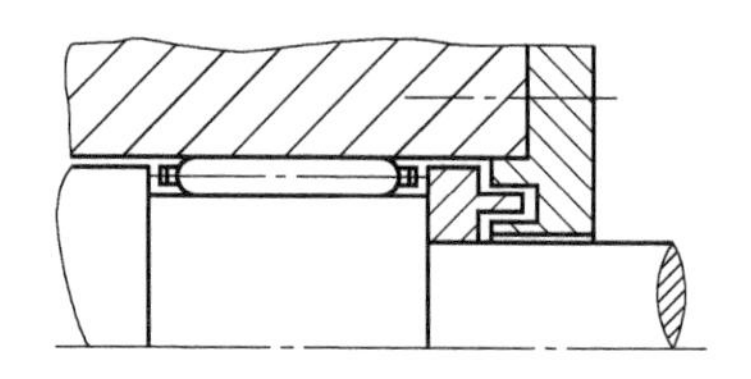

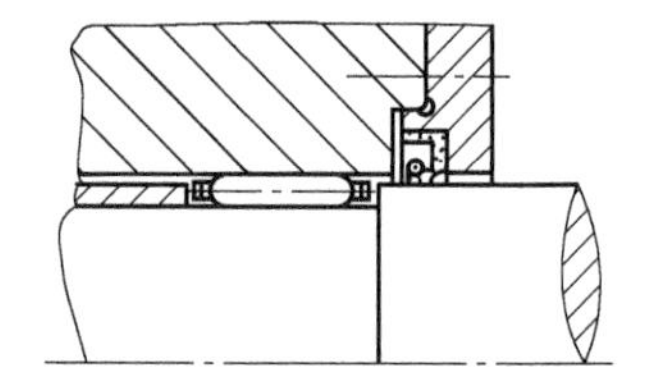

图 3.6　滚针轴承密封组合[54]

注：采用直动式滚针保持架可实现最小的滚子轴承尺寸，非接触式密封圈可由设计者自行设计或选择使用合适的轴密封圈。

是另一种方式的折中方案。齿轮力会给滚动轴承施加斜向载荷或力矩，详见 3.11 节。

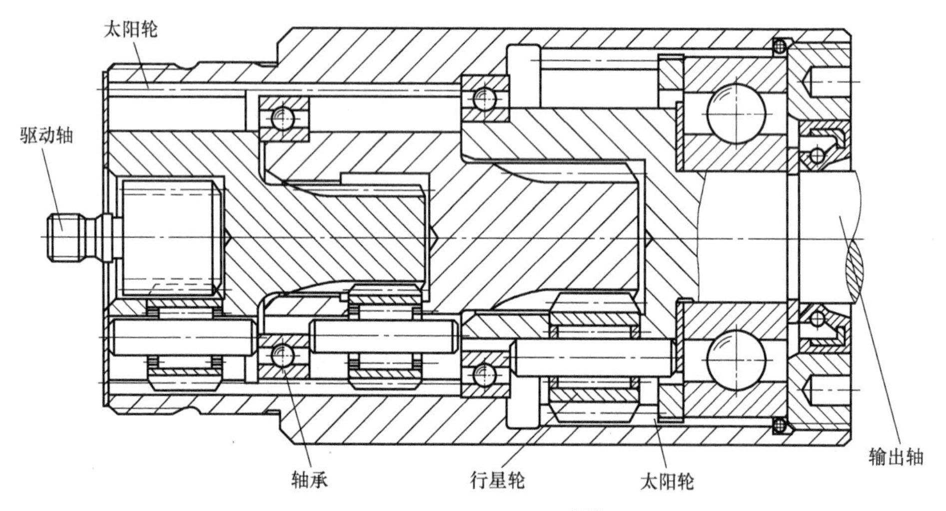

图 3.7　三级行星齿轮[54]

对于图 3.7，大型滚珠轴承的外圈没有圆柱座，通过对部分内齿加工实现轴承座。结果只有约 50%的圆柱体表面可用。承重部件分布均匀，因此几乎不影响轴承的使用寿命。

在争取最小的安装空间时，设计师必须明确自己需要其他部门的专业支持，可能还需要其他对应的专业机构进行特殊调研。德宁格（Derndinger）在文献［95］中要求了在设计过程中明确起**决定性作用尺寸的最小值**。作为内燃机的设计者，他以水冷内燃机工作气缸之间的距离为例进行讲解（图 3.9）。该尺寸对多缸发动机的总长有着决定性的影响；铸芯的成型材料也是与之息息相关的问题。铸工必须保证冷却液在各气缸之间安全流动。当然，为了实现尺寸最小化，可以付出多少的工作量仍需要根据整体项目来决定。

供应商们也为实现最小安装空间提供了显著的帮助与支持。在众多示例中，我们挑选了一个特别扁平化的压缩气缸（图 3.10）。仍旧称其为“圆柱体”只是为了理解，其外形已完全不符合这一形状的定义。

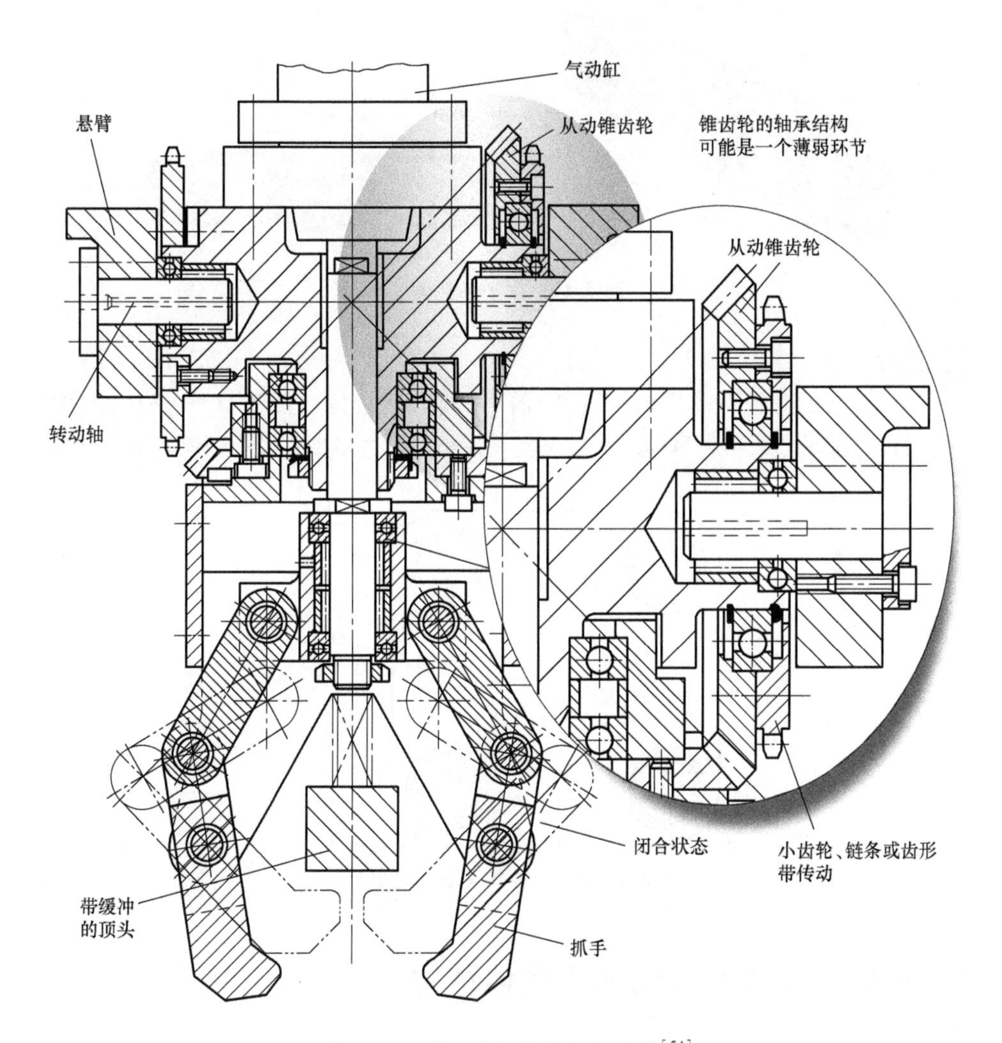

图 3.8　带手动旋转轴的夹持器[54]

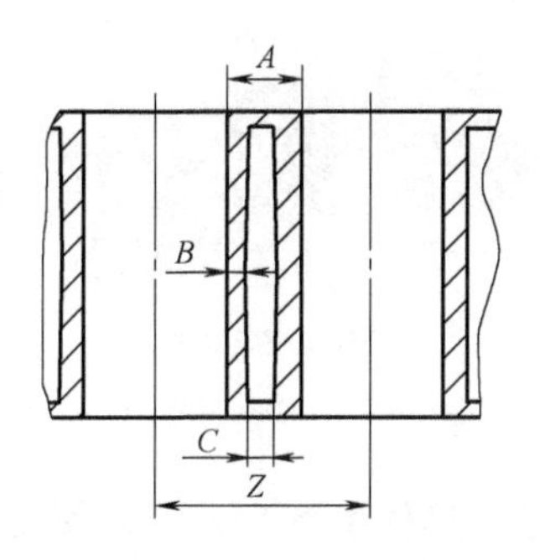

图 3.9　决定设计的最小尺寸

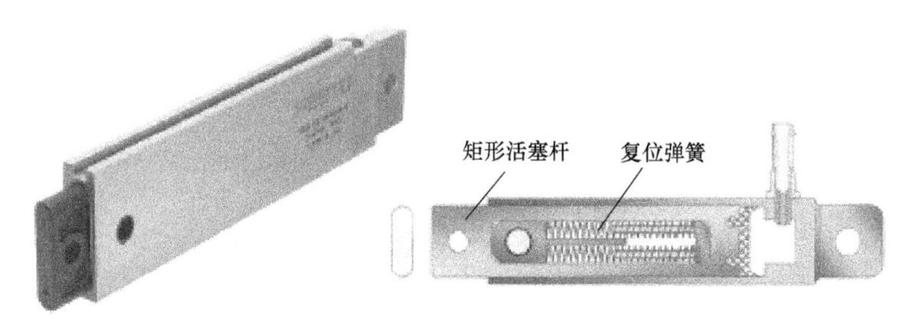

图 3.10　扁平圆柱体

课题 3.1：

方形的盖子 D 需要用 4 颗 M8 的内六角螺钉固定（图 3.11）。在设计时需要以外部尺寸最小为目标，那么长度 A 最小可以为多少？最小壁厚 s 是多少？

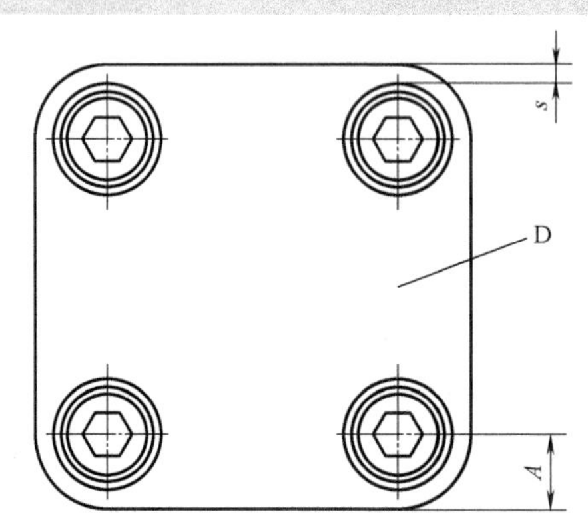

图 3.11　问题简图（原始大小）

3.2　从完全实体结构到最小实体结构

1. 通过钣金结构实现最小实体

底板的三种变形设计如图 3.12 所示，它们的材料使用量差异非常大。

1) 实心板，由整体板材切削而成　2) 铸造板底视图　3) 平板-管道结构，焊接实现

图 3.12　底板

底板 1）只在特殊情况下（单件生产）才得以使用；而铸造板则是一种十分常见的机械零件。设计师们绝不会为了简单的口头任务“请设计××××的底板”而使

用第三种结构，并且他们必须十分清楚基于力学的设计原则。贾维尔在文献［87］中提供了另一种方法，在满足完全实体功能需求的同时，还实现了最小实体结构，如图 3.13 所示。

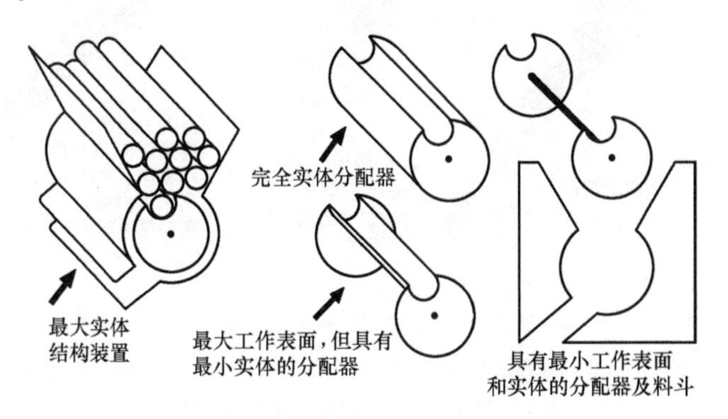

图 3.13 从完全实体结构到最小实体结构

注：贾维尔在文献［87］中试图通过以分离试管装置为例，介绍如何实现最小实体结构。

在设计最小实体的过程中，如果您尝试依赖板材厚度创建工作面，那么钣金结构将给您提供无限的想象空间。然而，在许多情况下，设计师们都会以已有的铸件或锻件为模型，其思维会被限制在原来的二维平面上。接下来我们将会重点对此进行说明。各种钣金杆如图 3.14 所示。

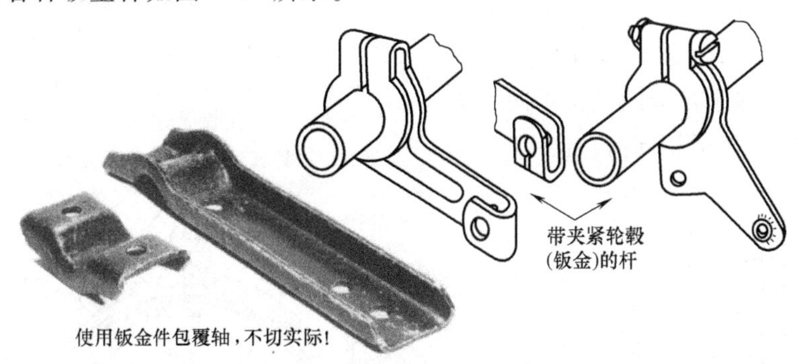

图 3.14 各种钣金杆

这两张图片都取自文献［34］中的钣金零件设计章节。图 3.15 则取自过去的教材，三种汽车离合器分离拨叉的变形设计，其中变形 2）最接近最小实体结构，变形 3）虽然是钣金结构，但其设计师由于过分依赖原来的锻体结构而无法实现最小实体。如果一位老爷车爱好者因为缺少原厂配件而想出这样的解决方案，那么笔者不会提出任何异议；但如果是量产汽车零件的设计，这种由五个部分组成的结构方案却是不合理的。

图 3.16 所示为一种锥齿轮齿圈最小实体的特殊解决方案。

2. 通过铸造实现最小实体

对于最小实体的探索并不局限于钣金结构。雷耶（Leyer）在文献［59］中以

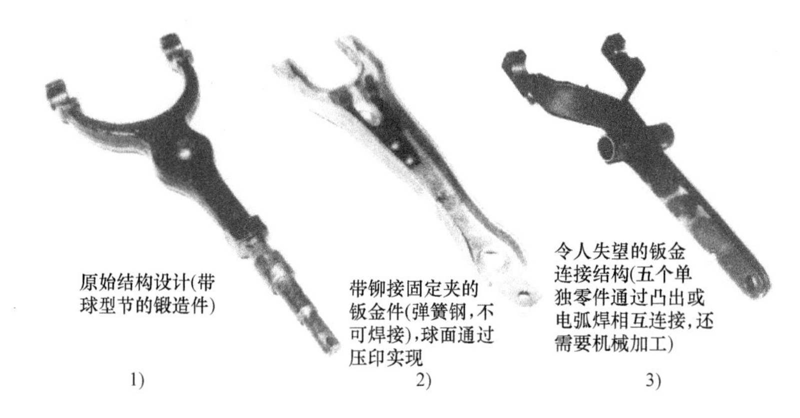
原始结构设计(带球型节的锻造件)
带铆接固定夹的钣金件(弹簧钢,不可焊接),球面通过压印实现
令人失望的钣金连接结构(五个单独零件通过凸出或电弧焊相互连接,还需要机械加工)
1)
2)
3)

图 3.15　汽车离合器分离拨叉

注：1）和 2）中球形节点的自由度比 3）中更高，叉形结构通过这个球形节点固定在杆的末端；变形 3）的设计在对应的区域需要精密加工。

大型轴承组件为例证明了以下事实：任何情况下都不应该向壁厚妥协，应优先选择加强筋结构（图 3.17）。最优的铸件设计是无须特殊措施即可铸造实现最小壁厚结构的，它的目标也是实现最小实体。图 3.18 所示的农业机械铸件在许多方面都堪称经典，与之前的由 17 部分组成的设计不同，单个无芯铸件实现了相同的功能。

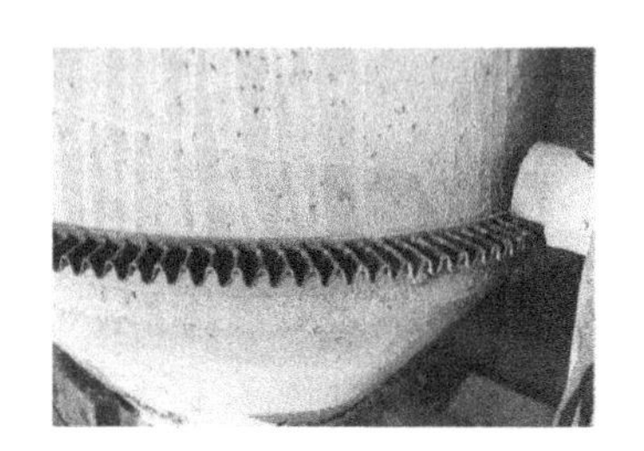

图 3.16　小型混凝土搅拌机所使用的齿圈

注：由钣金件制成的齿圈显然是低精度的产品（但满足要求），生命周期也较短，但它依旧能够活跃在一些建筑工地上，并充分完成自己的使命。

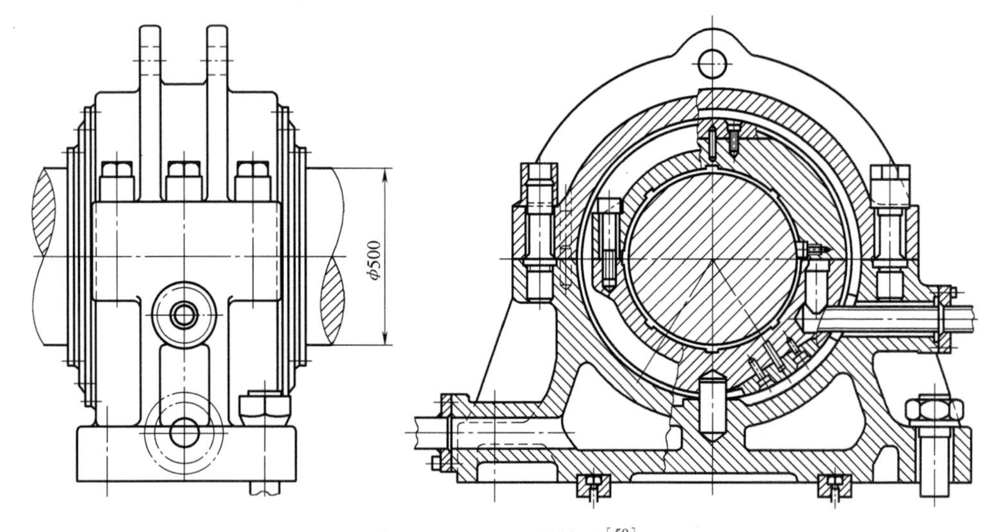
ϕ500

图 3.17　重型机器轴承[59]

注：选择加强筋结构，而非增大壁厚。

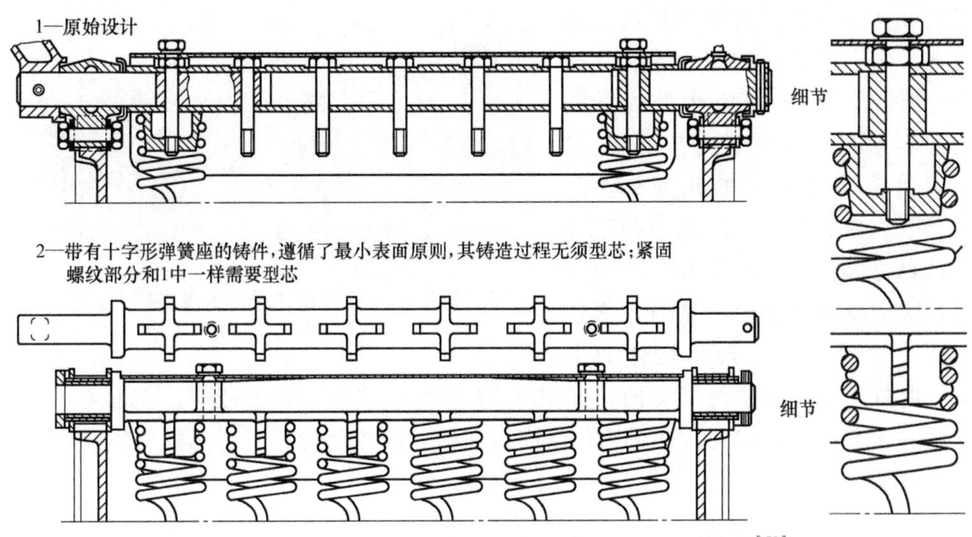
1—原始设计
细节
2—带有十字形弹簧座的铸件，遵循了最小表面原则，其铸造过程无须型芯；紧固螺纹部分和1中一样需要型芯
细节

图 3.18 用于固定类似于螺旋弹簧元件的农业机械铸件[50]

在很久以前的设计结构中也有我们可以借鉴的东西。图 3.19 中的犁已有 100 多年的历史，其中的钩状铸件就符合最小实体要求。分叉连接件上的中间加强筋更应该被视为装饰件。

塑料离心泵的骨架支撑结构代表了另一种朝着最小实体方向努力的设计方案（图 3.20）。

图 3.19 犁（具体细节）［农业博物馆］

注：这个犁（马用）铸件的结构很符合最小实体要求。

图 3.20 塑料离心泵

3. 基于线材或圆钢的最小实体结构

基于钣金件的机械工程零部件的最小实体结构十分常见，尽管“真正的”钣金结构设计很少成为设计师培训的主题（至少相关文献几乎不包含相关的任何信息）。另一方面，以线材为主题的内容也完全被忽视了。接下来的文字与图片都与之相关，各位读者能从中获得多少灵感，并将其运用到真正的设计中呢？笔者很期待诸位有意思的反馈。如图 3.21 所示，使用适当形状的夹紧件可在两个管道之间

实现可拆卸连接，这是十分普遍的方案；用于相同目的的金属夹具也十分常见。而图 3.21 中的线材结构并不常见，同样的还有图 3.22 中的由金属丝制成的软管夹。此外，壁炉旁也常常会出现一些不寻常的线材设计，如图 3.23 所示；当在壁炉前打开香槟酒瓶时，偶尔会在手中看到一个最小实体的实例，但并不是由金属丝制成的，如图 3.24 所示。这两个例子证明，在非常（不）普通的地方也可以找到设计灵感。然而，在何时或以何种目应用这些灵感本书无法给出答案。

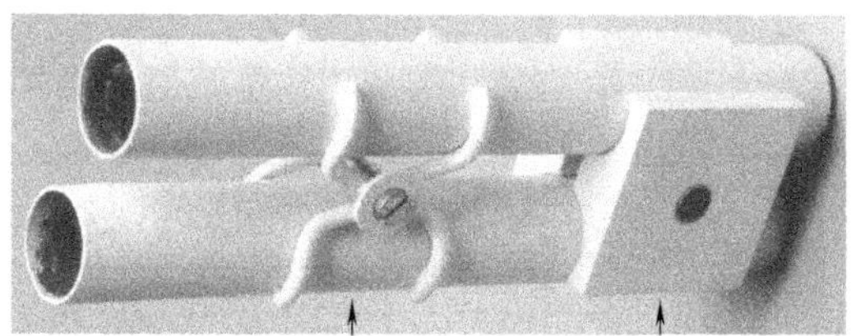

此类需求的非典型设计结构：基于金属丝实现的最小实体结构

图 3.21　两种可拆卸的平行管道连接方式[25]

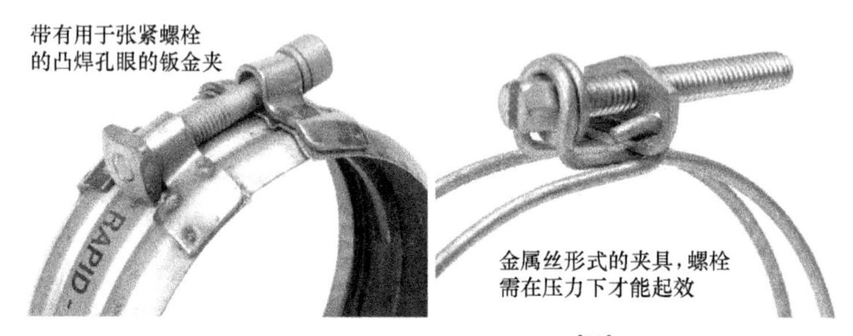

带有用于张紧螺栓的凸焊孔眼的钣金夹
RAPID
金属丝形式的夹具，螺栓需在压力下才能起效

图 3.22　两种形式的软管夹[98]

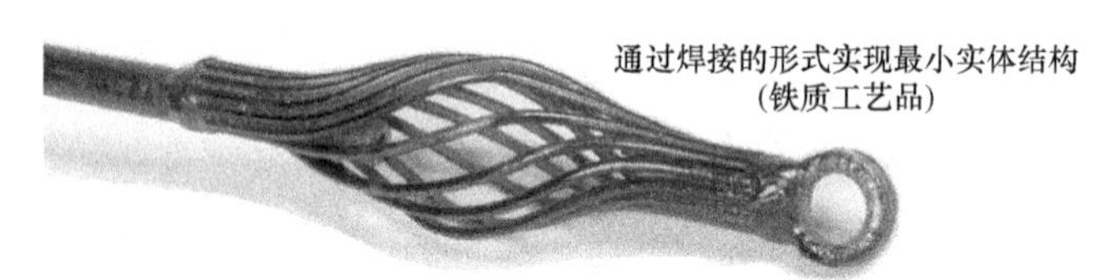

通过焊接的形式实现最小实体结构
（铁质工艺品）

图 3.23　壁炉工具的把手[98]

模仿天然软木塞的形状。顶部开口需要用帽盖封闭，因此需要第二个成型工具和一个连接过程

单件设计形式——无须连接。顶部由发散式的加强筋构成——最小实体设计

图 3.24　香槟瓶塞

课题 3.2：

为什么图 3.22 右边的螺栓是压力螺栓？

4. 最小实体实例

实例 1：夹头（图 3.25～图 3.29）

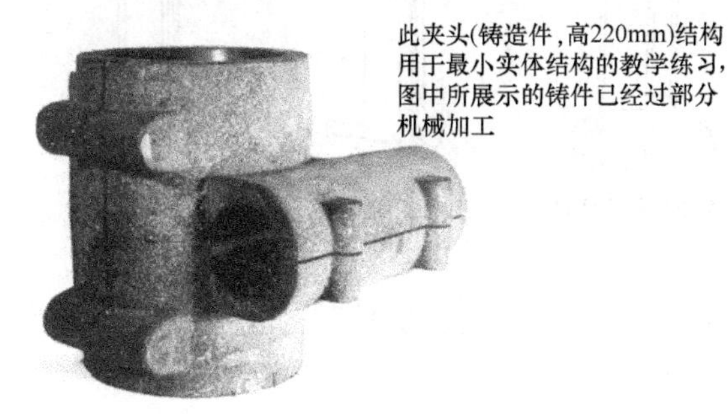

此夹头(铸造件，高220mm)结构
用于最小实体结构的教学练习，
图中所展示的铸件已经过部分
机械加工

图 3.25　夹头

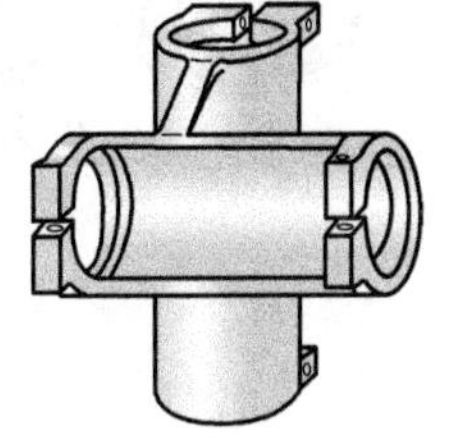

图 3.26　铸造成型的夹头

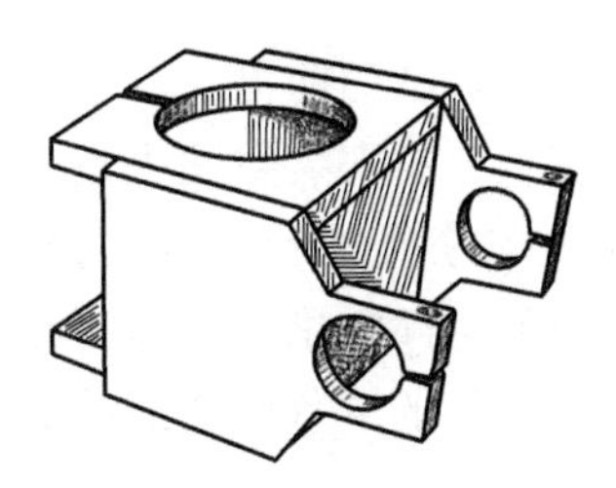

图 3.27　焊接制造的夹头

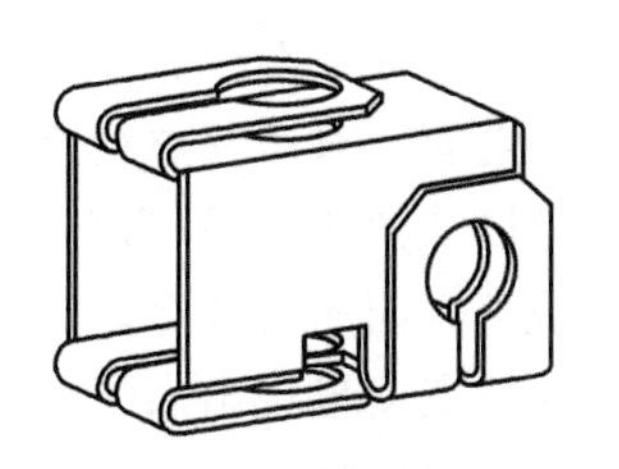

图 3.28　钣金弯折制造的夹头

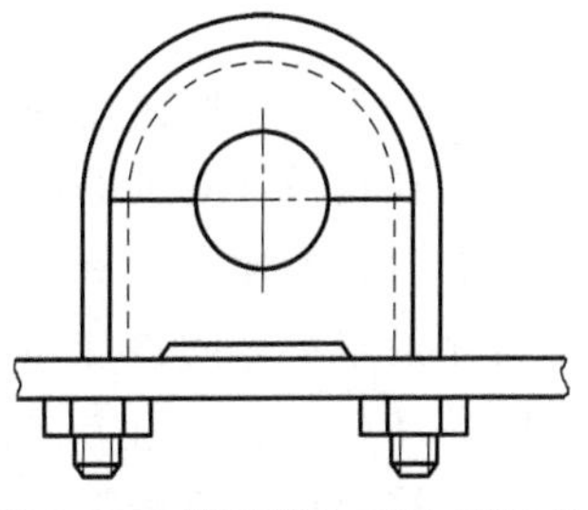

图 3.29　使用符合 DIN 3570 的圆钢支架固定，作为线材或圆钢的夹头设计方案

实例 2：收集装置（图 3.30 和图 3.31）

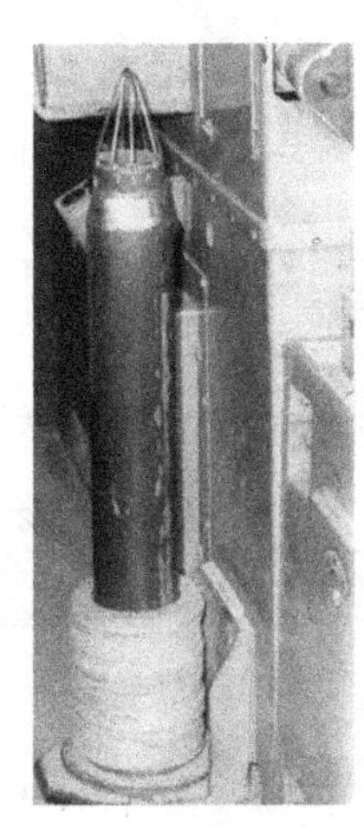

由于金属板尖端的生产工艺
复杂，从而运用了金属丝的
焊接结构设计。这是无意识
地选择了最小实体设计方法

图 3.30　环形工件收集和运输装置（离合器衬片）

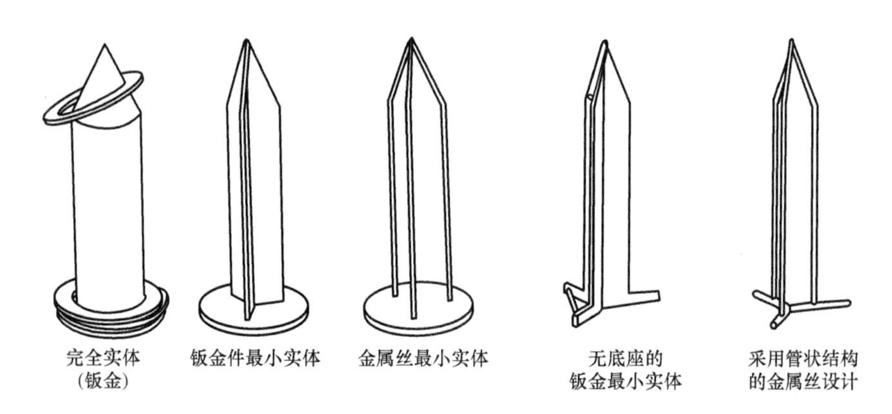

图 3.31　收集装置的解决方案变体

3.3　整台机器最小及最佳安装空间的相关问题

正如 3.1 节所阐述的那样，设计师们在没有其他边界条件限制的前提下一定会努力实现其设计对象的最小安装空间。对于一整台机器而言，最小安装空间也是一个很有意思的设计目标。读者可以从图 3.32 中为自己的设计任务得出恰当的结论。与常见的水平方向设计相比，垂直方向的设计可以实现更小的空间需求。但是，在实际装卸料时，垂直方向设计的缺点就显现出来了，它要求另外的层状结构或装载平台，这对最小空间需求产生了负面影响。

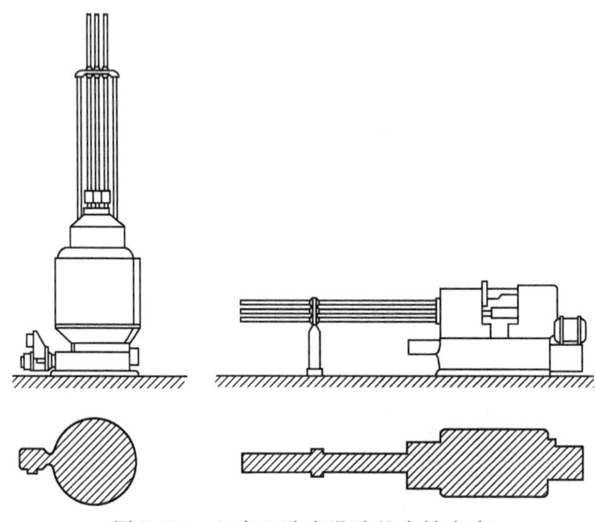

图 3.32　立式和卧式设计的多轴车床

正是因为这个原因，我们在实际生产中并没有采用立式机器。但在车削零件（短车削零件，无尾座应用）的生产中，立式机器（如来自 EMAG 公司的产品）也充分证明了自己的价值，如图 5.2 所示。

类似地，许多其他机器的设计也会面临卧式或立式设计的选择。图 3.33 和图 3.34 所示分别为旋转式和线性传输机的不同设计变形。但实际设计中很难简单地以最小安装空间来做出决定。初期布置及后期维护工作的便利性通常更为重要，参见第 5 章，尤其是 5.5.5 小节。

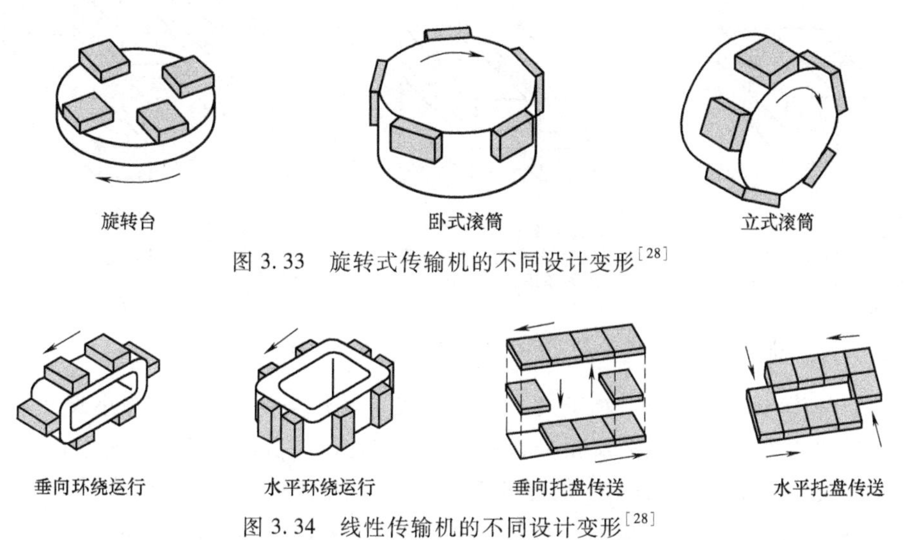

图 3.33　旋转式传输机的不同设计变形[28]

图 3.34　线性传输机的不同设计变形[28]

另一个示例清楚地表明了最小安装空间会产生的负面影响。为了在车削时获得更好的表面质量，设计师们提出了图 3.35 所示的机床概念。车床的齿轮箱与实际加工零部件分离布置，后者整体如外罩一般通过减振元件（见图 3.35 中的弹簧）与驱动单元连接。这样确实能够实现加工表面的质量提升。但如果没有桥式起重机可用的话，这台机器的布置十分困难。由于这种精密加工的机器通常需要单独设置在一个小房间内，与带有振动影响的设备分开，这也成了一个影响销售额的缺点。于是在此类机器的后续机型中，设计师们选择将驱动单元与加工单元相邻布置，如图 3.36 所示。较大的空间需求这一缺点通过更高的加工质量得以弥补。

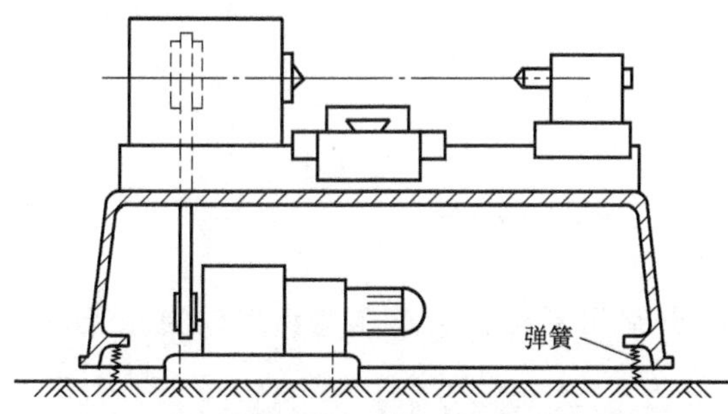

图 3.35　精密车床、驱动装置及主齿轮与机器主机架分离——机器安装过程复杂

图 3.36　精密车/钻床

图 3.37 所示为机器零部件的基本布置方式，旨在指出一台机器中各个组件紧密或松散布置会带来的缺点。紧密布置的缺点在现代汽车的发动机舱中一览无余。即使只是更换一个前照灯的灯泡，对于专业技术人员来说也是很困难的，因为其中的零部件布置实在是太紧凑了。

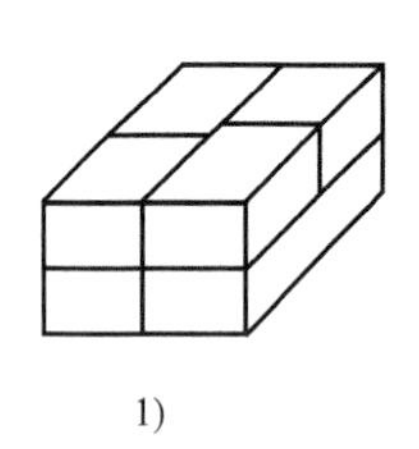

1)

紧密布置：
可实现最小安装空间，维护、维修难度较大；未预留改装空间

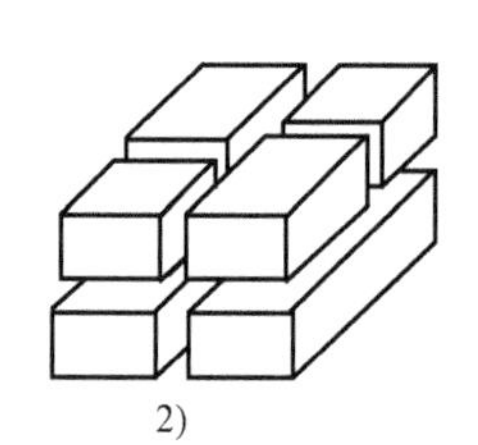

2)

松散布置：
有稍大的空间占比，克服了1)中的问题(限制)

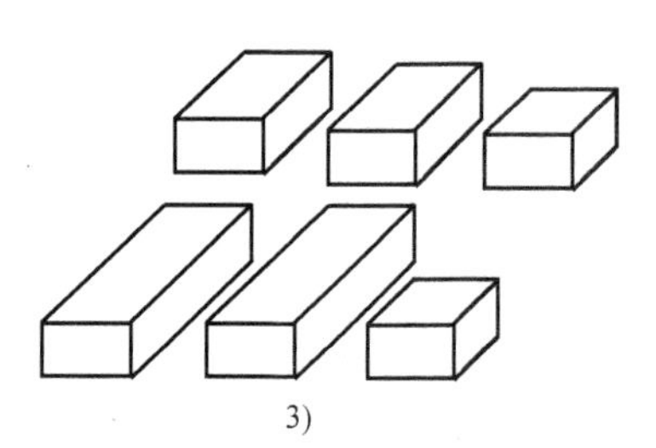

3)

完全分散布置：
有非常大的空间占比，完全能够保证机器工作时的可操作性(前提是保证安全)

图 3.37　机器零部件的基本布置方式

在 3.1 节中已经提到了对于尺寸设计起决定性作用的概念：“**最小尺寸**”。它是我们在装配结构设计中必须面对的难题；并且在单个机器的设计中我们也无法避开这一难题。图 3.38 就是一个很好的例子。文字说明中提到的切削液排放问题将通过一个使用真实切屑模拟的模型试验来解决。通过这个试验确定的尺寸 A 决定了基础机器直径。设计师们只有在此基础上才能真正按比例设计旋转工作台。

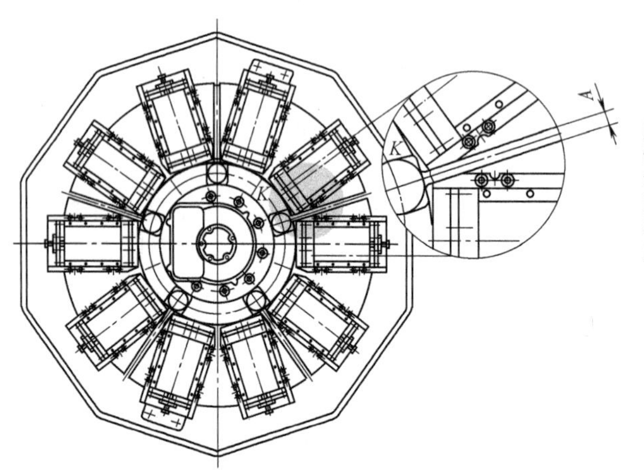

尺寸A是机器半径的决定性设计尺寸。带切屑的切削液会从滑块之间流向环形通道K。这之前绝不能出现阻塞现象，因此A的值不能过小

图 3.38　10 工位旋转工作台（俯视图）

设计时应考虑最小安装空间或最小空间需求，但不能违反其他更重要的要求！

对尺寸起决定作用的最小尺寸应在开发的早期阶段确定并给出理由，以便后续尺寸的精确设计是合理的。

3.4　分段式和层状结构

分段式或部分分段式结构来自于机械车床的夹头。Ringspann 公司向市场推出了分段式的环状结构（图 3.39），它既可以实现夹具结构中的夹紧功能，也可以单独作为某个机械零部件使用（图 3.40）。使用多个开槽的夹紧设计早已被引入夹具结构中，并在相关文献中多次出现，如图 3.41 所示。

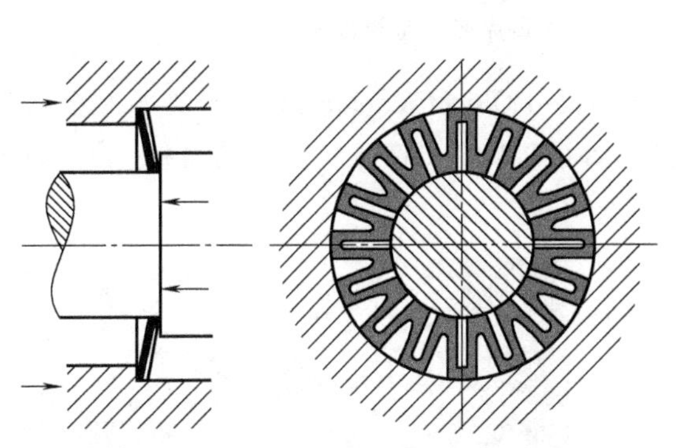

图 3.39　环形张力垫圈——施加轴向力产生的内、外径变化可用于圆柱形零部件的内、外夹紧（Ringspann 公司）

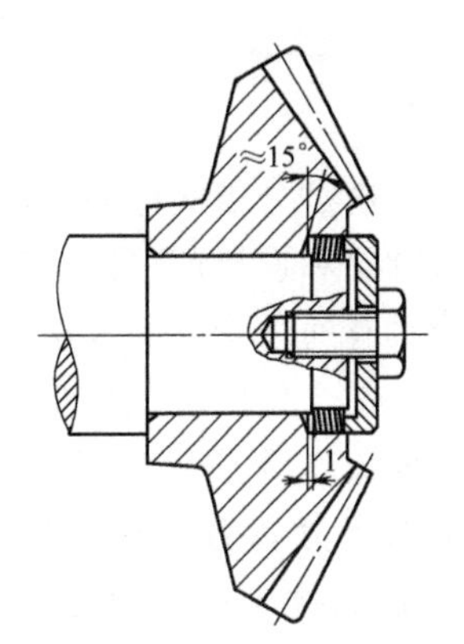

图 3.40　用环形垫圈固定齿轮

接下来的例子说明了一体化及旋转对称结构设计的基本形式。机械式多片离合器的角杆（图 3.42）最初是一个模锻件，后续半径 A 和半径 B 的加工工艺十分复杂（成型铣削或成型磨削）。使用 1.5mm 厚的金属薄片意味着无须进行这种处理，因为精密冲裁（参见 2.4.5 小节）可以在单次加工过程中实现这两个尺寸的精度要求。此外，不同类型的离合器可以配置不同厚度的角杆（薄片数量的不同）。从一体化结构到片状设计的过渡体现了零件生产过程中显著的合理化效果，并且这一效果并不因为后期人工组装带来的少量额外工作量而抵消。

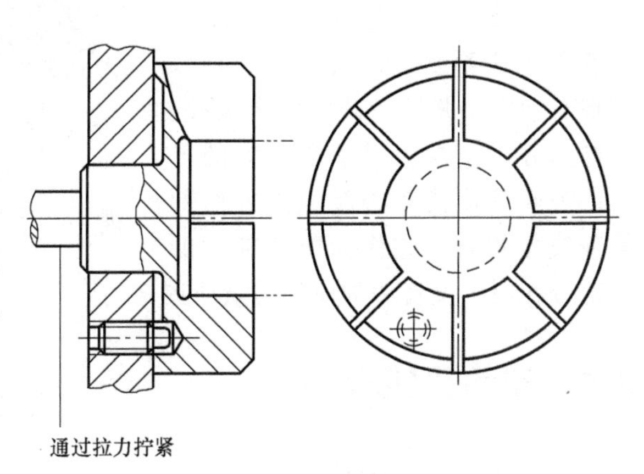

图 3.41　篮形夹头[54]

5.4 节将介绍尺寸量级与本章节完全不同的层状结构设计，包括作为机器框架或基础支撑结构的大型零件。

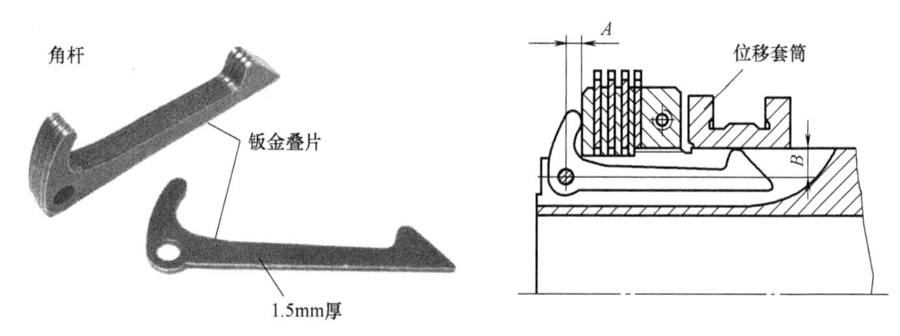

图 3.42　机械式多片离合器的角杆

通过分层实体制造（LOM，Laminated Object Manufacturing）技术对金属薄片进行分层和连接还可以实现与常见技术（如焊接、胶合）不同的目标。图 3.43 所示为具有通风管道的成型加工工具。

迄今为止，大型机械中油孔（或其他流体介质输送管道）的钻孔加工都十分费力，有时甚至要使用深钻加工技术；当路线并非直线时，还需要额外制造专门的接头。而使用 LOM 技术可以直接实现结构中的微细通路，这是钻孔技术无法实现的。钣金薄片或坯料可以使用压力机或激光切割制造，电控机床可以实现自动生产并按正确的顺序堆叠。这样的分层结构可以承受多大的压力，需要各位读者查阅相关方面的最新技术报告。它作为冷却部件的一部分在电气设备中的应用是众所周知的[88]。

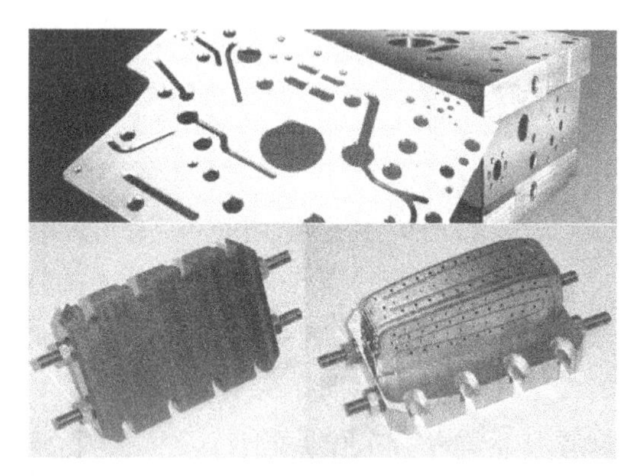

图 3.43　从单片钣金到具有多通道和空腔的实体零件——如具有通风管道的成型加工工具（见文献［88］和弗劳恩霍夫协会）

3.5　结构化钣金

1. 结构化钣金分类

结构化钣金、铆钉板或蜂窝板常用作汽车排气系统的隔热板、荧光灯的放射器或洗衣机的蜂窝滚筒[111]。设计师们在车辆制造中选择结构化或部分结构化的钣金是希望可以降低车重[112]。

结构化钣金大多由铝和钢材制成[113-115]。蜂窝结构就是大众所熟知的夹层填充[116]。“结构化钣金”[117] 这一概念基于以下定义：根据诺伊鲍尔（Neubauer）在文献［118］中的介绍，该结构带有凹槽、加强筋和切口等，即所谓的“次要形状元素”。

根据结构化制造工艺的不同，轧制结构钣金和压制结构钣金之间也存在区别。结构化钣金是平面轻质结构，并通过次要形状元素对平面或曲面进行加固。这就形成了具有全新结构特性的半成品工件。结构化钣金件的应用如图 3.44~图 3.49 所示。

图 3.44　蛋糕模

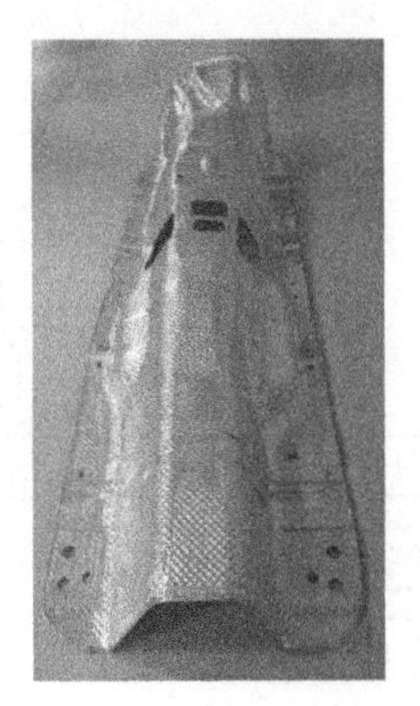

图 3.45　排气管

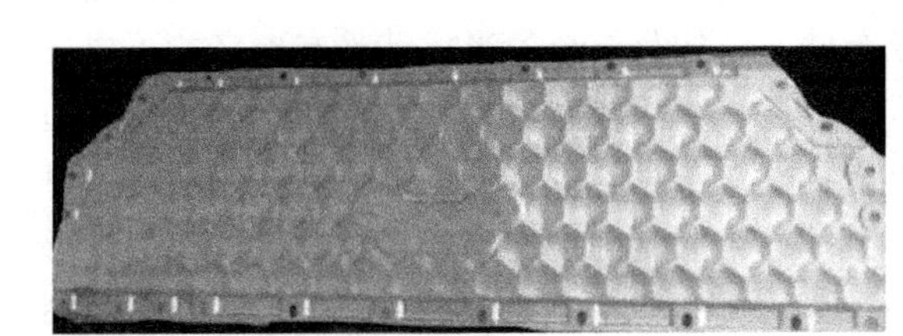

图 3.46　隔板

图 3.47　结构化金属板制成的容器（爆破测试前后对比）

图 3.48　使用结构辊制造结构板（实验室级别产量）

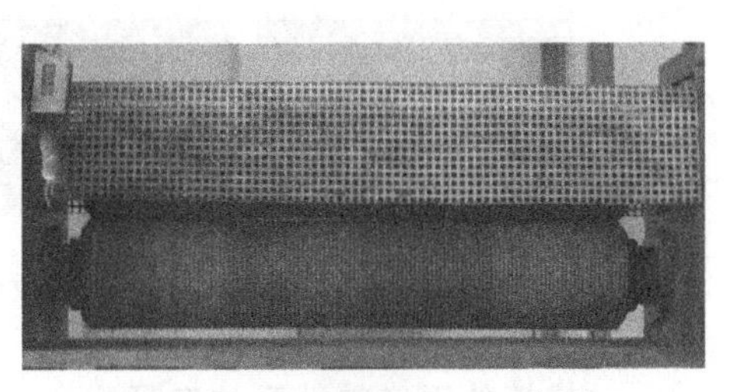

图 3.49　工业级生产机器[122]

根据霍普（Hoppe）的观点，图 3.50 所示为结构化钣金件适用的轻量化设计分类，其中也借鉴了胡芬巴赫（Hefenbach）[119] 和诺伊鲍尔[118,120] 的观点。

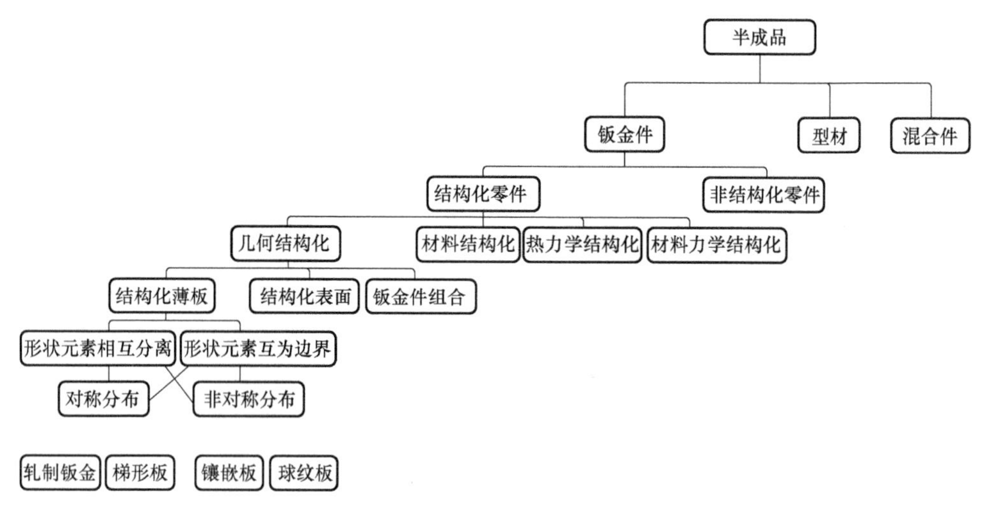

图 3.50　结构化板件适用的轻量化设计分类

球状或凸起结构不会镜像地布置在钣金面两侧（即仅在单侧），其结构高度通常也较低。除了刚度增加，结构化钣金的振动刚度也得到了提升。此外，结构化钣金还有另一个优点，相较于普通的钣金件，结构化钣金的半成品具有更高的可成形性，可以减少一些复杂结构的设计需求。进一步的成型工艺，如拉深、折叠、翻边或其他平整工艺都可以得到应用。以上特性对于材料的选择也有很明显的帮助。每一种结构都有其独特的特性。因此，由结构化钣金制成的容器可以承受更高的内部压力，通过增加容积来实现“安全存储”[121]。结构化钣金的不同几何形状如图 3.51 所示，结构名称如图 3.52 所示，增材制造得到的两侧球形结构如图 3.53 所示。

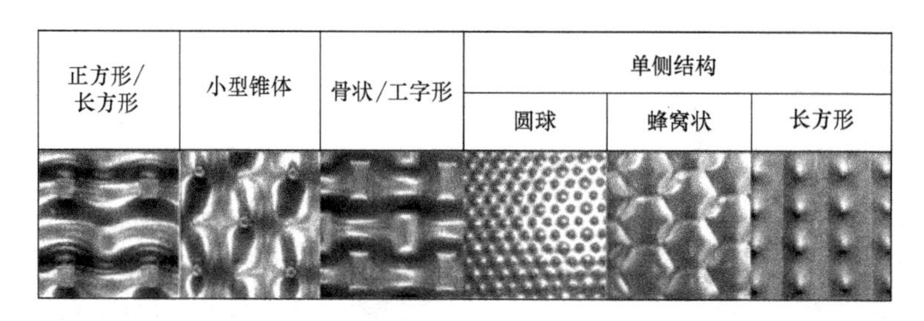

正方形/长方形
小型锥体
骨状/工字形
单侧结构
圆球
蜂窝状
长方形

图 3.51　结构化钣金的不同几何形状

2. 结构板的强度特性及加工硬化

由于所检样品的结构不同，强度测试并不针对材料，而是组件或半成品测试。针对不同的结构进行加工，原始材料经历了不同尺寸的塑性变形，并相应地形成了加工硬化。这种加工硬化最终会反映在材料的机械参数上。原始的非结构化钢板表面硬度值在 ϕ101.6mm 及中部 ϕ87mm 处均为 HV 0.5。而在图 3.54 所示的情况下，其结构强度可以提升约 30%。

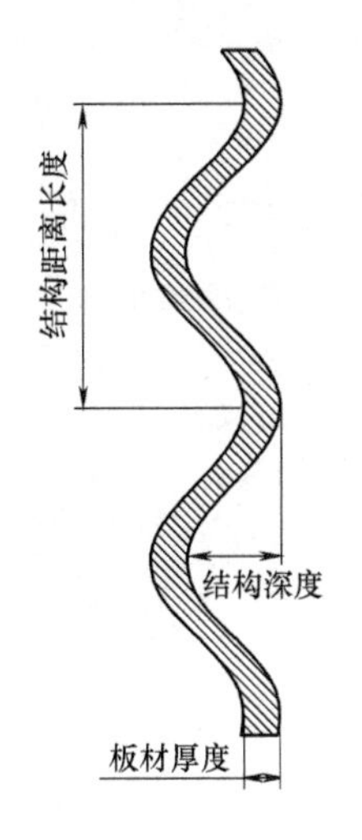

图 3.52　结构名称

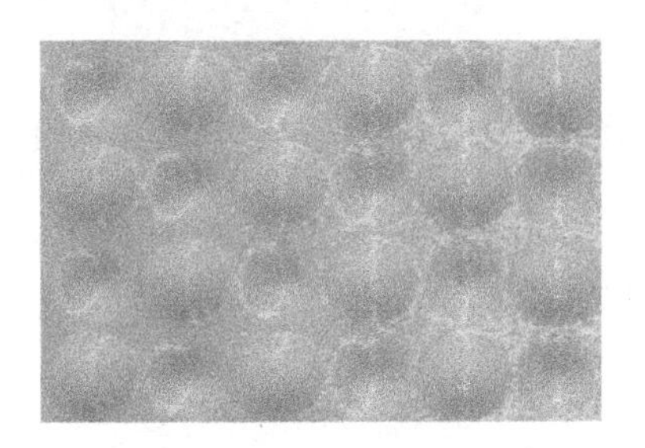

图 3.53　增材制造得到的两侧球形结构（压印球结构）

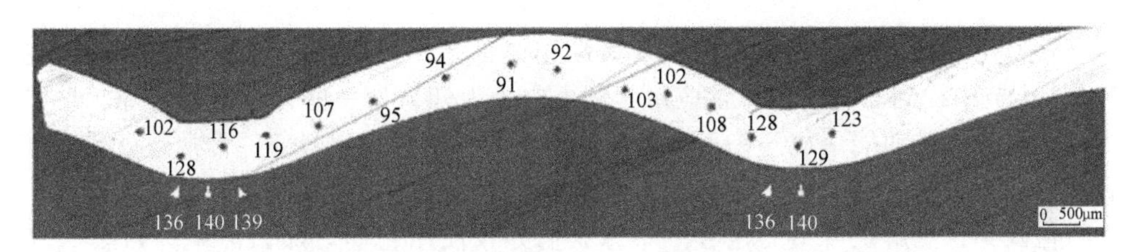

图 3.54　通过低载荷在结构化钢板上测量确定的硬度值为 HV 0

如果金属结构板受到拉力作用，其结果不会遵循经典的拉伸试验，而是会显著伸长。施加的拉应力会让金属结构再次拉伸，类似于一根弹簧。影响非结构化金属拉伸测试结果的弹性模量（纯材料相关的拉伸）不再适用于结构化金属。而拉伸刚度（类似于弹簧刚度）这一与材料、结构均相关的属性才更适合。

这一属性引起了拉伸过程中偏离正常试样的表现，但其可承受的总拉力与光滑式样相近，区别仅为 10%。

3. 钢铝材料结构的强度相关设计

根据结构样式和高度的不同，结构化板材的弯曲刚度可以是原始光滑板材的 3~4 倍。与光滑的金属板相比，它的抗拉刚度显著降低，除了结构样式和高度，还取决于板平面中的载荷方向。结构高度对抗弯刚度的影响如图 3.55 所示。

不仅更大的表面积可以负责热传递，当空气流入时，在结构间形成的湍流层也对传热有帮助，其整体传热效率可以提高 20%。相关内容可进一步参考文献 [123]~[126]。

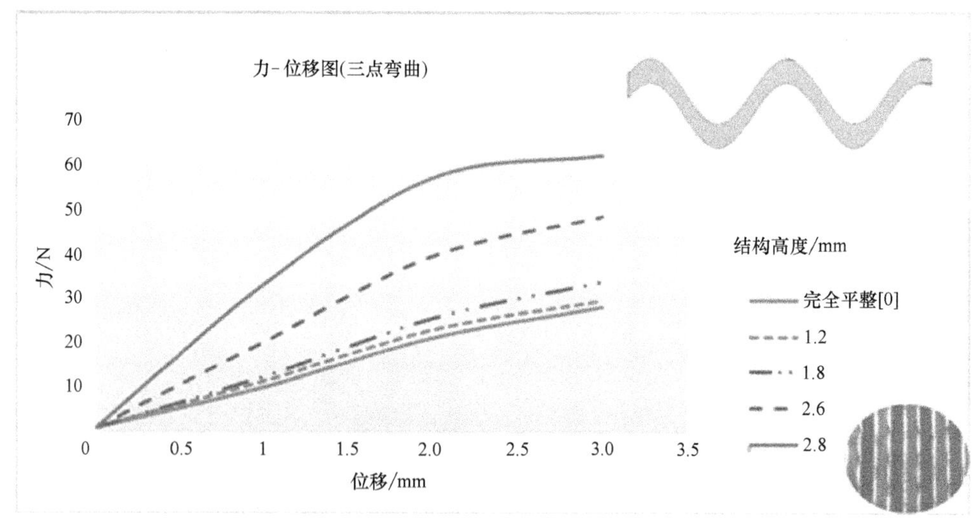

图 3.55　结构高度对抗弯刚度的影响

3.6　重要“零部件”——材料弹性

在使用塑料材料时，卡扣连接及薄膜铰链都是十分常见的选择，这一点已在 2.4.3 小节中提到。它们的日常应用实例也广为人知，如一些化妆品容器等。它们为一体化构造或功能集成开辟了广泛的应用领域，整体式塑料部件常常是极其简单直接的解决方案。

但找到这些解决方案的过程并不像我们如今使用它们时那么简单，如图 3.56 所示。

图 3.57～图 3.62 所示为一些常见的卡扣连接和整体式零部件。

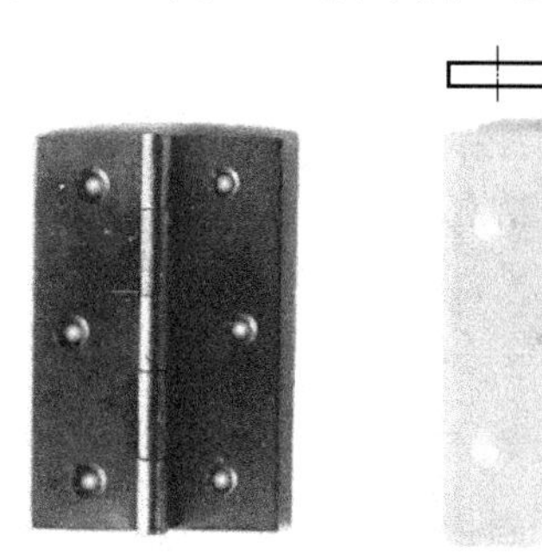

图 3.56　错误的方式——塑料铰链取代了三个金属部件，但放弃了整体式结构

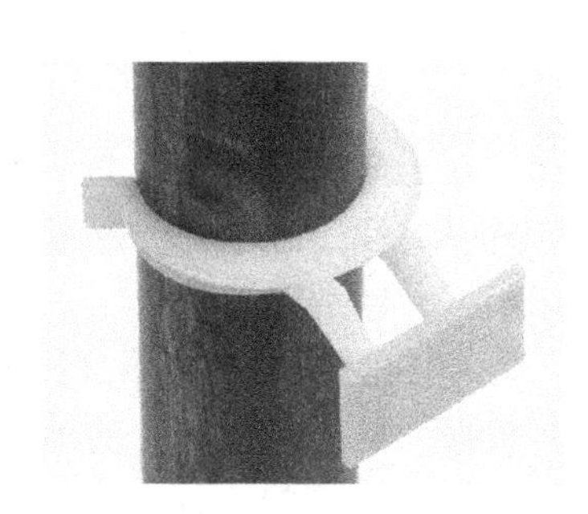

图 3.57　家具中的卡扣连接

上一节中（以夹头为例）已经介绍了弹性元件在夹具结构中的应用。图 3.63～图 3.65 也都是相关领域内的应用举例。

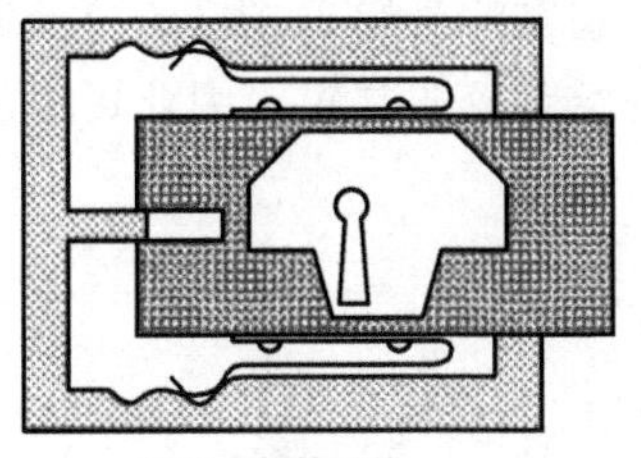

1) 带有板簧元件

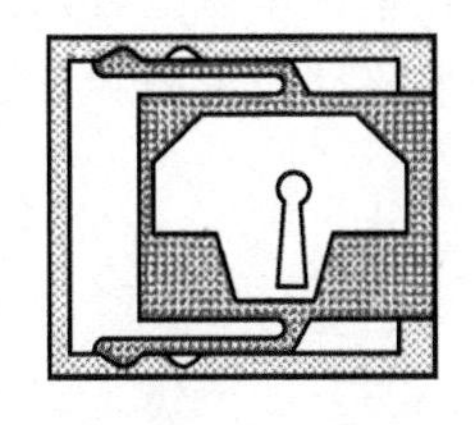

2) 塑料材质的整体式结构

图 3.58　箱的闩锁[48]

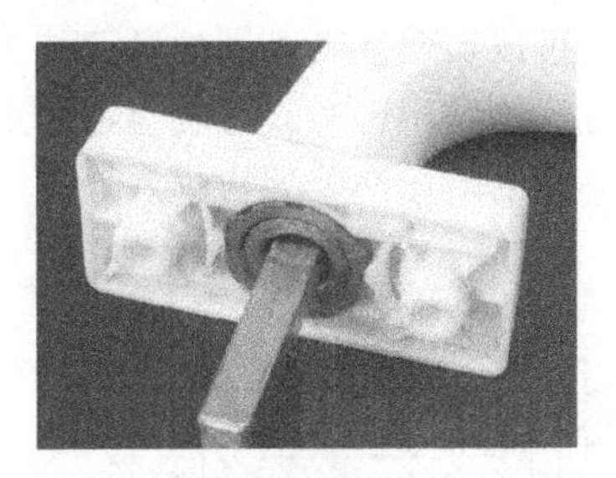

图 3.59　窗把手的固定零件，整体式的外壳部件[98]

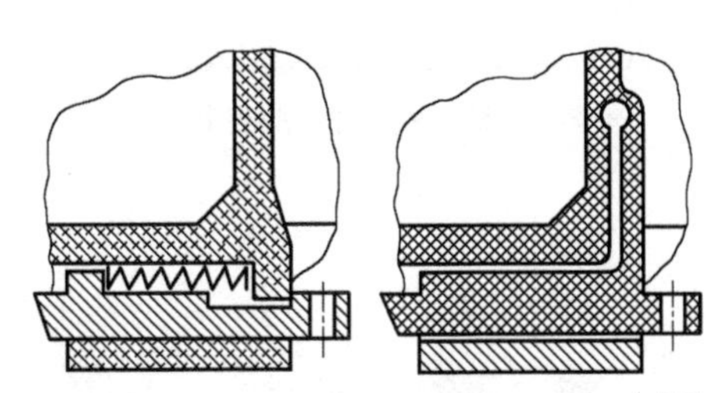

图 3.60　闩锁和弹簧组成的整体式零件[30]

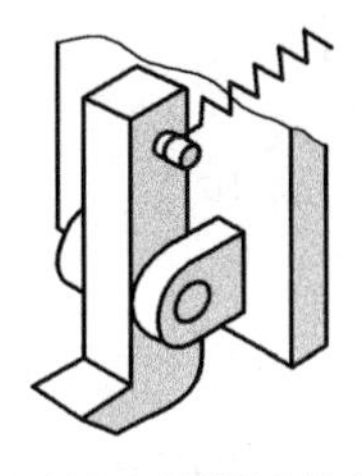

塑料件上的弹簧和接头

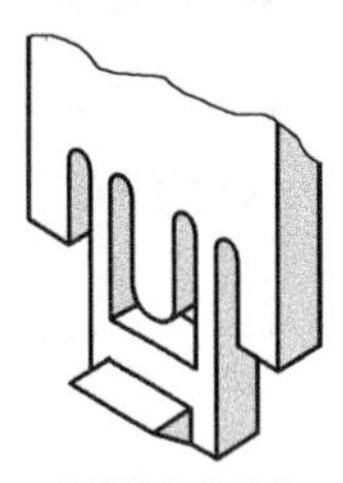

由零件弯曲替代

图 3.61　闩锁和弹簧组成的整体式零件[30]

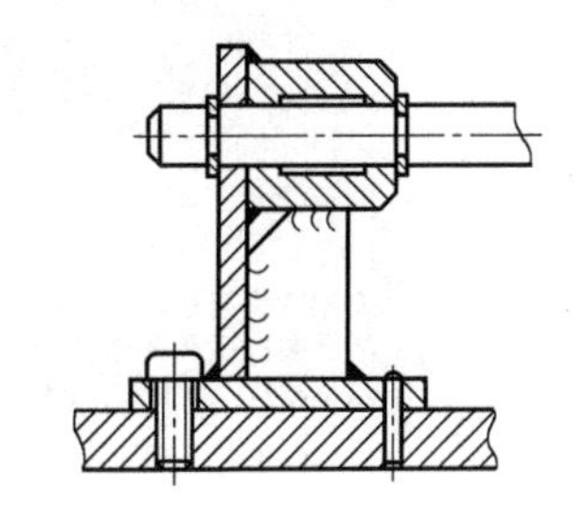

图 3.62　轴承座上的卡扣结构取代了螺纹连接[30]

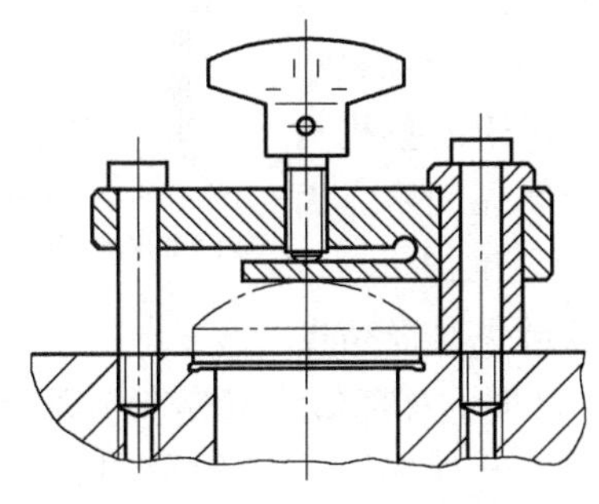

在此夹紧元件设计中，通过
使用弹性舌片来避免敏感工
件的磨损

图 3.63　弹性保护元件[54]

一个可微调的杠杆（图 3.66）利用了钢材料的弹性，并通过限制调节路径的方式取消了接头结构。可以使用水刀切割的工艺加工得到这种柔性接头。这种原理还可以实现微米级别的微调装置，在精密车床上可以找到它的身影（图 3.67）。通过这种结构，车床刀具会沿圆形路径移动。但由于总进给路径非常短，因此可以忽略圆周运动产生的影响。

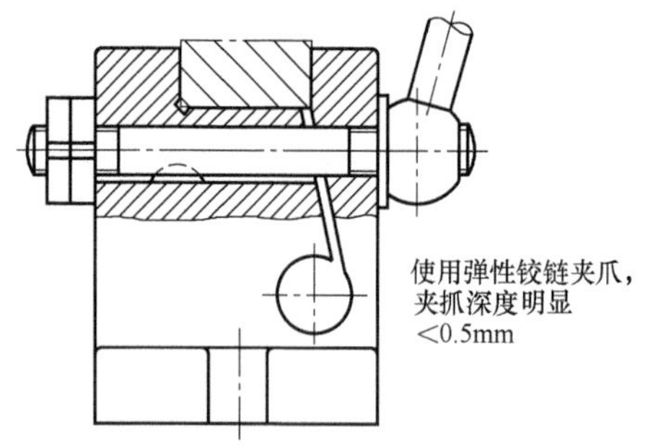

使用弹性铰链夹爪，
夹抓深度明显

图 3.64　铣削装置底座[29]

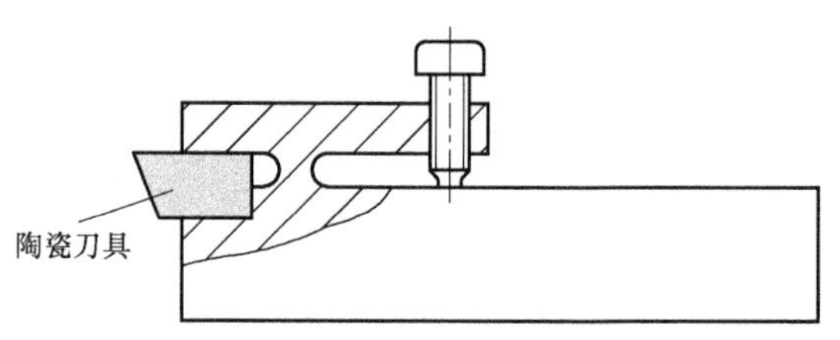

图 3.65　陶瓷刀具的夹具

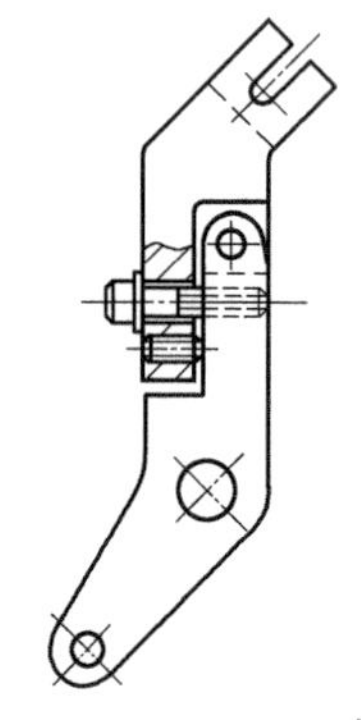

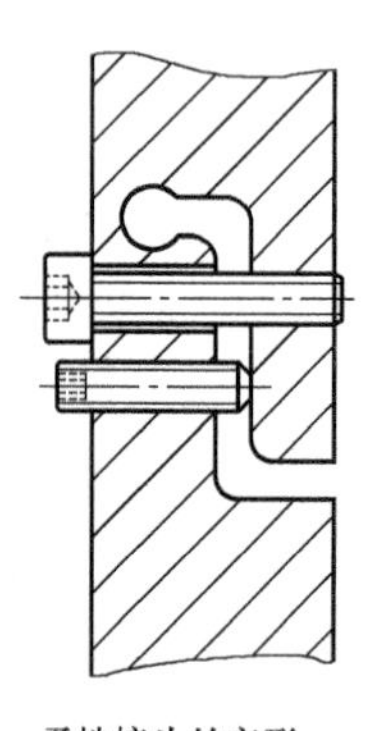

带接头的可微调杠杆[54]

柔性接头的变形；
与1)相比，可调节性受限

图 3.66　杠杆

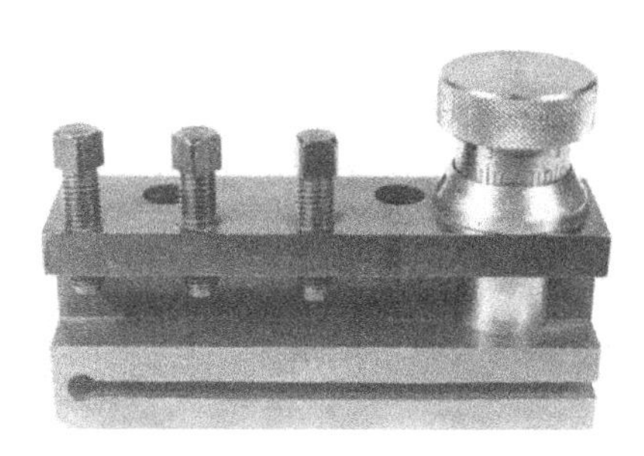

柔性接头应用；通过锁紧螺钉，刀具可以
基于柔性接头的枢轴点前后移动(精度可达
微米级)，总行程约为0.2mm

图 3.67　精密进给刀架

精密机械中的弹簧导轨属于类似的应用类型，图 3.68 所示的带板簧的平行弹簧导轨就是其中之一。由于精度要求非常高，此类导轨均由实心材料制成，如图 3.69 所示。除了扁平板簧导轨，用于测量机构的膜片弹簧导轨也是如此[56]。此类导轨无间隙，因此几乎无摩擦、无磨损，也就意味着无须维护。

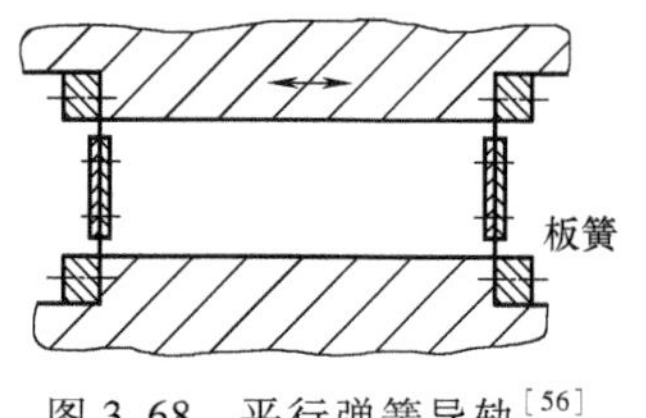

图 3.68　平行弹簧导轨[56]

在使用图 3.70 所示的薄膜时，应避免对高精度平面施加压力。在此类结构中，弹性膜用于对抗由于支撑在不完全平坦的面上而可能发生的变形。小型盘式制动器是另一种完全不同的应用，如图 3.71 所示，圆形弹簧钢盘上带有类似的薄膜。在未制动状态下，制动盘在制动块之间自由移动；制动时，运动的制动块将制动盘推向固定的制动块，从而使制动盘发生轻微的变形。

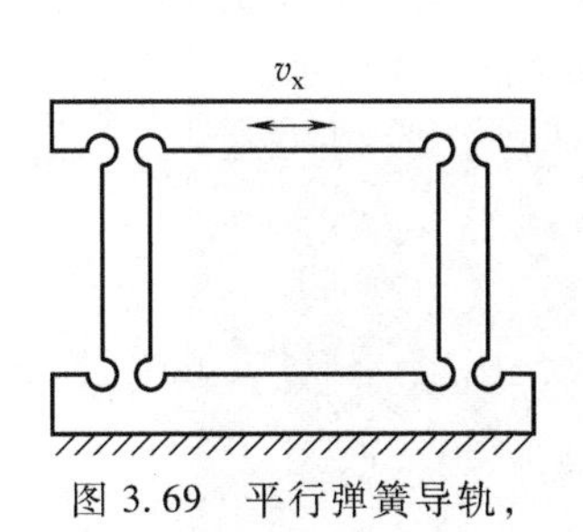

图 3.69　平行弹簧导轨，由整体加工而成[56]

膜片效应
支撑面
表面平整度为0.1μm
镜面铜
夹紧力
具有高精度表面的铜镜通过弹性膜将变形降至最低
注意：图中的弹性膜厚度被大幅放大

图 3.70　镜子的小变形夹紧方案[42]

图 3.72 中带有金属板薄片的整体式发动机罩基于以往的设计，每个薄片都配有 2 个简单的轴承，并具有一个复杂的调节装置，从而实现 70°左右的调整角度。然而，这种调整装置很少被使用，实际上只在第一次安装或调试后使用一次。这样的应用经验带来了更简单的设计版本。然而，这里实际并没有使用材料弹性特性，而是在初始设置时利用了薄片与外轮廓之间窄腹板的永久变形。

文中所介绍的关于利用材料弹性，或在最后一种情况下的利用塑性的方法都没有总结为一份系统性的指导文档，设计者们需要自己辨别哪些设计任务适合使用零部件的材料弹性来实现最优解。

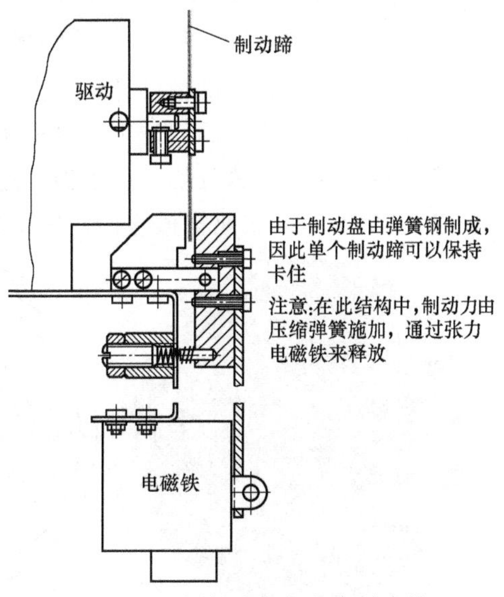

图 3.71　低制动力的盘式制动器

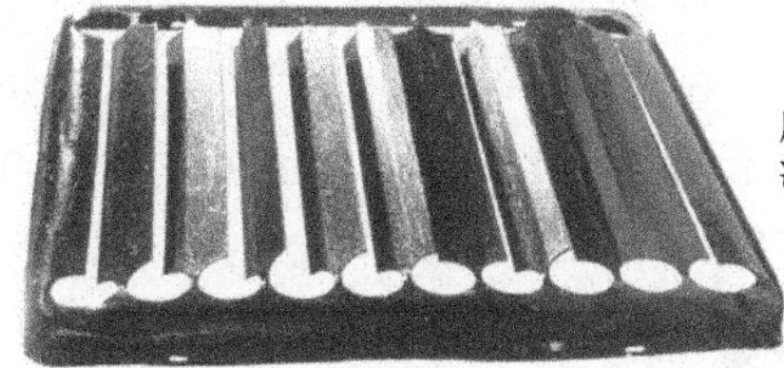

所需的出风方向由窄连杆的塑性变形决定
注意：图示仅为演示，将杆条放在了不同的位置

图 3.72　大厅供暖用暖风机的空气挡板

3.7　重要“零部件”——断面

在发动机制造过程中，一项古老的工艺基于新型材料得以再次“焕发青春”。

烧结锻造连杆代替模锻连杆，并使用有针对性的断面来实现大轴承眼[15]。这种结构设计在制造技术领域的优势是显而易见的，因为大连杆孔的加工只能在封闭状态下进行（即在孔加工前完成锯切/铣削及连接加工）。组装连杆时，可通过断面实现两部分最高精度的对接，且无须配合螺钉或其他零件，如图 3.73 所示。

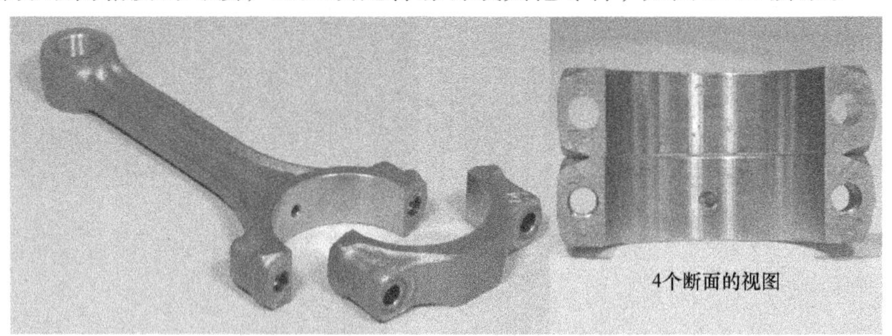

图 3.73　裂纹烧结锻造连杆（宝马）

有一个十分古老的机械设计的观点，它可以在绝大多数历史悠久的水磨坊或其他带有传动轴的机构中得到体现。这类驱动装置中的铸造平带轮需要能够安装在贯穿厂房的传动轴的任意位置。为了做到这一点，此类带轮被分割成了 2 部分；最终如图 3.74 中所示的农业机械零件，借助断面将 2 个半轮固定在一起。

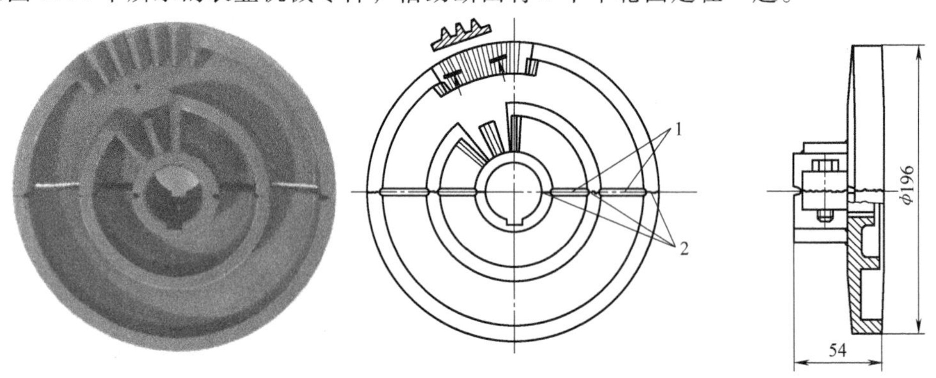

图 3.74　农用割捆机的专用驱动轮（旧式农业机械，在使用联合收割机前十分常见）

其中，开口 1 在铸造过程中完成。对于在轴上的装配，该零件在 2 处分解；原始断面将用于确定固定两部分的位置。对于完全硬化的零件，也可以使用同样的设计，如图 3.75 和图 3.76 所示。在这两种情况下，组装时都需要分割加工。其中，

图 3.75　自调心滑动轴承的内圈，全淬火环有 2 个用于精加工后喷砂的缺口

加工制造相关的优点如前文所述。环状封闭零件将断开的部分固定在一起。总体而言，这种设计很少被使用。但本书给出的例子也许会创造进一步应用的可能性。

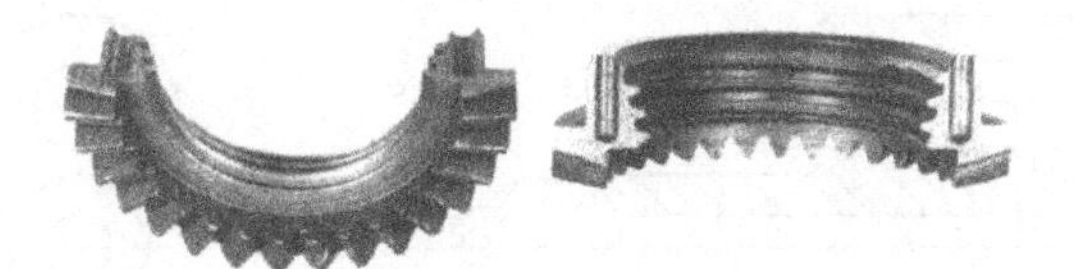

图 3.76　钻头用锥齿轮，由 2 个小孔用作沟槽

3.8　空心轴

实心轴可用作齿轮轴，并在机械工程中有着无数其他应用，是机械文献中广泛探讨的对象；相对而言，空心轴就较少出现。接下来的示例是来自不同应用场景的空心轴示例。例如，里希特（Richter）在其关于铸造设计的著作[74]中提及了在 GGG 40（GJS-400-15）中实现的发电机轴结构，如图 3.77 所示。

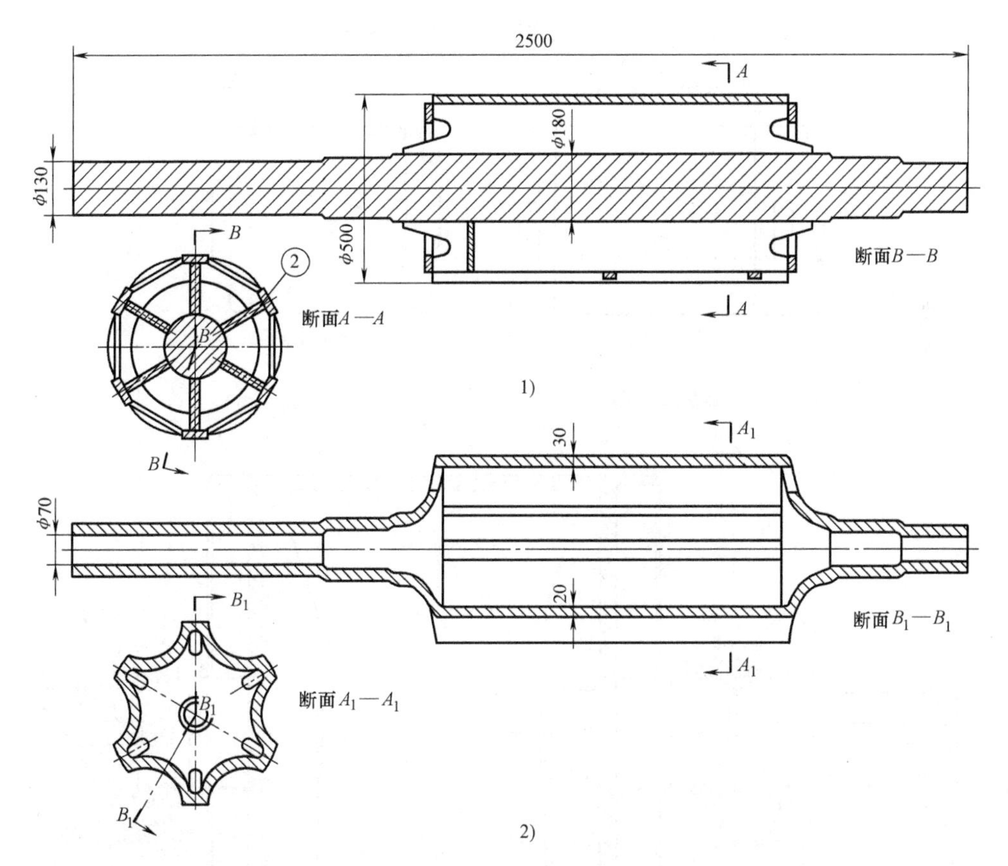

图 3.77　发电机轴的焊接结构

注：最终工件质量为 700kg；以 GGG 40 为材料的铸件，质量约为 450kg[74]。

来自铸造相关文献的有罗茨式鼓风机中的空心轴（图 3.78）和带有模板形铸钢端件的传送带滚筒（图 3.79 和图 3.80）。

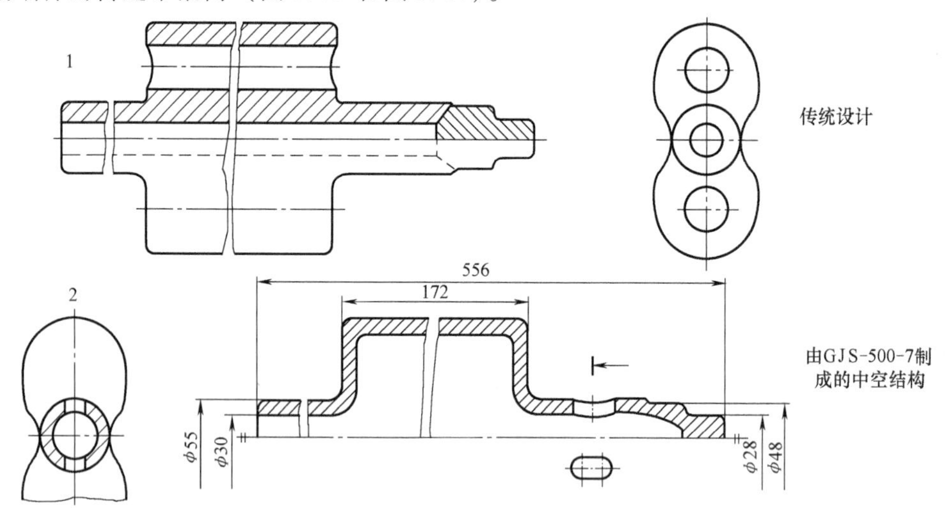

图 3.78　旋转活塞式鼓风机转子

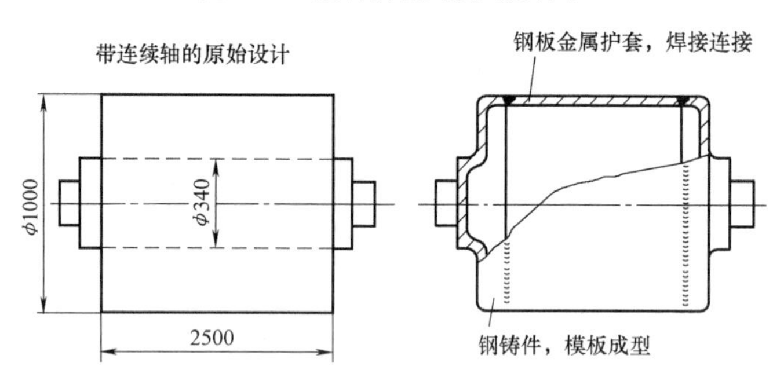

图 3.79　传送带滚筒

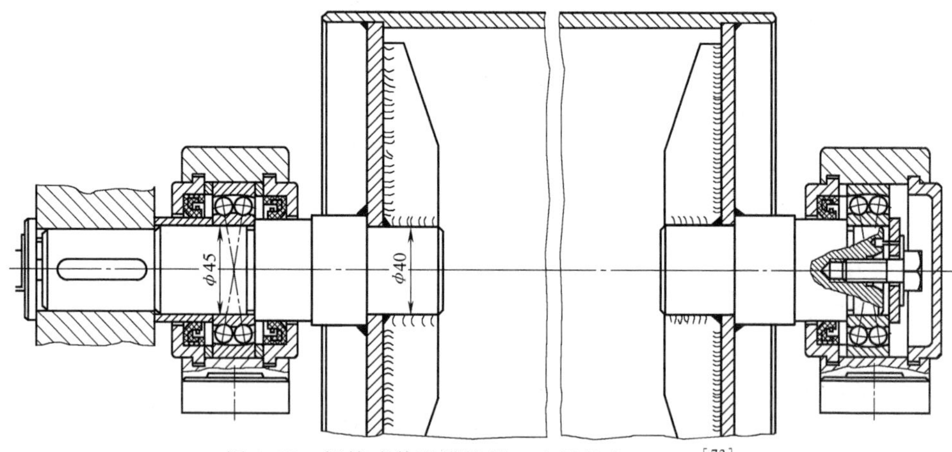

图 3.80　焊接式传送带滚筒，直径约为 250mm[73]

图 3.77 和图 3.79 中的一些数字表明空心轴设计可以显著减轻质量，尤其是在大尺寸的情况下。这些空心体结构的相关计算需求有很多（如使用有限元法）。其结构规则可概括为：

必须检查带有空心体（盘绳滚筒、滑轮等）的轴是否是整体式构造或整体式构造中完成的某一部分！

上述规则主要针对直径和长度相对较大的零部件。新的焊接工艺（如摩擦焊、电子束焊）现在可以实现尺寸更小的空心轴，如图 3.81 所示。然而，只有当这种工艺带来的质量减少可以在加速/制动过程中实现有益效果，或者满足相关的功能要求时，这些更大的工作量（2 部分预制-焊接-精加工）才是合理的。

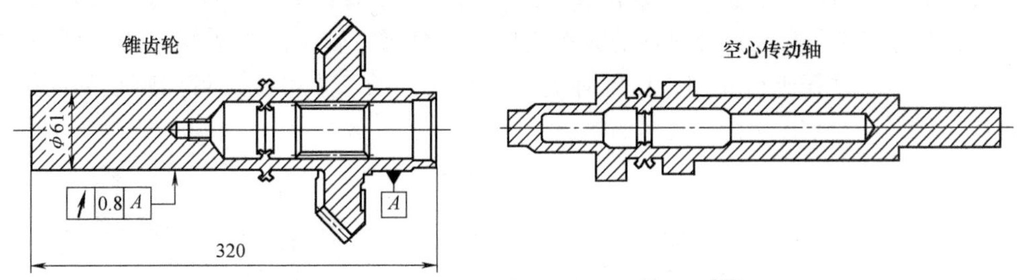

图 3.81　用于空心轴结构的摩擦焊接头[3]

另一种方式是使用管道结构作为可带有附加零部件的空心轴体，如用于汽车凸轮轴的凸轮。其中实现的压配合并不是由于轴的尺寸过大引起的，而是空心轴的液压膨胀引起的，如图 3.82 所示。2.5 节中已经讨论了与旋转锻造相关的管道使用用例。

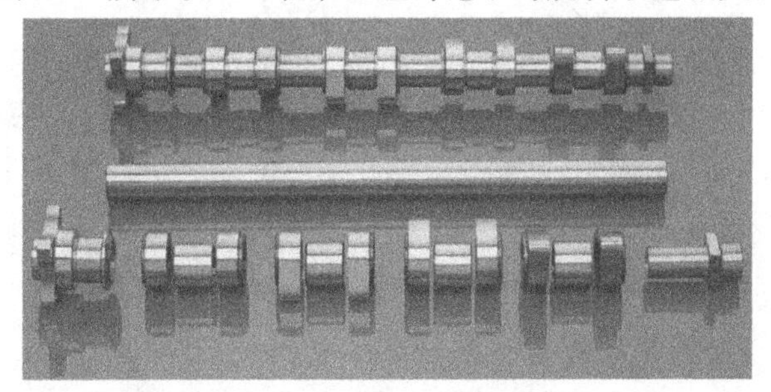

图 3.82　凸轮轴装配——通过有针对性的局部扩大来实现压配合

3.9　用于高转速的轴封

在机械元件相关文献中，常用的防止轴端润滑油或油脂泄露的密封结构有毛毡密封件、弹性盖盘（NILOS 密封环）、径向轴封件（DIN 3760）和圆环密封（O 形圈 DIN 3711）。在任何情况下，它们都存在摩擦引起的使用问题。所有摩擦密封件在更高的速度或转速下都有其各自的应用限制（参见制造商信息）。在这里依旧提到了毛毡密封件，其实是有待商榷的。它们出现在径向轴封尚不可用的机械工程早期，密封效果和使用寿命都很差。最迟已在 20 世纪 50 年代被其他技术取代，如今只在极少数特殊情况仍有应用。径向轴封在各种结构设计中均具有高密封性且使用寿命长的优点，因此被视为标准密封件。但密封件正常使用的一个先决条件是其周围的零部件都具有对应的制造质量，特别是密封处的粗糙度和圆柱外形，以及正确的组装——密封唇不会因锋利的边缘而损坏，并且不存在无润滑运行。为了提高所有机械工程产品的性能，通常需要更快的速度，因此各个零部件越来越频繁地达到，甚至超过径向轴密封件的速度限制。

第一次尝试设计超过这个速度限制的设计师都可以在当前文献中找到有关间隙、凹槽、迷宫式密封、注射凹槽及其变形结构的信息，如图 3.83 所示。但只有当结构中所使用润滑油的回流或排放得到正确处理之后，这些密封件才能真正地完成自己的“使命”。这种密封件的典型应用就是机床主轴，因此文献［89］使用了一些设计示例对其进行介绍，但没有描述这些元件的工作模式及可能存在的问题，文献［106］对其进行了更具体的描述。

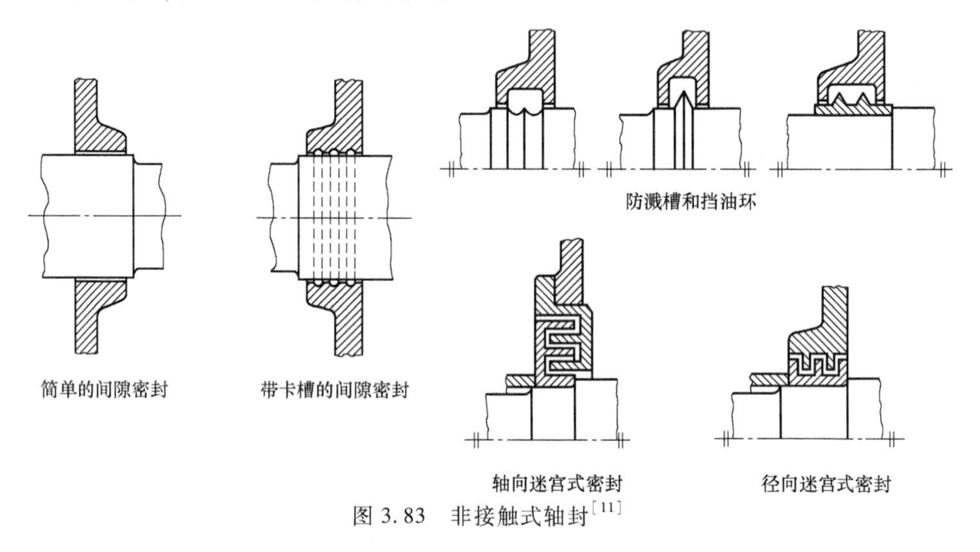

图 3.83　非接触式轴封[11]

完全无接触（实现无磨损）的密封件通常由多个子元件串联组成。下面将借助图 3.84 和图 3.85 对其功能实现进行介绍。实现密封效果主要组成部分的工作原理都是基于图 3.84 中描述的 8 点。其中，只有“回流”一项需要依赖机器工作时的离心力，其余要点全部都能够保证密封效果在机器处于停止状态时也不会失去密封效果。如果没有主动可用的外部吸力，而只有重力排放，则必须保证油的最高液位远低于回流管。在任何情况下都应防止防溅环“溅”到油液中，因为这会形成泡沫（体积急剧增加），从而导致泄漏。只有当两个依次布置且具有独立回程的阱室生效时，才能实现相对可靠的密封效果。为了安全排油，回油管的末端应远高于油液面，并尽可能大。

由于切削机床使用冷却油或其他冷却润滑剂，因此这些机床主轴头部的密封件

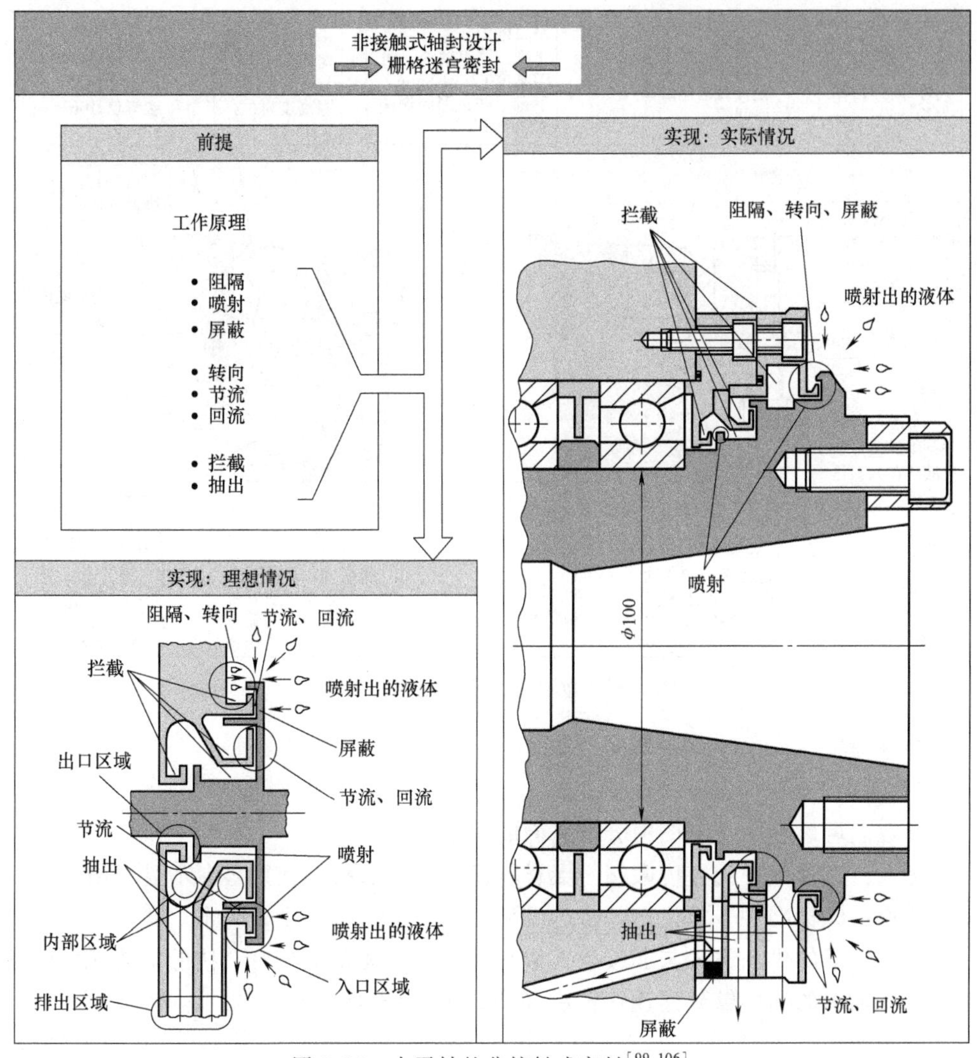

图 3.84 水平轴的非接触式密封[99,106]

也必须防止这些物质渗入润滑油回路。如图 3.84 和图 3.85 所示，为此设计了向外的回流口。

自 20 世纪 80 年代起，有关上述非接触式密封的信息便可以在通用机械工程的专业文献中找到。这种密封在文献［99］中被称为迷宫密封，密封作用包含 8 种方式：

1）阻隔。

2）喷射。

3）屏蔽。

4）转向。

5）节流。

6）回流。

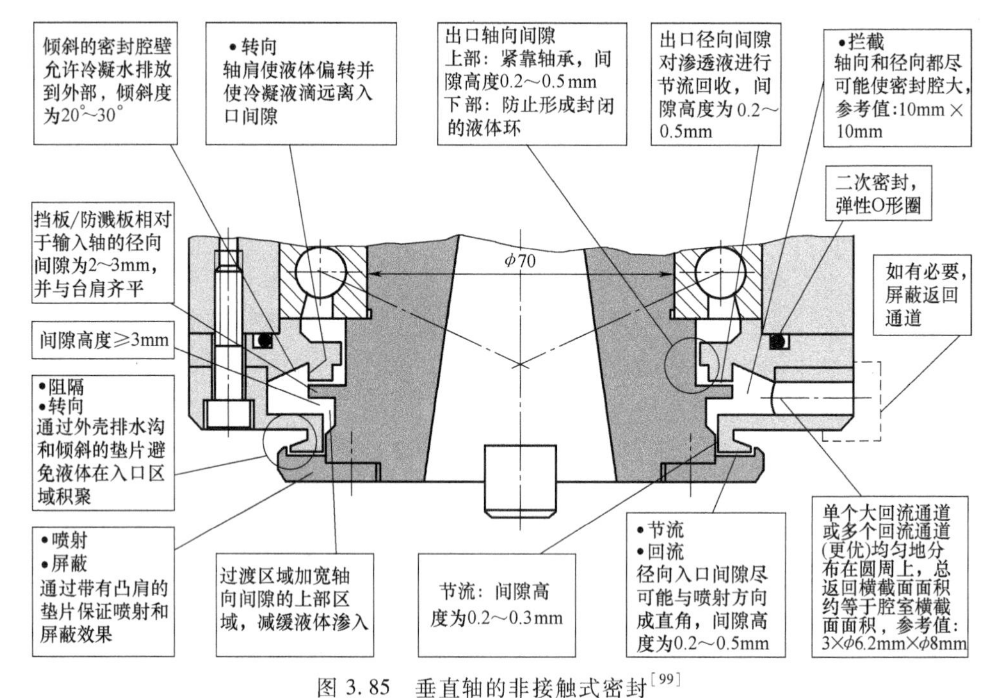
倾斜的密封腔壁允许冷凝水排放到外部，倾斜度为20°～30°
•转向
轴肩使液体偏转并使冷凝液滴远离入口间隙
出口轴向间隙
上部：紧靠轴承，间隙高度0.2～0.5mm
下部：防止形成封闭的液体环
出口径向间隙
对渗透液进行节流回收，间隙高度为0.2～0.5mm
•拦截
轴向和径向都尽可能使密封腔大，参考值:10mm×10mm
二次密封，弹性O形圈
挡板/防溅板相对于输入轴的径向间隙为2～3mm，并与台肩齐平
如有必要，屏蔽返回通道
间隙高度≥3mm
•阻隔
•转向
通过外壳排水沟和倾斜的垫片避免液体在入口区域积聚
φ70
•喷射
•屏蔽
通过带有凸肩的垫片保证喷射和屏蔽效果
过渡区域加宽轴向间隙的上部区域，减缓液体渗入
节流：间隙高度为0.2～0.3mm
•节流
•回流
径向入口间隙尽可能与喷射方向成直角，间隙高度为0.2～0.5mm
单个大回流通道或多个回流通道(更优)均匀地分布在圆周上，总返回横截面面积约等于腔室横截面面积，参考值:3×φ6.2mm×φ8mm

图 3.85　垂直轴的非接触式密封[99]

7）拦截。

8）抽出。

读者们可以随时从上图中分辨它们的效果。

优点：无过热、无速度限制、无材料规格、无磨损，使用寿命不受限制。

缺点：无标准件，由设计师自己设计，完全不适合淹没式防水。

连杆轴承的供油方式与非接触式密封件类似。曲轴上带有卡槽的旋转环确保已经通过主轴承的油能够到达连杆轴承（图 3.86 中未标注）。

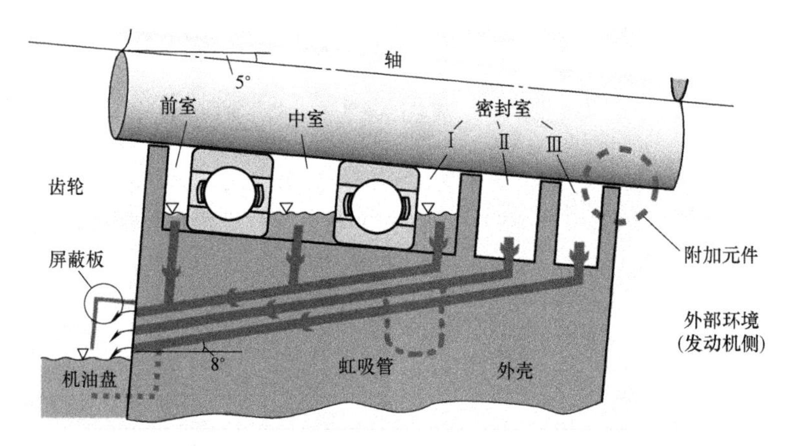
轴
5°
前室
中室
密封室
Ⅰ
Ⅱ
Ⅲ
齿轮
附加元件
屏蔽板
外部环境
(发动机侧)
8°
机油盘
虹吸管
外壳

图 3.86　带有密封系统的风力涡轮机齿轮箱驱动轴在发电机侧的轴承布置——原理介绍[127]

3.10　无密封件密封

变速箱盖上的平垫及加油口、放油塞上的密封垫圈都是十分常见的机械元件。然而，部分结构是否真的需要密封件是我们经常忽略的问题；并且密封件供应商们也不愿意回答这个问题。

装配自动化的尝试揭示了较大平面密封件的可管理性较差，并且会导致使用糊状密封剂的工作量增加，如图3.87所示。虽然，在机械零部件的相关文献中常常会提及接触式密封件（另见3.9节），但几乎没有平面密封件的信息。只有雷耶（Leyer）在文献［59］中提到：

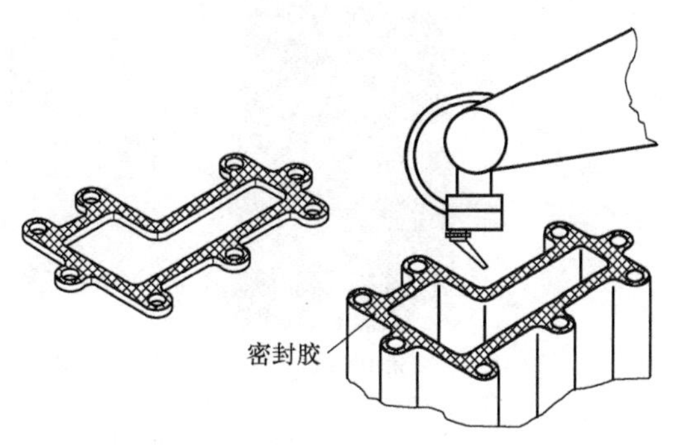

图3.87　密封胶代替平垫圈

狭窄的密封面取代了平面密封！

图3.88证实了上述说法，它在圆形盖结构中的应用是完全可能的。

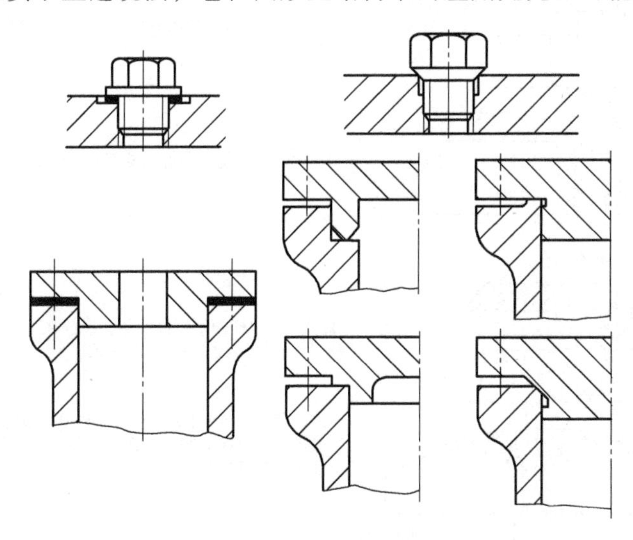

图3.88　狭窄的密封面取代密封圈[59]

必须指出的是，紧固螺钉下方有一个气隙，用于更牢固地压紧狭窄的密封面。很多时候，螺钉仍然会插入要密封的表面，在某些情况下还会插入盖板平面，这样的话，只有使用许多螺钉才能达到足够的密封效果。这两个缺陷都显示在图3.89的左侧示例中。因此，雷耶（Leyer）补充了如下要求：

设计密封盖时，尽可能使用少量螺钉，使其可以提供一个狭窄的密封面，并均匀分配接触压力！
理想的分布形状：带中心螺钉的钟形分布。

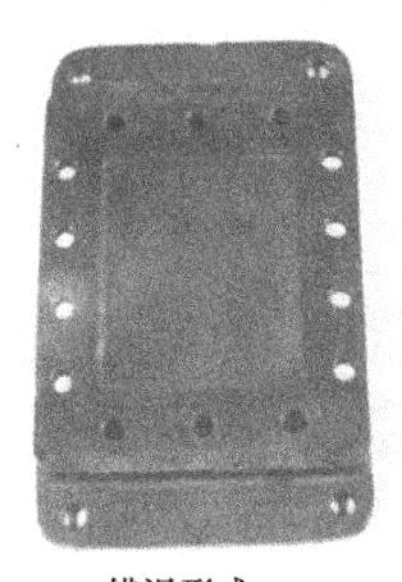

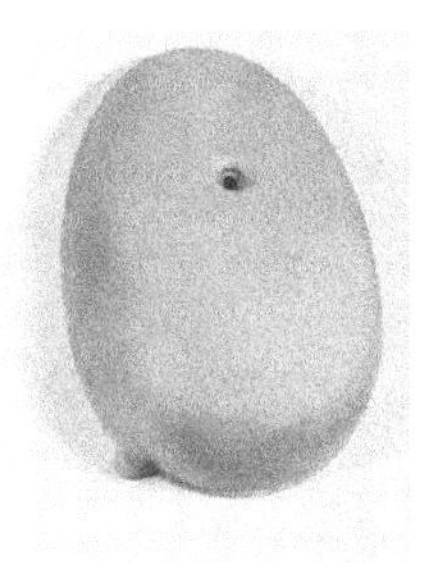

图 3.89　油封盖（错误/正确结构）

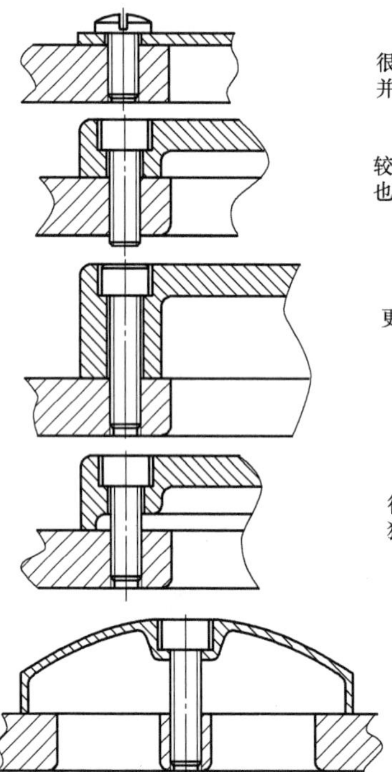

很不合理1——钣金盖设计需要多处螺钉固定，并且在没有密封剂的情况下永远无法实现密封
较好 2——铸造盖更具稳定性，所需的螺钉数量也较少
更好一些 3——较大的盖板厚度是有利的
很好 4——这样的螺钉设计能够确保在狭窄的密封边缘上保持良好的压力
非常出色5——带有窄密封边缘和中心螺钉的弧形盖设计是最佳的解决方案，当然只要这种设计不会破坏机器外观
注意：设计4和5在螺钉头下方需要加密封剂！

图 3.90　油封盖结构功能设计

如果螺钉布置在外侧（图 3.91），螺钉头上的密封问题就自然消除了。这种情况下，螺钉也被“释放”了，即远离密封面，依靠螺钉力便可将密封面压在一起。

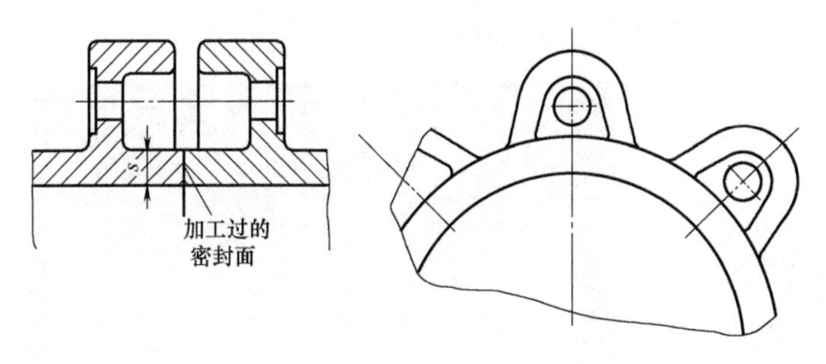

节省材料的螺钉套和暴露的密封面确保了密封面的良好压力

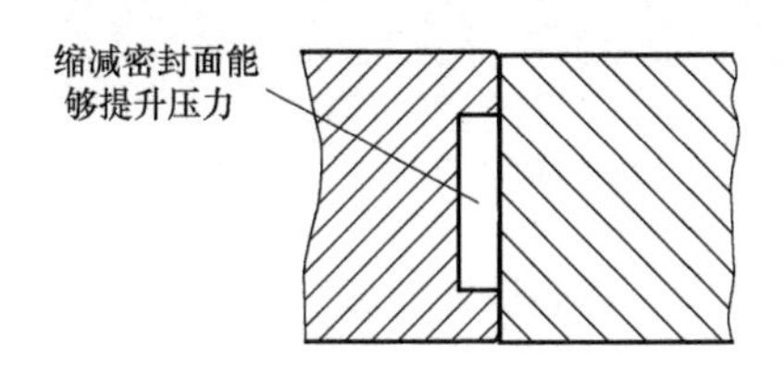

图 3.91　无须法兰结构

如图 3.36 所示的车床主轴箱的平盖，设计者并不清楚四个角的螺钉是否能在盖的中间产生足够的压力，如图 3.92 所示。因此，作为预防措施，中央加强筋上的两个铸眼在首次铸造工艺时便一起完成。尽管如此，四个角的螺钉只有在对表面进行精细铣削之后才能保证足够的压力。设计这一结构时，流行的“立体派”设计不允许使用更便宜的圆顶盖（参见 5.5.2 小节，包豪斯运动的影响）。

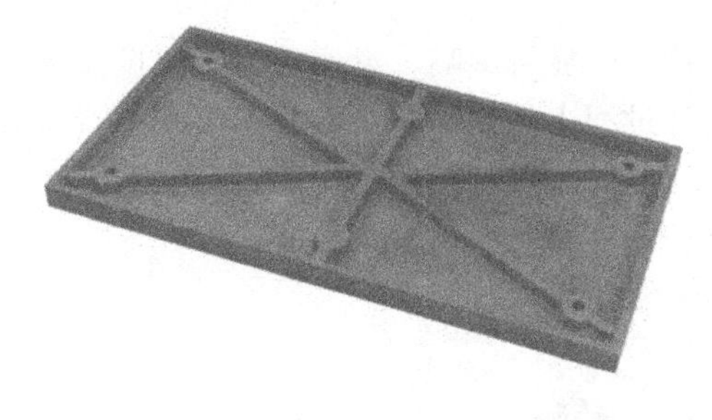

尺寸：440 mm×240mm×20mm，铸造壁厚为8mm，密封边为6mm
箱盖设计对应图3-90中的变形4，具体分析请见原文！

图 3.92　主轴箱盖（箱盖内部视角）

以上关于盖子和密封件设计的所有陈述均指平面密封面。任何与此前提偏离的设计都应该避免应用上述观点，因为除了平面，其他外形结构对形状及位置公差有更严格的限制。换句话说，只有通过较厚的软密封件才能实现较好的密封效果，如图 3.93 所示。图 2.2 中的自动车床转塔头盖（图 3.94）就代表了一个负面的极端情况。该盖板需要在 5 个平面（E1 ~ E5）上进行铣削操作，此外还有半径为 R 的圆弧。就这种结构而言，油密性简直是不可能实现的任务。

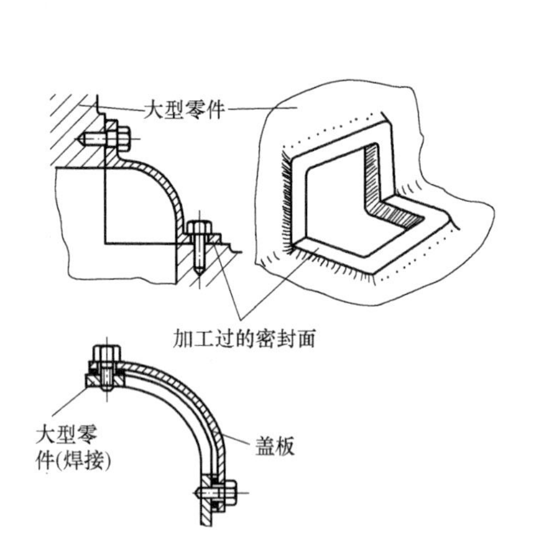

图 3.93　倾斜或弯曲的密封面是不切实际的

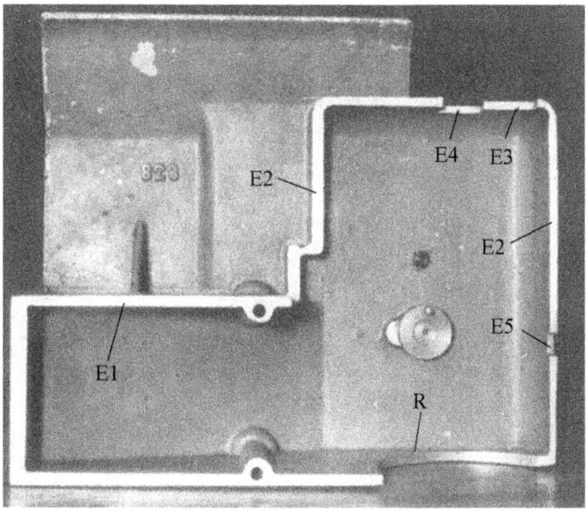

E4 E3 E2 E2 E5 E1 R

这是一个不合理的设计!

图 3.94　自动车床转塔头盖（铸铝盖，用途见图 2.2）

3.11　力、力的作用及如何有效地利用力

机械工程教科书介绍轴承、杠杆和其他受力零部件的设计及变形结构时，很少会脱离以下 3 个要点：

■ 力（至少包含大小及方向）

■ 尺寸大小

■ 生产数量

这 3 个细节要点会共同对组件设计产生显著影响，以实现满足强度要求和工艺需求的结构。基于强度原则是机械设计过程中的一个核心问题，必须进行有效的分析（另见表 2.2）。如果各位读者还没有意识到它的重要性，那么图 3.95 会引起您的重视。本章节中进一步的描述都是针对文献［34］的补充。

通过合适的螺钉布置，
既遵守了设计原则k1，
(参见表2.2)，又可以
避免使用连接法兰结构

图 3.95　齿轮箱外壳（铝铸件）

机械零件上所受的外力总是会引起应力（σ，τ）和变形。计算会产生的应力并遵守许用应力在设计中是理所当然的步骤；而变形并不是在所有情况下都需要考虑。**因此设计师们必须始终考虑变形！**

图 3.96~图 3.99 展示了夹具设计者们为什么要遵循这个设计规则。由此可以看出，在设计工程师的培训中，介绍其设计的结构在加工过程和实际工作中的场景分析对于每个机械工程师来说都是一个很好的补充。

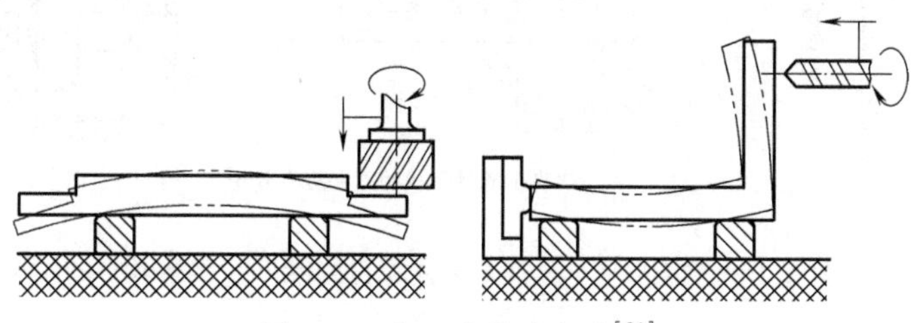

图 3.96　加工力导致变形[31]

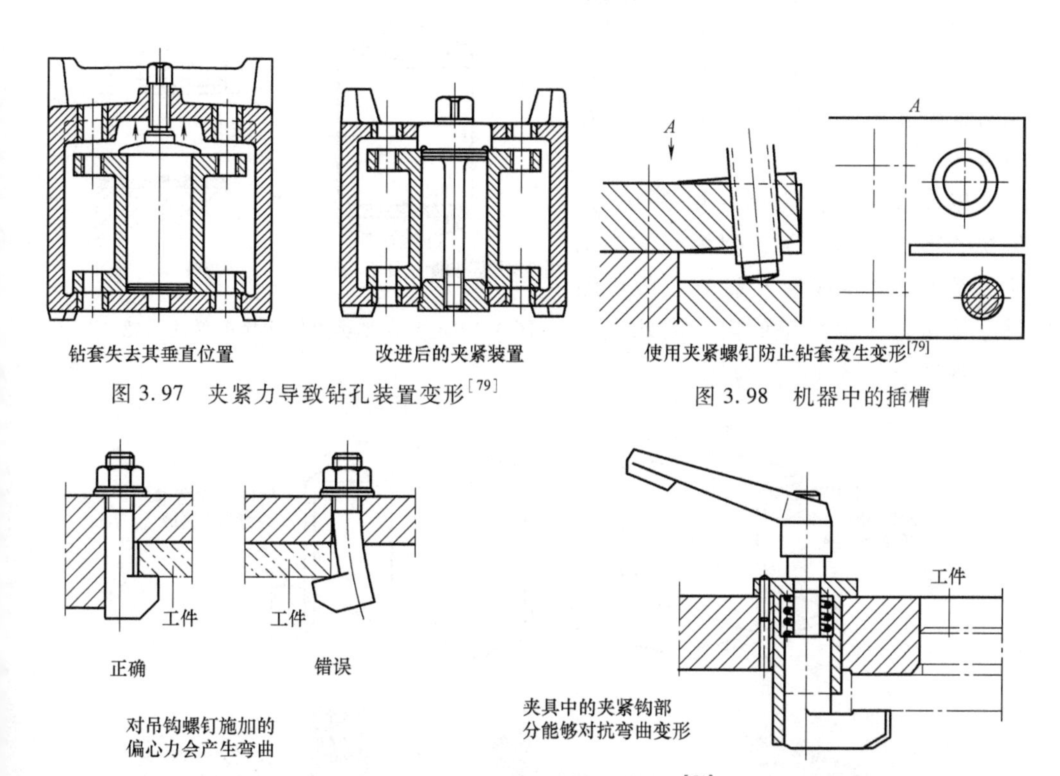
钻套失去其垂直位置
改进后的夹紧装置
A
A
使用夹紧螺钉防止钻套发生变形[79]
工件
工件
正确
错误
对吊钩螺钉施加的
偏心力会产生弯曲
工件
夹具中的夹紧钩部
分能够对抗弯曲变形

图 3.97　夹紧力导致钻孔装置变形[79]

图 3.98　机器中的插槽

图 3.99　吊钩螺钉发生弯曲变形[54]

机械元件文献中的内容包含了对变形的思考，张力螺母与普通螺母相比的优势就是一个很好的例子，如图 3.100 所示。

滑动轴承衬套周围区域以补偿轴偏转的弹性设计也是其中一部分，如图 3.101 所示。

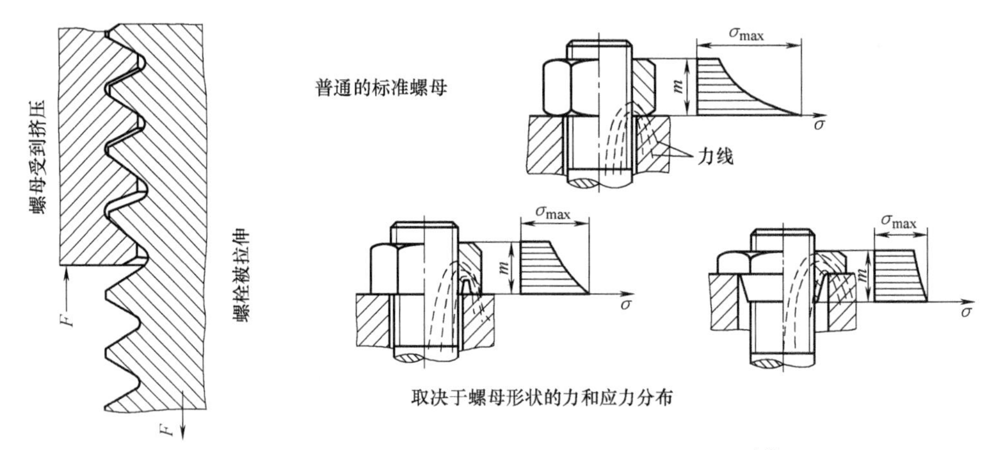

图 3.100　螺纹变形及其对不同螺母形状产生的影响[4]

然而，从以上这些例子中我们并不能得出“从变形的角度展开思考”是一条基础的设计规则，进一步的示例将证明其在机械工程师中的普遍有效性。

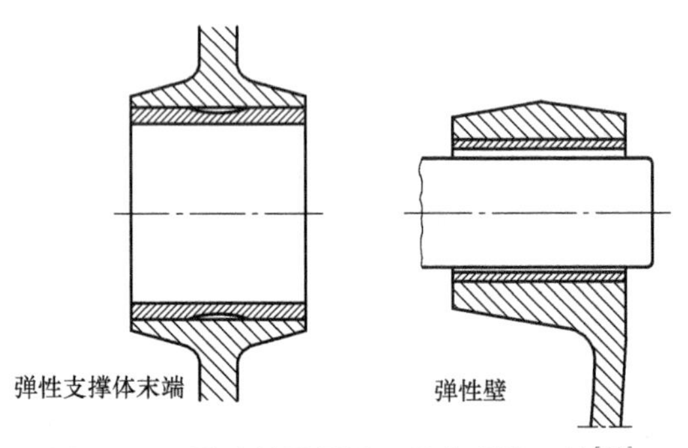

图 3.101　滑动轴承周围区域的弹性区域[11]

以钣金件连接为例（图 3.102），解决方案是弯曲法兰，但解决方案 C 不太常见。冲压成型方案 D 使螺钉能够直接布置在板材平面内，因此代表了一种极小变形的解决方案。

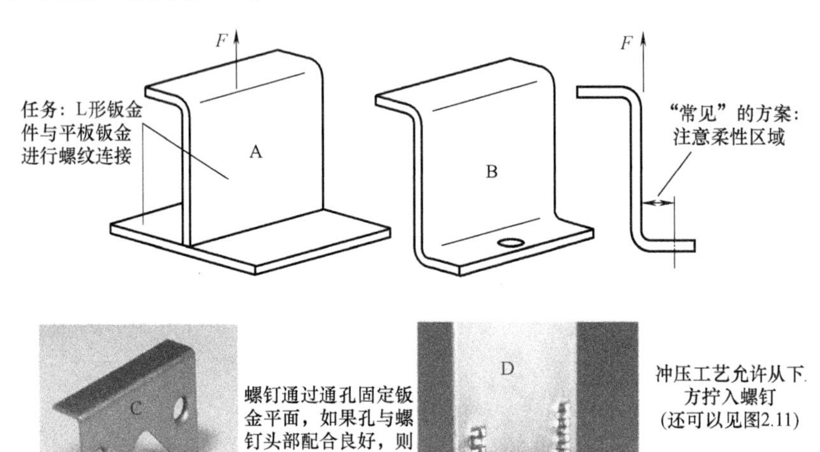

图 3.102　两块钣金件间的螺纹连接

根据箱型结构的受力我们可以得到相当多的变形设计方案（图 3.103）。如果需要高刚度，则应放弃有利于生产的方案 1 和 4。

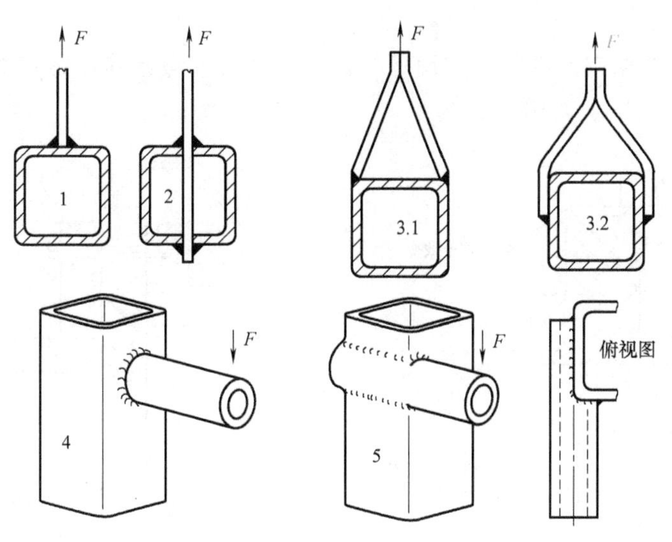

图 3.103　与空心型材间的柔性/刚性连接

在图 3.103 中，1 表示由墙体弯曲实现的柔性连接；2 表示刚性大于 1，但加工更费时（2 个插槽、4 条焊缝）；3.1 表示不带插槽的刚性连接；3.2 表示中性纤维的刚性连接，需注意可能出现的缝隙腐蚀；4 表示柔性管连接；5 表示刚性管连接。

如果更仔细地观察开口型材和开口箱体上的扭转变形（建议使用纸板制成的模型），就能理解抗扭转设计的方法。可观察到的变形及其对应方式如图 3.104 所示。

根据图 3.104，法兰相对移动可以采用对策 3，法兰相对扭转可以采用对策 4，底板隆起（6 中十分明显）可以采用对策 8。更全面地，1 表示开放轮廓，可灵活扭转；2 表示非全封闭轮廓，相较 1 无改进；3 表示角加强筋，4 表示法兰钻孔连接，都有很好的加固作用；5 表示部分空心型材，有很好的加固作用，可分别在两

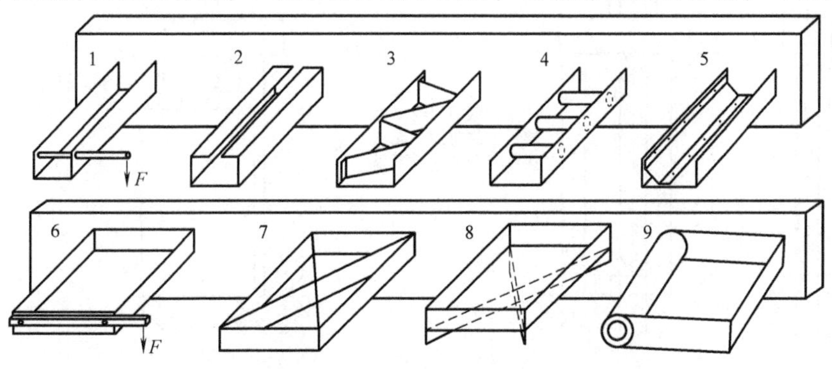

图 3.104　对抗开口型材和箱体上的扭转力矩

侧实现；6 表示抗扭性较差的箱体；7 表示对角线加固，有很好的加固作用；8 表示底部下方的对角加强筋，可防止鼓起；9 表示空心、单侧壁结构（管状），使边缘抗扭性更强。

如果对非常精密的零部件使用螺钉固定，则必须考虑其在螺钉力作用下的变形，如图 3.105 和图 3.106 所示。

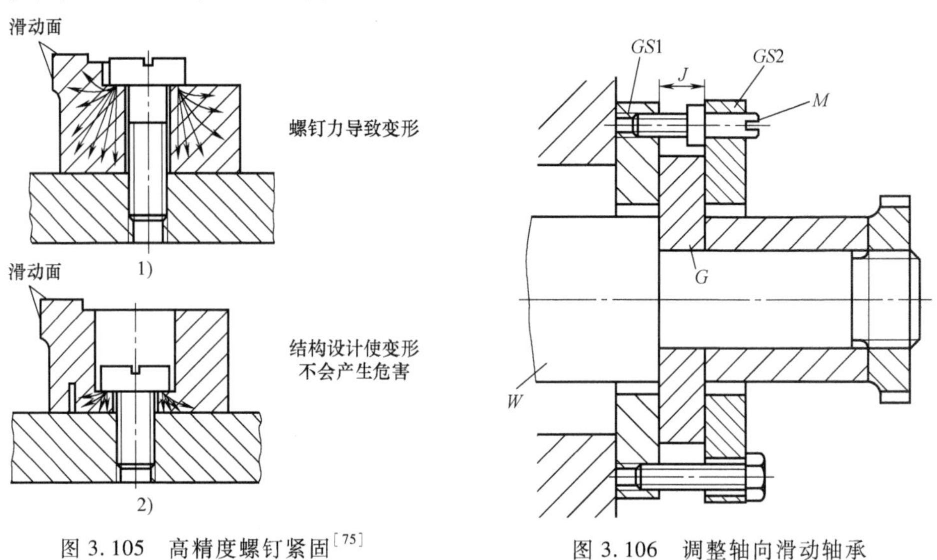

图 3.105　高精度螺钉紧固[75]

图 3.106　调整轴向滑动轴承

课题 3.3：

距离 J 应使用细螺纹螺钉 M 进行调整（图 3.106）。

W：轴，G：绕 W 旋转的滑动垫圈，$GS1$ 和 $GS2$：固定的滑动垫圈。

任务：完成紧固螺钉（六角）及 M 调节螺钉的分布；$GS1$ 和 $GS2$ 垫圈的钻孔。

图 3.107 中介绍的变形就要求设计师拥有良好的“结构感”，这样才能识别出

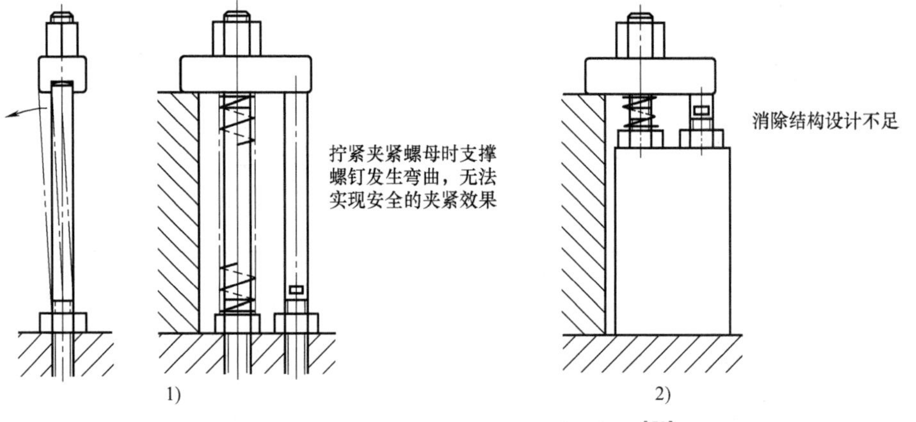

图 3.107　夹紧装置的支撑螺钉数量不足[79]

拧紧夹紧螺母时长支撑螺钉的弯曲变形。这种缺陷是在实际产品中被人发现的，然后被纳入了教科书[79]。

1. 影响功能的摩擦力

图 3.108 中所示的推杆在其第一次实体测试中完全失败。推杆应在 s 到 s' 的 5mm 距离内传递一个很小的力 F；推杆以相对紧密的间隙配合安装在长度为 12mm 的简易滑动衬套中。究竟是哪里出现了功能故障导致测试失败呢？如果从“变形的角度”来思考，就不难找到答案。因为非常细的杆（尺寸见图 3.108）会由于偏心力的作用而发生弯曲变形，即使在 s' 处的反作用力很小。这会在滑动轴承中产生边缘压力，并影响杆的轴向运动。

可调节螺旋夹具也有同样的问题，如图 3.109 所示。由于这种阻塞在过去的抽屉上十分常见，因此我们将它形象地称为“抽屉效应”（图 3.110 和图 3.111，这种效应在今天的家具中已不再可见，因为滚柱导轨完全改变了摩擦条件）。

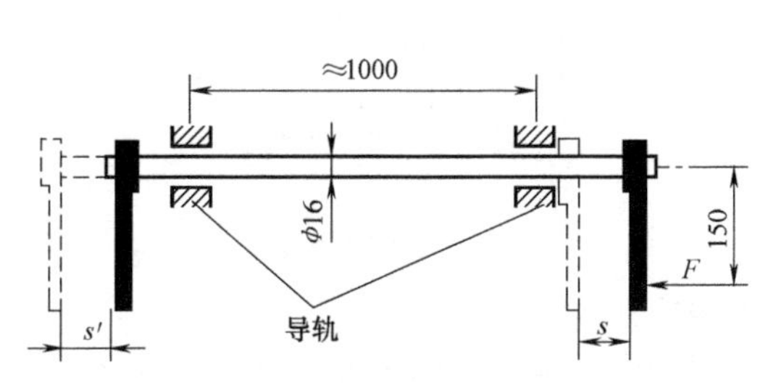

图 3.108　受偏心力的推杆

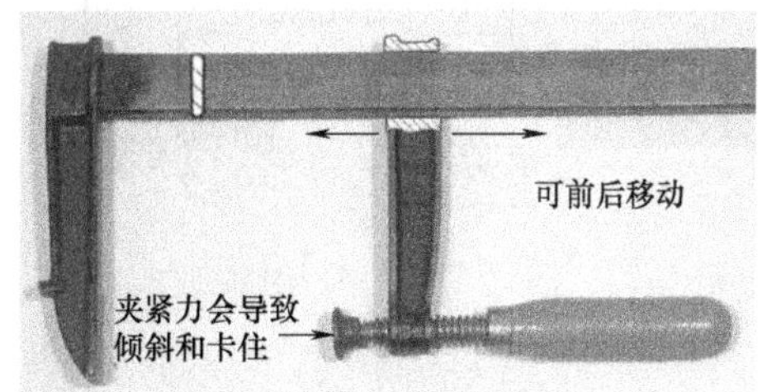

图 3.109　可调节螺钉夹具

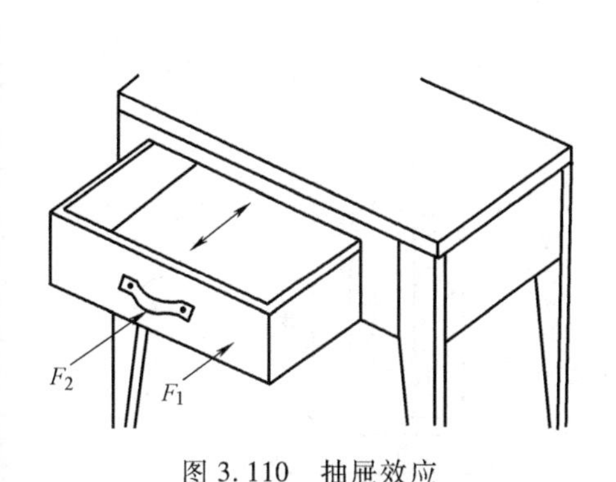

图 3.110　抽屉效应

F_1—抽屉倾斜并会卡住　F_2—抽屉可以移动

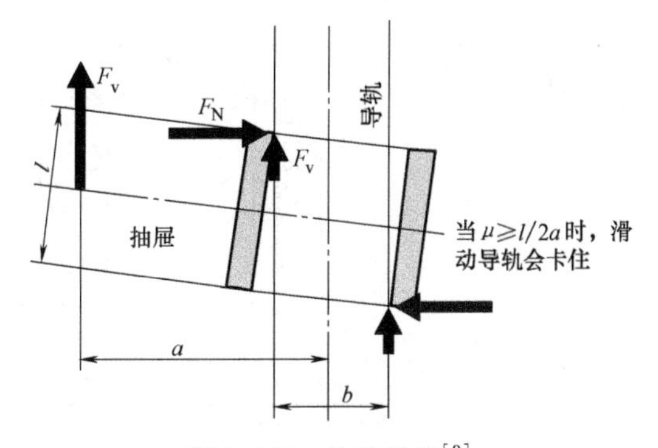

图 3.111　抽屉效应[9]

不幸的是，在设计工程师的培训中，这种具有损害功能的摩擦条件的问题很少受到关注。而哪个专业领域才需要对它真正负责，是机械零部件还是机械力学？到目前为止，以下示例在机械和精密机械设计的教科书中是一个例外[56]。

图 3.112 中的滑动导轨如果未能按照正确的关系选择金属板支架的弯曲刚度及衬套中的运动阻力（摩擦系数、润滑系数、游隙），则它会弯曲到自锁，即导致整

体功能失效。该导轨的卡顿现象主要因为钣金角度的设计未能很好地考虑其受力情况。凸缘或其他有用的弯边都无法加强金属板在其移动元件方向上的强度，因此即使是最轻微的摩擦力也会导致倾斜。

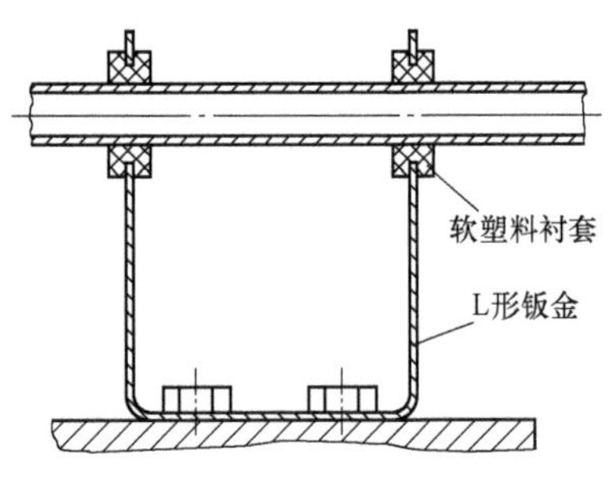

图 3.112　双导轨上的自锁

为了更好地处理摩擦问题，应**始终注意阻碍功能的摩擦，避免抽屉效应**！

以下示例和课题都旨在说明上述规则。图 3.113 所示为可选档轴的轴承。

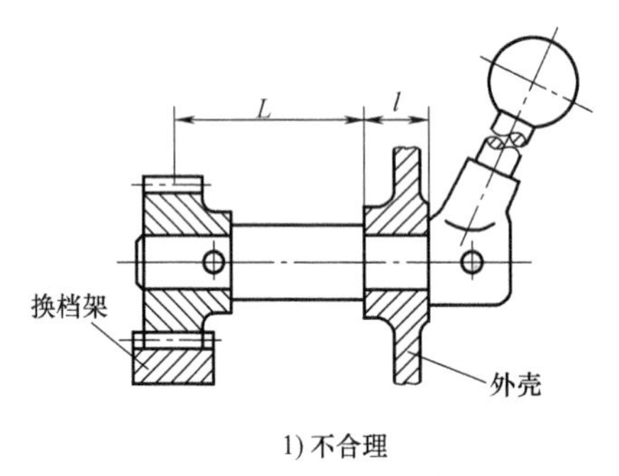

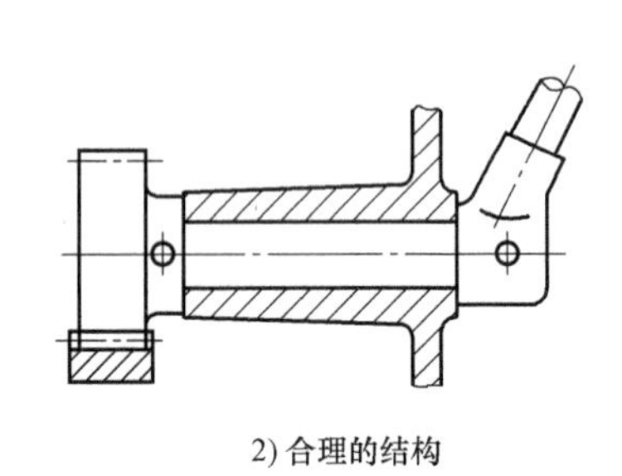

图 3.113　可选档轴轴承[73]

注：尺寸 l 对于1）来说太短了，而过大的 L 会导致轴偏转，轴承点的边缘压力也会引起问题。

图 3.114 所示为型材轴上的滑轮。

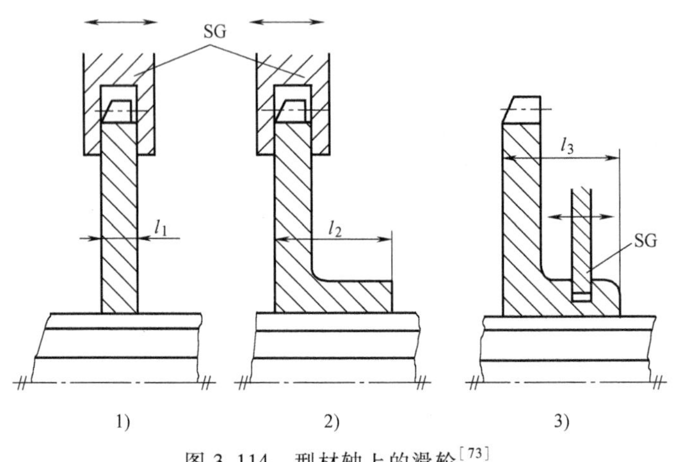

图 3.114　型材轴上的滑轮[73]

课题 3.4：

介绍图 3.114 中 3 种变形设计的可移动性！

图 3.115 所示为用于无级变速宽 V 带传动的带轮。

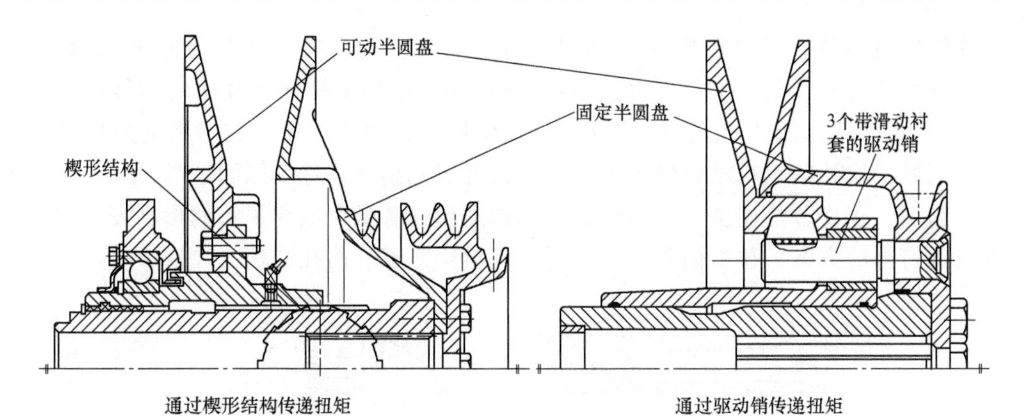

图 3.115　用于无级变速宽 V 带传动的带轮

课题 3.5：

评估传递扭矩时所需的轴向调整力。

需要 3 点支撑的大型机械还需要进行严格的水平调整，常用的是细螺纹螺钉（参见 5.3 节），以及带有楔形表面的楔块或其他调节装置。图 3.116 就是这样一个装置。本体上有一个向上开口的细长孔，当向右转动螺栓时，另一个螺栓可以随上楔块作上升运动。然而，这样的运动真的会产生吗？

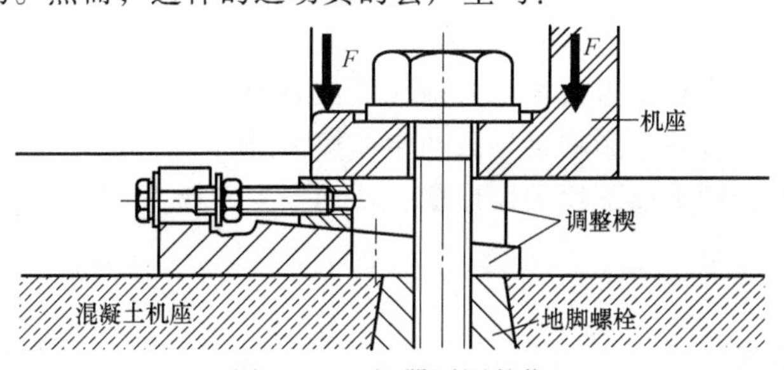

图 3.116　机器用调整楔

课题 3.6：

评估上述调节装置在带负载情况下的功能实现。

机械式多片离合器带有肘形杆，以便通过换挡接合套的轴向运动将薄片压在一起，如图 3.42 所示。出于类似的目的，肘形杆没有安装在主销上，而是根据其半圆形外轮廓顶在一个直角结构中（图 3.117）。该直角的一条边由空心轴中的凹槽形成，另一条边则是衬套的外轮廓。换档套筒向右侧移动，肘形杆被压下，并带动

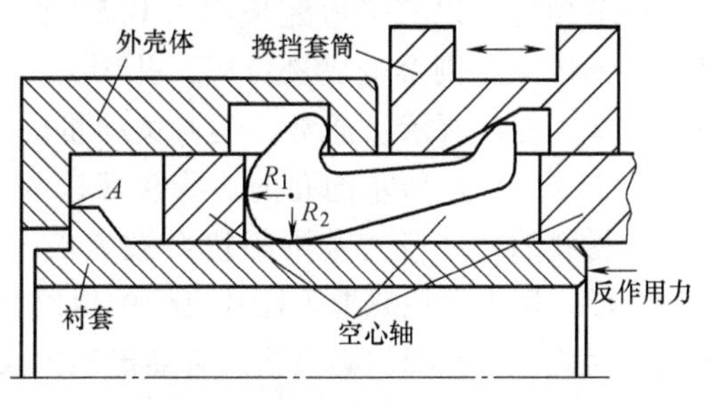

图 3.117　用于产生衬套轴向运动的肘形杆（简化视图）

外壳体向右移动，通过台肩 A 带动衬套向右移动。肘形杆位于空心轴的凹槽中，并在待移动的衬套的摩擦点 R_2 处获得支撑作用。这种结构在空载的时候能够正常运行；但如果衬套必须克服 B 处极大的反作用力，则会出现问题。负责解决这一设计问题的设计师也很难解释原因。各位读者识别出这是什么原因了吗？

当然，也许各位还会问，为什么该结构的设计者最初放弃了将肘形杆安装在主销或销钉上的方案？这么做是为了避免产生对生产不利的孔结构（图 3.118）。

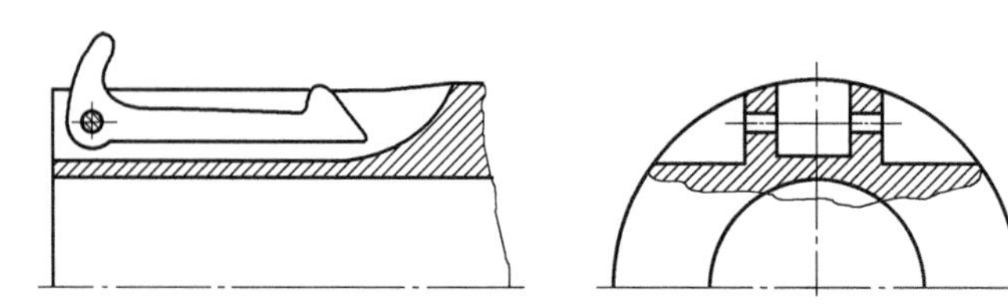

图 3.118　复杂的横向孔

同时，很少有人注意到摩擦点 R_2 处的肘形杆运动抵消了衬套的运动，肘形杆与衬套之间存在极大的压力。虽然衬套仍旧可以运动，但在 B 处可受的力很小。任何更大的外力都会受到摩擦点 R_2 的影响。

影响功能的摩擦力相关的总结与疑问：

- 确定各摩擦点并评估其产生的摩擦力的影响，注意多个摩擦点之间的串联关系！
- 尺寸公差的影响是否会带来之前无法注意到的摩擦点或摩擦力？
- 形状和位置公差的影响会导致产生摩擦力吗？
- 零件是否会因为以下原因而形变，从而产生摩擦力？
  - 自身质量。
  - 操作人员。
  - 温度影响。
  - 加工残渣或碎片的堆积。
- 由于污垢或磨损导致的摩擦系数变化。

2. 撬棍和杠杆效应

活节螺栓可以完美适配长度为 $0.5d$ 的孔，如图 3.119（左）所示；如果螺栓仅从一侧压入，则会变成悬臂梁，孔中力的平衡会完全改变，如图 3.119（中）和图 3.119（右）所示。通常，压入偏移量应大于 d。如果未遵循此建议，则会出现如图 3.119（右）所示的孔的边缘和螺栓内端的应力分布。

孔材料的允许应力范围很快会被突破，最终导致螺栓断裂。自阿基米德以来，这种高反作用力常在撬棍等杠杆机构中得以利用，但在图 3.119 情形中却产生了负面效应。因此，设计师们必须注意**可能出现的大反作用力——考虑撬棍和杠杆效应**！

这条规则可能看起来微不足道，但设计师们并不能每次都清晰地将它们辨别出来，并简单地找到解决方案。

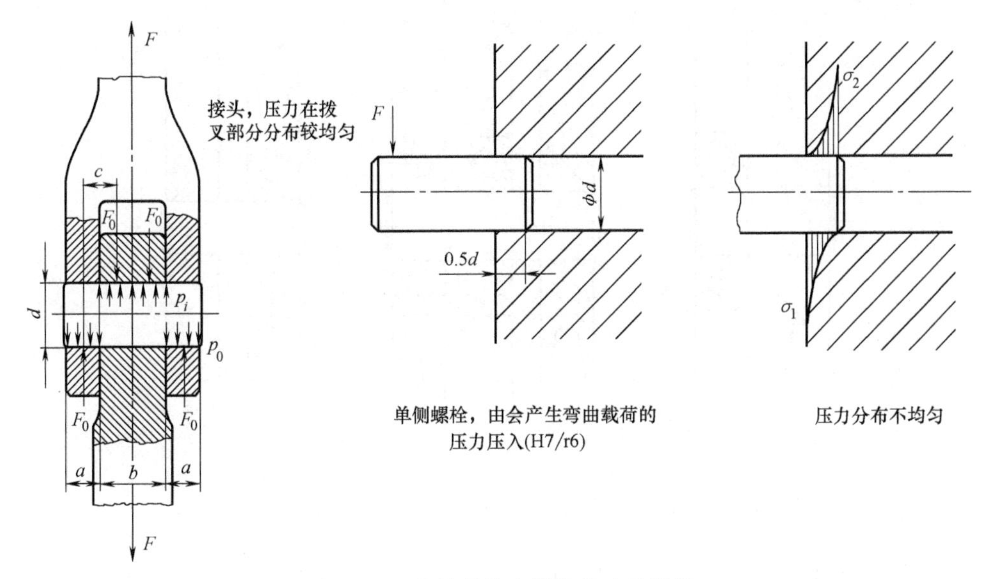

图 3.119　连接螺栓和螺栓作为悬臂梁

在某个支架上安装一个挡板，只有一个厚度为 10mm 的平板面可用，具体结构如图 3.120 所示。设计师很主观地针对 10mm 可用面板厚度应用了 M8 螺钉，但却忽略了撬棍效应。螺杆上的弯曲应力导致塑性拉伸，从而导致螺杆预紧力丧失。在很短的时间内，挡板便会发生松动。改进后的设计（图 3.121）显示了螺钉的清晰受力关系，并消除了之前的缺陷，对于螺钉 1，现在只存在一个拉伸应力！

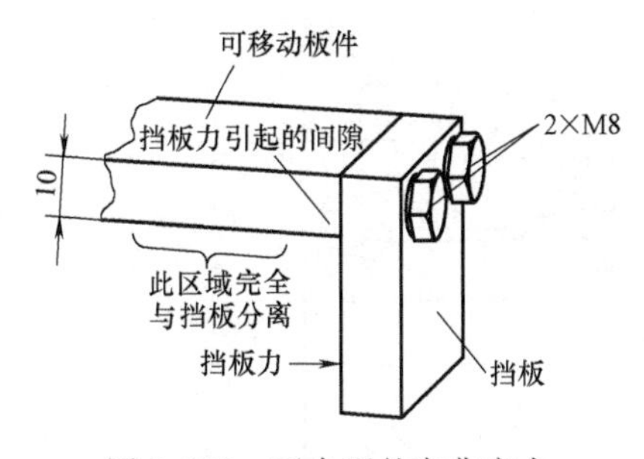

图 3.120　不合理的弯曲应力

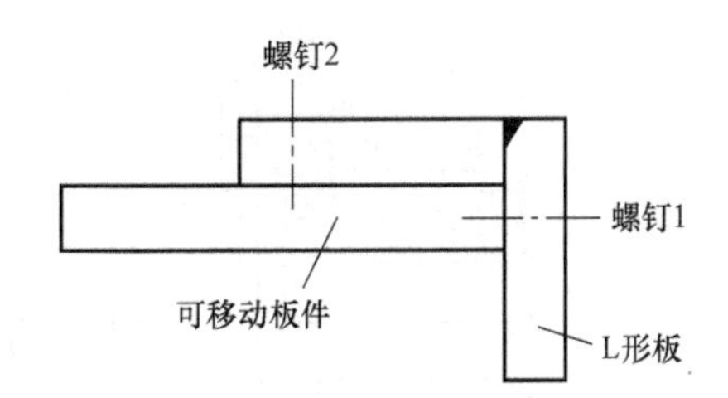

图 3.121　改进后的设计

注：螺钉 1，表示螺纹仅引起拉伸；螺钉 2，表示螺纹使 L 形板与可移动板件之间形成静摩擦。

滚柱轴承的力矩载荷具有与撬棍效应十分类似的特性。举例来说，根据图 3.122 对 V 带轮的轴承进行分析，不难识别出变形设计 1）中的缺陷。普通滚珠轴承不适用于这种负载情况，换句话说，没有可用的针对使用寿命的理论计算。双列球轴承、交叉滚子轴承或组合轴承更合适这一工况，但也需要在相关轴承供应商的帮助下进行受力计算。

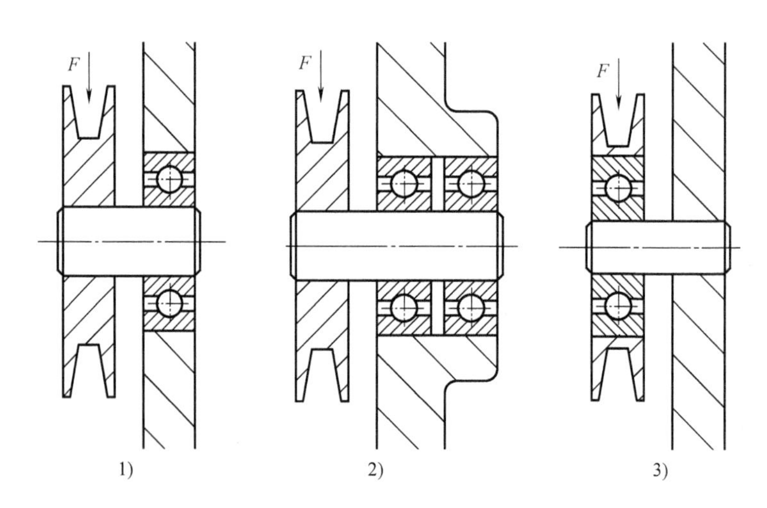

图 3.122　V 带轮轴承结构的 3 种方案（原理简介，忽略轴向锁）

在图 3.122 中，1）表示 V 带的张力会在轴承上产生力矩载荷，极不合理；2）表示只有径向力作用在轴承上；3）表示这种结构设计仅需一个轴承。

这种缺陷也可能出现在狭窄的安装空间中，图 3.8（最小安装空间章节）就是一个很好的例子，具体内容参见相关章节的介绍。但是，看过这种结构的设计师真的都能够认识到该轴承的倾翻载荷或力矩载荷的影响吗？根据图 1.3，设计师在其分析的第一步时就应该考虑这一点。不幸的是，这种十分关键的分析方法并未得到大家的重视。对图 3.122 中 3 个变形的评估只能是一个开始，应通过分析许多施工图（图 3.123）来加强这项技能。

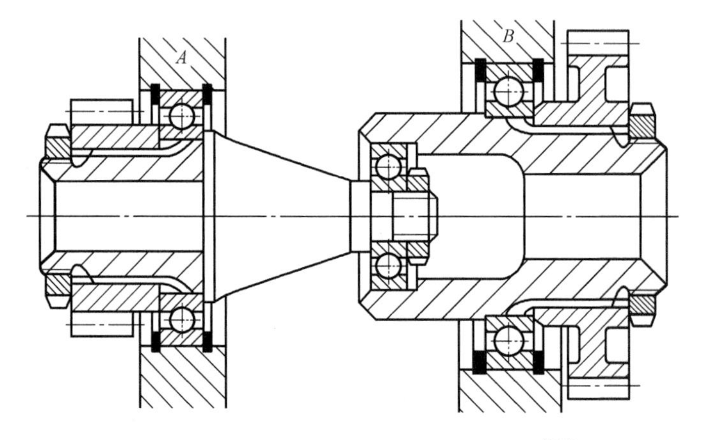

图 3.123　两个可互换中间轮的轴承结构[73]

课题 3.7：

审查两个同轴但独立安装的齿轮的轴承。

3.12 解答

课题 3.1 的解决方案（图 3.124）

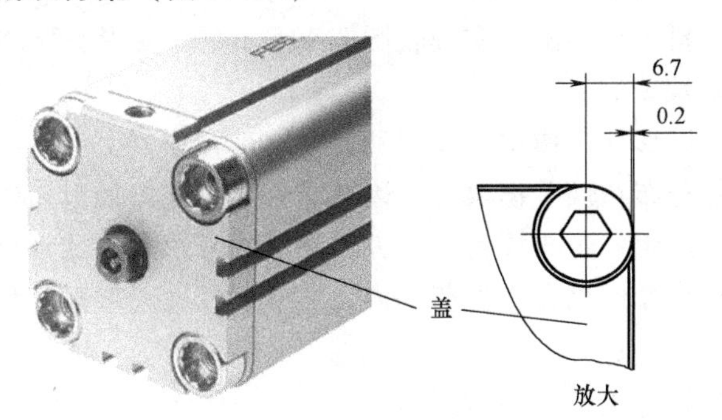

图 3.124 与外轮廓距离最小的沉头圆柱头螺钉连接及设计草图

课题 3.2 的解决方案

在所示示例中，使用了挤压型材，这些零部件的公差都非常小。无论如何，螺钉头或垫圈都不得突出！

课题 3.3 的解决方案（图 3.125）

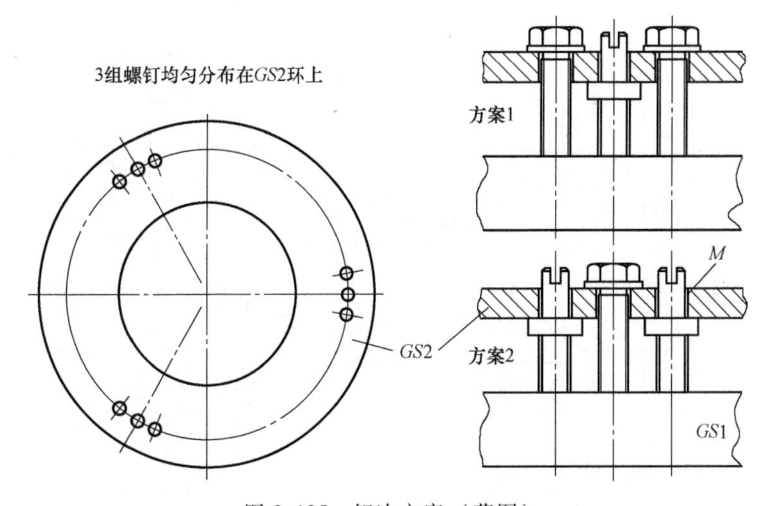

图 3.125 解决方案（草图）

方案 1 中的滑动垫圈 *GS*2 相对容易弯曲，所以优先选择方案 2。

课题 3.4 的解决方案

- 变形 1：齿轮的导向长度/轮毂长度太短，齿轮倾斜且无法滑动。
- 变形 2：加宽轮毂，根据图 3.114 可以保证长度 l_2 的滑动距离。
- 变形 3：具有换档拨叉最有利的施力点。

课题 3.5 的解决方案

■ 左：较大的圆周力作用于直径相对较小的楔形轮廓，因此会产生较大的摩擦力，从而抑制运动，调节工作困难。

■ 右：驱动销位于更远的位置，这意味着圆周力和摩擦力更小。可根据滑动衬套选择低摩擦材料进行匹配，实现较图 3.115（左）变形更佳的可调节性。

课题 3.6 的解决方案

螺钉位于下部楔形件的槽中，以保证其在上部楔形件上升时向上移动。由于机器的大部分质量都分布在调节楔块上，因此螺钉端必须施加很大的拉力，这也意味着在螺钉头下方会产生一个与螺钉上升方向相反的摩擦力。这将导致螺钉弯曲，若调整行程较短，则其变形仍在弹性范围内；若负载较大，调整行程较长，则可能会产生塑性变形。

附加问题：如何防止螺钉塑性变形？

课题 3.7 的解决方案（图 3.126）

首先，必须承认所有滚珠轴承都存在少量间隙这一事实。径向力对所有 3 个轴承产生力矩载荷，间隙会导致 2 个轴倾斜。这种情况可以通过加长左轴并将其安装在带有 2 个滚珠轴承的空心轴中来改善。这 2 个轴承之间的距离应尽可能大，即空心轴也必须向左延伸（如果左轴直径跳动过大，则不宜采用这种方式）。

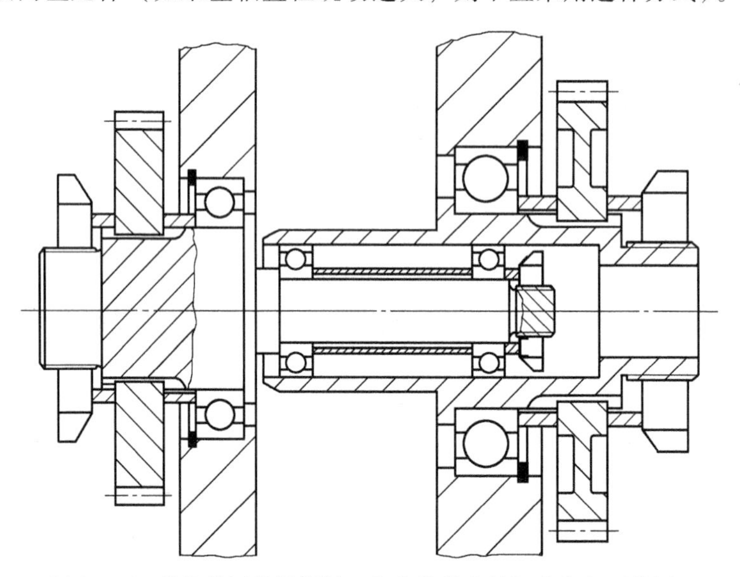

图 3.126　某位德国德累斯顿工业大学学生的解决方案（草图）

第4章 易于连接和装配的结构设计

4.1 选择连接工艺

图 4.1 粗略介绍了在机械工程设计过程中可选择的最佳连接方法。

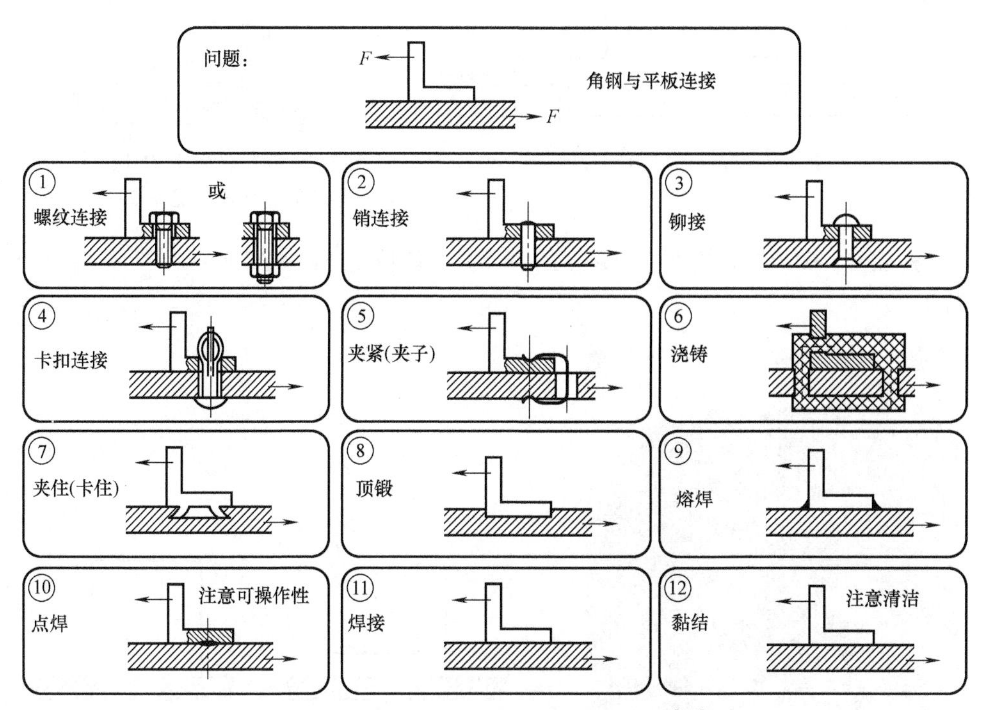

图 4.1 角钢与平板间的不同连接方式[41]

图 4.1 已经罗列了 12 种不同的方式，但这依旧不是全部。请注意接下来的描述：

■ 在寻找解决方案的过程中首先想到的不应该是应用连接工艺，而是选择一体化构造或整体架构。

■ 图 4.1 中的①~⑥显示了紧固件的使用，如螺钉、铆钉、销钉等；当然这些元件本身也可以是支架或底板的一部分（图 4.2）。

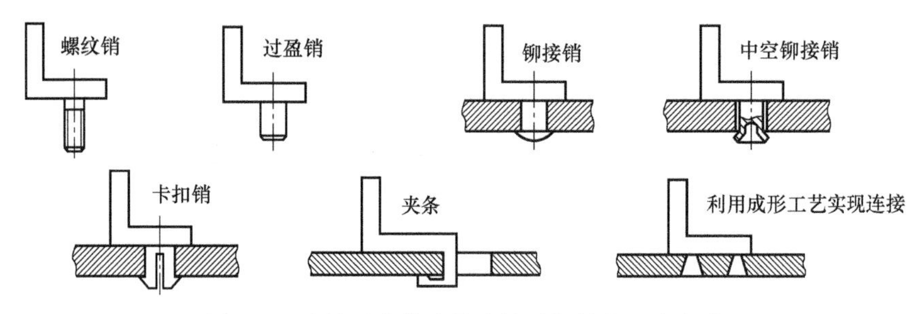

图 4.2　连接元素作为待连接零部件的组成部分

■ 单/双止动边缘可以强化紧固效果或在某些情况下避免对齐或调整工作。
■ 实现其他用途的弹簧可以同时固定角度，如复位弹簧。

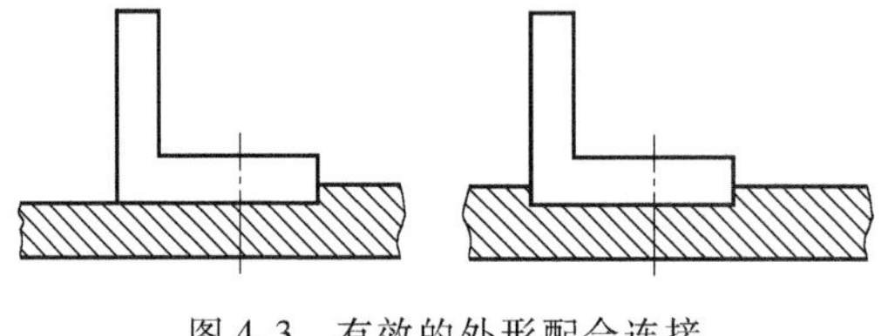

图 4.3　有效的外形配合连接

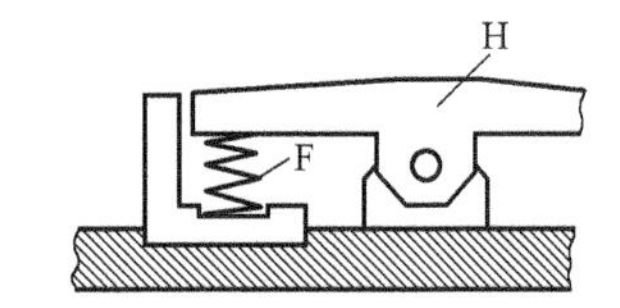

图 4.4　复位弹簧 F 为杠杆 H 固定角度（还可见图 2.18）

■ 此外，还缺少楔形连接（图 4.5）、卡口连接（图 4.6）和铆接连接（图 4.7）。

图 4.5　脚手架上的楔形连接

注：这种连接方式较螺纹连接对于装配和拆卸都更加友好。

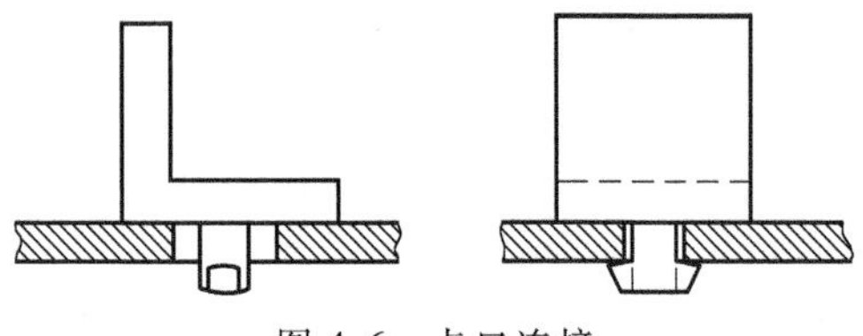

图 4.6　卡口连接

也就是说，除了图 4.1 中的 12 种方案，还至少有 13 种已知的方案。设计师根本没有“接近”最佳方案，反而“渐行渐远”；在生产相关的文献中也找不到评估标准。只有马修斯（Matthes）和里德尔（Riedel）在文献［62］中对8组连接工艺（组装、填充、压制、成形、改形、点焊、焊接、胶合）进行了细分，并确定了118个子类。其中，可以划分为**形状配合、压力配合、材料配合；可拆卸连接和不可拆卸连接**。但这些分类对实际选择没有太多的帮助。特别是对不可分割连接的定义，这实际上是一个过时的说法，因为哪个连接实际上是不可分割的？如焊接（被定义为不可拆卸连接）可以使用切割机等来分离，然后实施二次焊接。在修理大型机器的实践中，经常会使用这种方法（如修理大型露天采矿设备）。在文献［62］中，铆接连接也被定义为不可拆卸连接，但就在其后续的描述中又介绍了修复的可能性，如图4.7所示。此外，我们必须明确，几乎所有零部件之间的连接都是可修复或调整的。其中的一个关键指标就是维修解决方案的成本效益比。因此，以下关于是否可拆卸的分类是相对合理的：

- 可无损拆卸和再次连接，如螺纹连接。
- 可通过破坏来拆卸，但能够再次实现相同质量的连接，如角焊缝。
- 拆卸时会损坏零部件，需要备件，如压入配合。

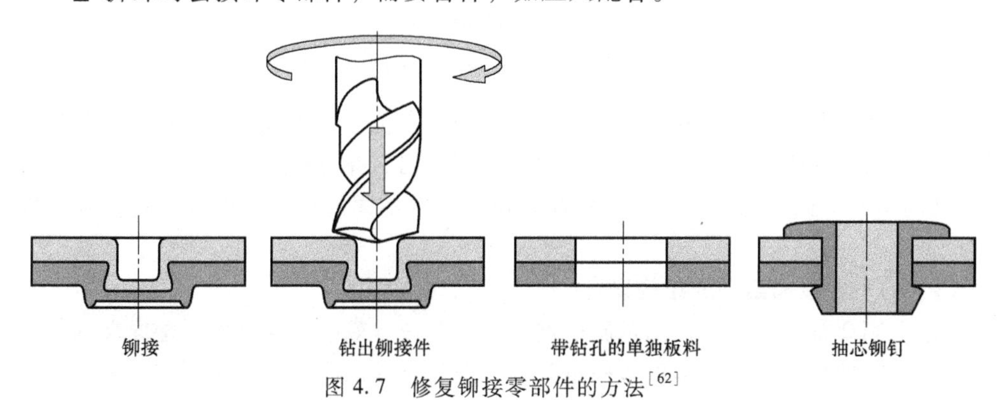

图4.7　修复铆接零部件的方法[62]

综上所述，由于连接工艺的多样性，无法形成简单的公式化设计流程，需要设计者的个人技巧和经验。还请参见本书前言中关于设计工作作为理论知识与创作艺术之间的边界区域的论述。任何不能接受这种说法的人都无法在设计工程专业立足，或者他/她应该专注于一个更易于掌握的子领域，如计算工程师。

以下标准和要求可以帮助设计人员选择正确的连接工艺。

选择连接工艺的标准（不要求完整性）：

1）要传递的力（大小、方向、静态、动态）。

2）热应力。

3）化学或腐蚀应力。

4）预计产量。

5）需排除的连接工艺（如存在火灾风险时的焊接）。

6）优先选择的连接方法（基于现有设施）。

7）待连接元件的位置精度或可调节性。

8）可修复性。

9）待连接零部件的接头外观、机械设计。

1. 零件生产过程中的连接工艺

“零件生产过程中的连接工艺”既可以是需求也可以是问题。但谁应该对它负责呢，或者说谁注定要“迈出第一步”，设计师还是生产技术专家？图4.8表明了不同的可能性。

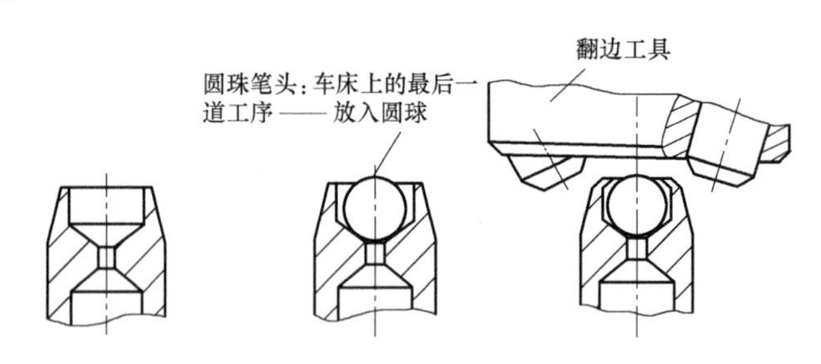

这种生产组合的方式还很少见，设计师应该应用它们吗？

图4.8 零件生产过程中的连接

笔者还没有遇到其他的可能性，但自动机床就是一个很好的例子。举例来说，用于向复杂外壳供应润滑油的钻孔必须从外部钻出，并再次进行封闭。如果想在钻孔/铣削中心上执行此连接工艺，是否需要与原本不同的设计？很期待各位读者们的反馈。

2. 易于连接和组装的结构设计

本书第2章已经指出，满足制造友好和满足成本效益这两个术语是同义词。这种不可分割的相互关系在本章节中也存在，螺钉连接的实际用例及图4.9可以此形成一个基本观点。首先，图4.9表达了一个简单的观点，即用大螺纹连接比用小螺纹连接成本更高。几乎每个机器元件的设计宗旨都是保证在其尺寸范围内产生可承受的应力，同时避免安装过程中出现不必要的影响安全的功能。一方面，即使相同的钻孔使用相同尺寸的螺钉也可能产生不同的负载（参见文献［34］中提到的动力螺钉和定位螺钉）。其原因在于钻孔、锪孔、攻螺纹和拧紧等不同工序间更换工具会带来的工作成本，即成本问题。另一种说法是钻削加工导致成本增加。贯穿螺栓意味着最节省成本，因为不需要在机器零部件上加工螺纹。然而，这种设计仅支持手动装配的情况，因为对于自动螺栓连接，应消除烦琐的螺母夹持操作，并首选没有螺母的连接（图4.9中的螺钉2、螺钉5、螺钉6、螺钉7）。另一方面，即使不加工螺纹，双面（螺栓3）或锪孔（螺栓8）也同样会增加成本。

那么，对于螺栓连接的设计，设计师可以从图4.9中得出怎样的一般性结论？

1）设计通孔——最小的生产成本（只需要1种工具）。

2）螺纹加工（图4.9中2）——增加成本（需要3个工具）。

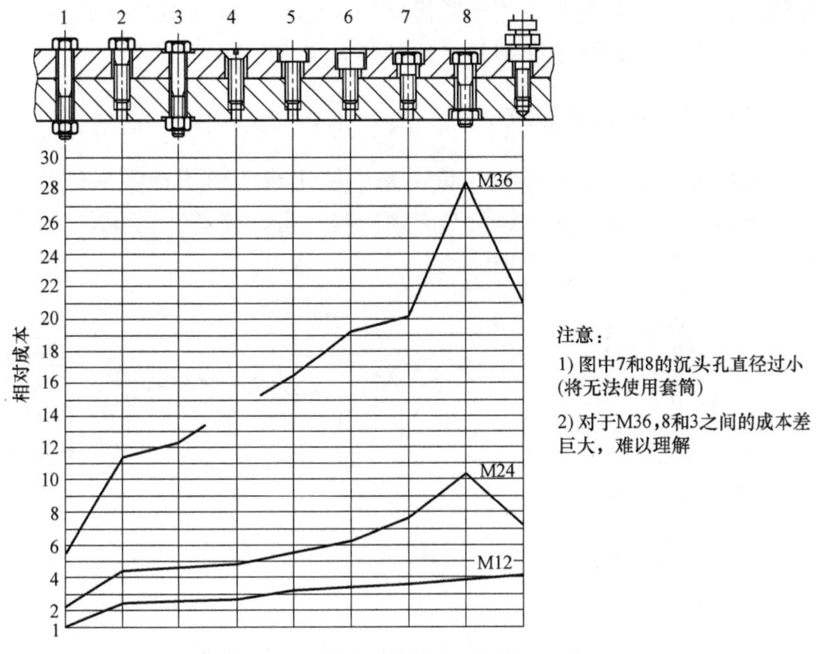

图 4.9　不同尺寸螺纹连接的相对成本

3）平整加工螺钉头部及螺母——进一步增加成本。

4）锪孔取代平整加工——增加加工时间。

5）手动装配［图 4.9 中未提及装配工作（自动或手动）对于螺纹选择的影响］——优先选择贯穿螺栓。

6）自动装配［图 4.9 中未提及装配工作（自动或手动）对于螺纹选择的影响］——优先选择相应的螺纹。

7）仅针对不干净的表面进行平整加工（未经加工的铸件）。

8）仅在连接部分无可用空间、存在事故风险或机器设计需要降低连接件位置时才使用锪孔。

以上大体可以总结为：

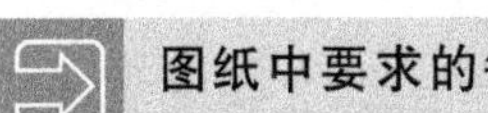

图纸中要求的每一个加工步骤都必须有其明确的目标！加工过程中任何没有指定用途的设计元素都应被省略！

在设计工程师培训中，以上设计规则应该得到更多的关注（就作者目前所知的情况而言）。回到本章节的内容，笔者想要指出此处的意图绝不是介绍陈旧的、大家已知的连接工艺，而是填补自己已发现的空白或与以往不同的观点。

4.2　螺栓连接和其他螺纹应用

紧固螺钉和调整螺钉在机械元件文献及课程中都已经得到了广泛讨论。本节的标题已经说明，除了螺钉连接，用于紧固结构零部件的螺纹也是这其中的一部分。然而，大量关于螺母和螺栓的介绍材料常常使人忽略了这一领域。

4.2.1 机器零部件上的螺纹

本节首段已经提出了我们将要讨论的是一体化构造而不是零部件间的连接问题。换一个更直接的说法就是：螺纹是必须的吗？由于读者已经习惯了反问，所以答案自然是显而易见的，如图 4.10 所示。

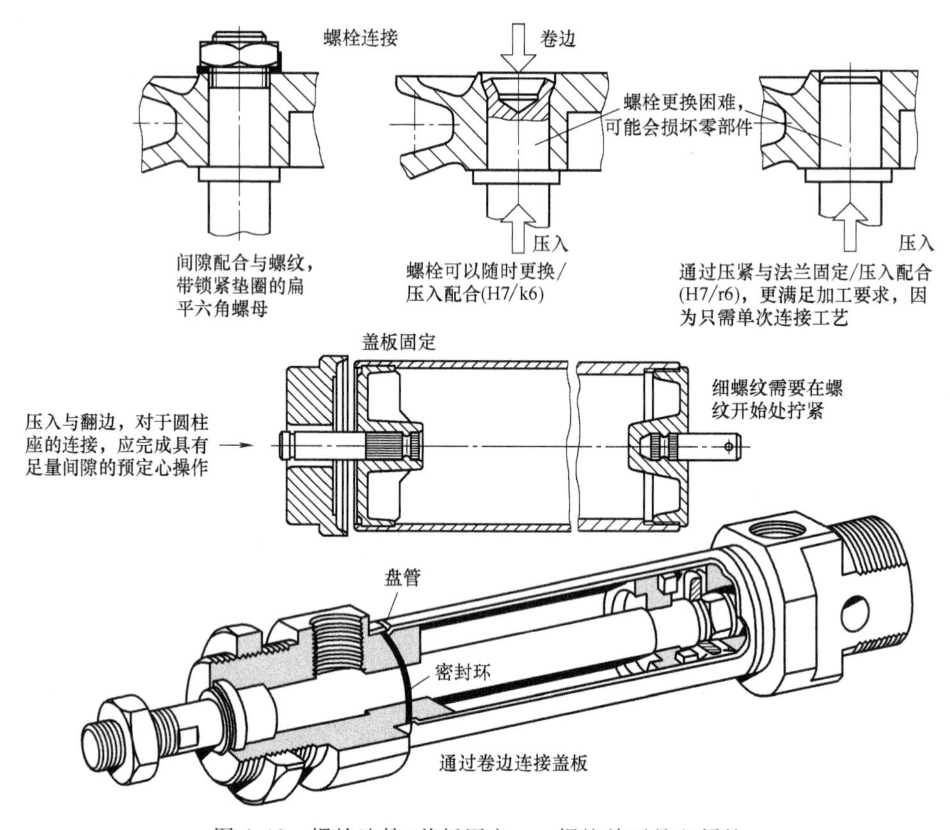

图 4.10　螺栓连接/盖板固定——螺纹并不是必须的

对于电弧螺柱焊，在使用双头螺柱时可以省略旋入端，只需保证基础可焊性，可优先选择焊接螺柱（图 4.11）。

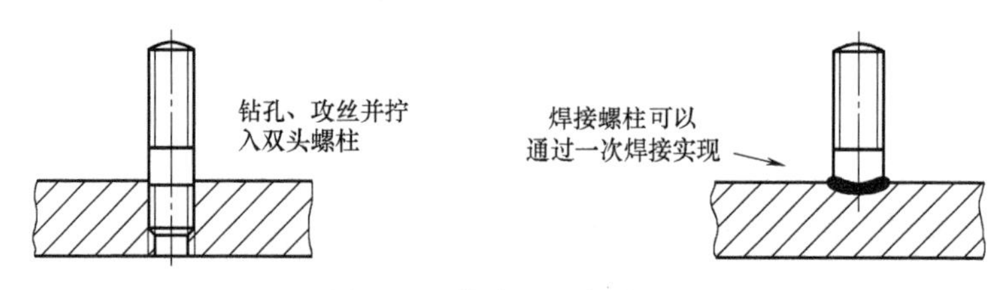

图 4.11　优先选择焊接螺柱

图 4.12 表明了我们并不总是需要使用螺钉连接。针对模具板状壁的固定，我们选择了销连接，而不是螺纹。销钉在其整个长度上都受到剪切作用，因此它们是这种结构中最好的解决方案。但是，这种类型的连接在文献［59］中只发现过一次，为什么呢？

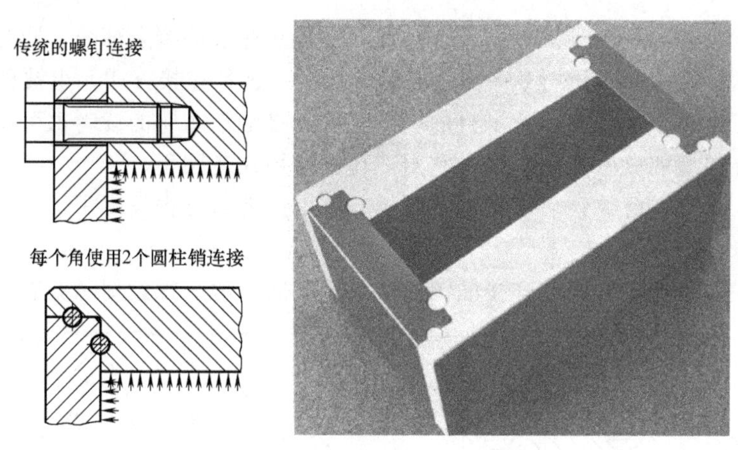

图 4.12 压模的角连接方式[59]

机械制造商还可以使用塑料锚栓，如图 4.13 所示。在没有螺纹的情况下，可以在空心型材和其他无法从后端靠近的零部件上进行螺钉连接。所需要的只是一个通孔，并且用普通的螺钉旋具就可以拧上。

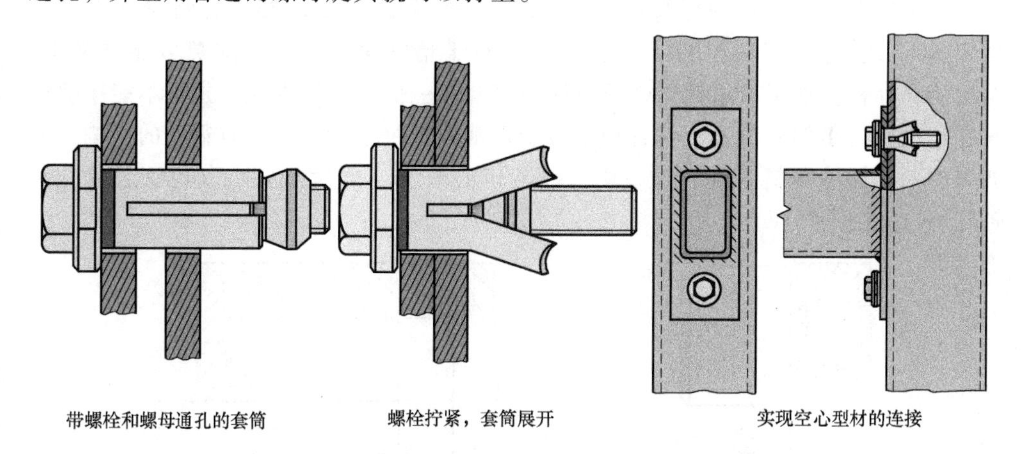

图 4.13 金属结构的膨胀螺栓［Lindapter 公司］

对“螺纹是必须的吗?”这个问题可以进行如下修改：完整的螺纹是必须的吗？板材螺母不具有完整的内螺纹，只有两个金属板接片，它们夹在螺钉的螺纹中并同时发挥固定作用（图 4.14）。图 3.102 中的冲压成型件也含有不完整的内螺纹。

消防队使用的软管接头可以看作不完整螺纹的极端情况。从螺栓螺纹看，它只

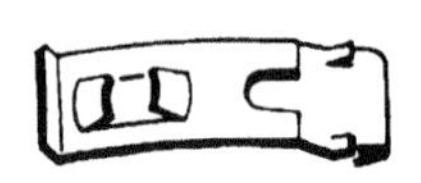

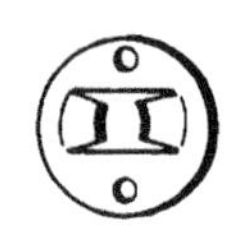

图 4.14　板材螺母[11]

有两个钩状元件和一个支撑侧面。螺母螺纹是双头螺纹的剩余部分，同时也只有一个支撑侧面。连接时，进行 45°~75°的旋拧运动。这种连接方式，也被称为快速接头，完全可以用于实现其他技术目的。没有机会接触消防队的读者也可以在五金店中看到这种类型的软管接头，因为它们现在也被用在花园里。

同样，不完整螺纹还可以实现哪些优势就由读者自己去发现了。

螺纹未居中！

技术人员手册中的螺纹连接插图通常都是无间隙的。螺纹图示如图 4.15 所示。

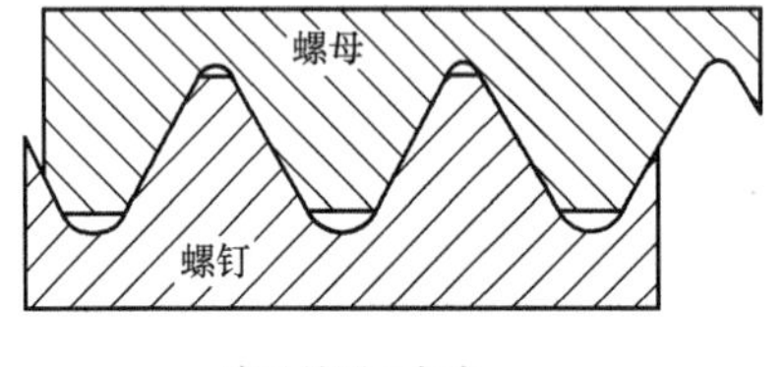

常见的图示方式

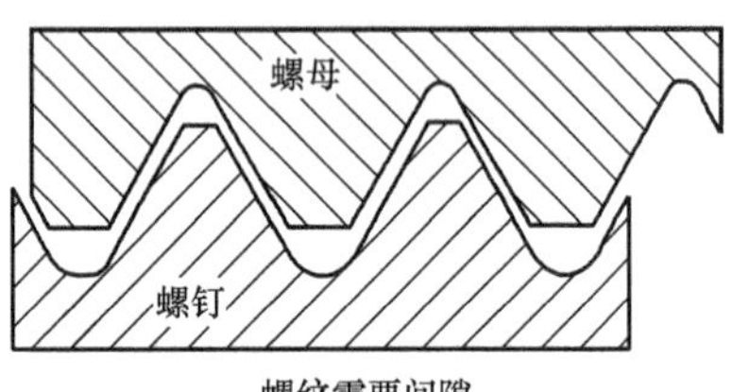

螺纹需要间隙

图 4.15　螺纹图示

由于螺母应易于拧到螺纹螺栓上，因此螺栓和螺母之间必须有间隙（参见根据 DIN 13 或文献［11］中的公差等级）。对于精密螺纹，这种间隙可能非常小，但它始终存在。如果拧紧螺母，螺纹侧面只会在一侧接触。因此，永远不能排除螺栓在螺母中处于偏心位置。这种现象对于正常的螺纹连接并不会有很大的影响。但如果旋入零部件需要精确定位，则螺纹的定心效果不能满足要求（位置公差，同轴度<0.02，图 4.16）。

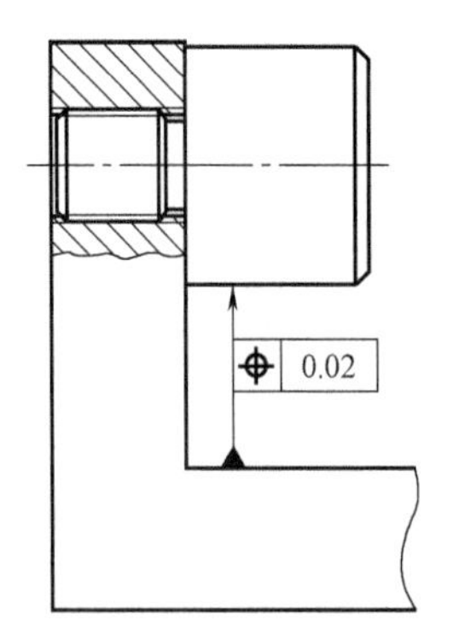

对位置公差有很高要求的轴螺栓

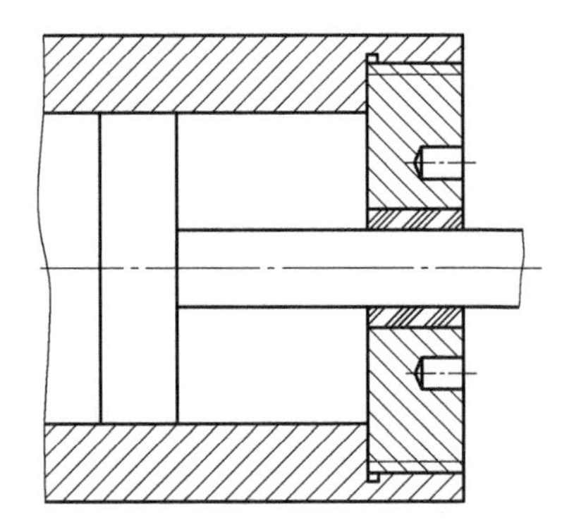

活塞及封盖均以螺纹为中心

图 4.16　螺纹的定心效果不佳

在这种要求的情况下，应选择其他结构设计，或用其他结构来保证居中。然而，在加工螺纹、定心台肩及定心孔时需要非常小心，并且应明确保证螺纹间隙的大小（图 4.17）。值得注意的是，螺纹还需要额外的密封工作。在一些情况下，最好避免使用居中布置的螺纹（图 4.18，此示例中的中间和右侧图示中缺少螺纹密封件，如 O 形圈；右侧的拆卸器并未居中——这很不常见！）。

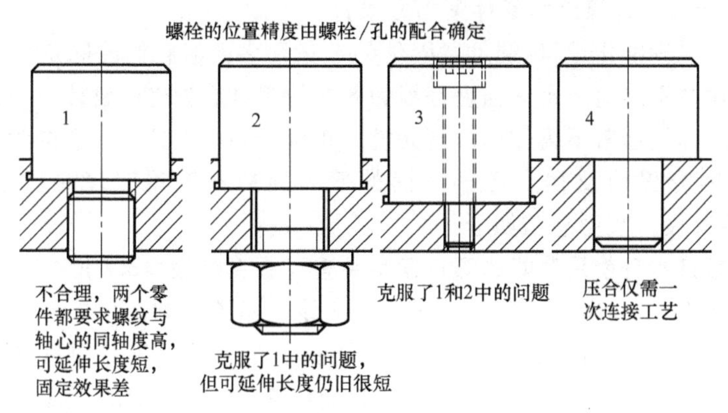

图 4.17　轴螺栓连接

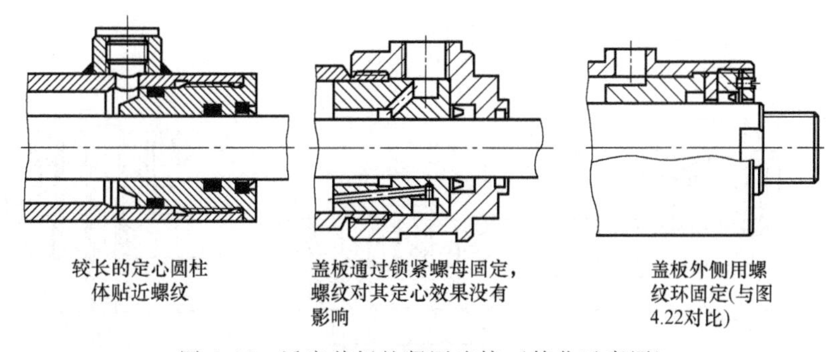

较长的定心圆柱体贴近螺纹
盖板通过锁紧螺母固定，螺纹对其定心效果没有影响
盖板外侧用螺纹环固定(与图4.22对比)

图 4.18　活塞盖板的紧固连接（简化示意图）

差动螺纹通常用于微调结构，如图 4.19 所示。由于螺栓 C 必须与结构 D 紧密配合，且螺纹必须具有最小间隙，因此螺栓 C 是超静定的。这种设计也适用于微调螺钉。

因此，对所有零部件的形状，尤其是位置公差，提出了很高的要求。然而，有充分设计依据的形状、位置公差也可能会带来问题。即使是精细加工，有时仅使用研磨膏也会影响这种微调螺钉的平稳运行。如果螺纹和定心之间存在位置偏差（组装过

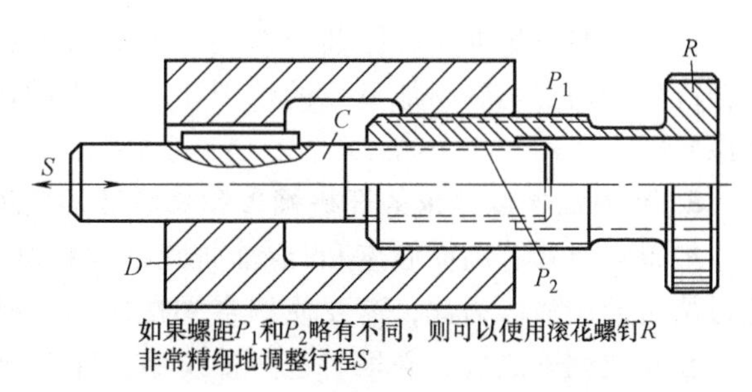

图 4.19　通过差动螺纹进行微调

程中需要重新夹紧），则这种配对的组装工作可能会很困难。这种位置偏差在组装过程中能被“明显”地感觉到，因为大约前半圈可以轻松拧紧，而接下来的半圈则非常困难。

4.2.2 如何紧固螺钉和其他螺纹零部件

1. 优先选择哪种螺纹零部件紧固方式?

标准化、非标准化螺钉/螺母紧固件的数量很多，但它们的固定效果有时仍存在争议或者说并不绝对。自从强度等级为 8.8 的螺钉成为机械设计中不言而喻的组件以来，设计师们通常不再使用固定元件。正确的结构设计、合适的预应力连接辅以尽可能少的分界面及相互压靠表面的低表面粗糙度将实现无松动或微小松动[11]；或将其设计规则总结如下：

细长的螺钉本身就是最好的螺钉固定装置（强度等级≥8.8）。

对于图 4.20 中的螺纹结构件，我们则应该忽略该规则。如果拧紧工序的可操作性也很差的话，那么松动是“不可避免”的。带有定心肩并用贯穿螺栓固定的轴可以消除这种缺陷，类似于图 4.17 中的变形 3。此外，轴的车削加工也变得更简单，因为不再需要螺纹加工。使用强度等级≥8.8 的螺钉可以实现这种好处，但目前这还并不是常识。

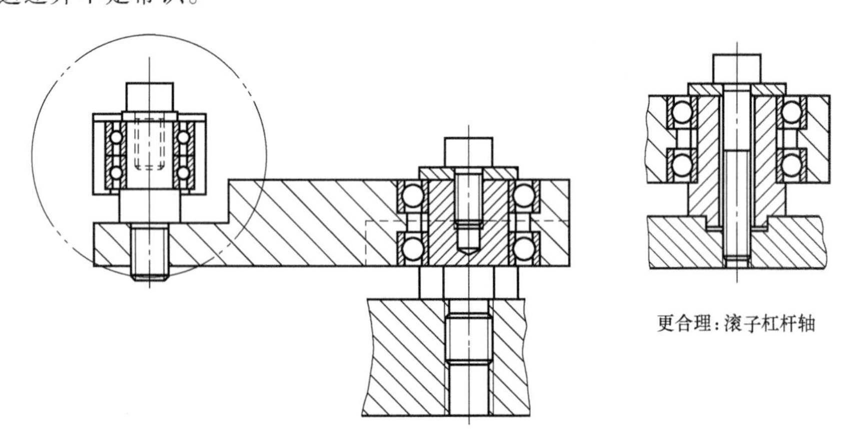

图 4.20 用于滚子和滚子杠杆轴承的带紧固螺纹的结构件

但是，在发生冲击、振荡和振动、夹紧长度过短、元件/接头有固定风险，以及会产生松动力矩的附加负载的情况下，适当的附加保护措施是合适的（此处未考虑）。

2. 针对高精度要求的开槽螺母和螺纹环的紧固设计

如果需要具有高同心度和/或轴向圆跳动精度的滚子轴承，则需要对轴承游隙进行精密的调整。为此，需要使用带外螺纹的开槽螺母或环形结构，如图 4.21 所示。在完成调整之后，必须对这些螺纹零部件进行固定。长期以来，带内凸耳的锁紧板（DIN 462）被用作标准化的锁紧螺母。但它们需要轴槽（这会带来不平衡!），并且不是精密零部件。

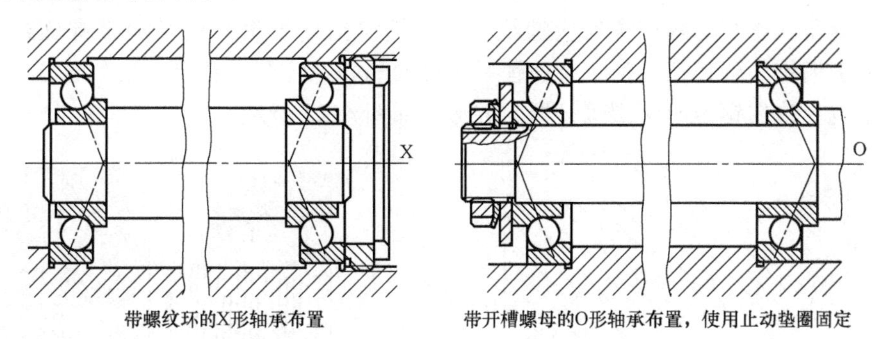
X
O
带螺纹环的X形轴承布置
带开槽螺母的O形轴承布置，使用止动垫圈固定

图 4.21　X 形或 O 形排布的滚子轴承[83]

另一种方案是使用螺钉支撑的纵、横向开槽螺纹环，如图 4.22 和图 4.23 所示。此类方案的保护作用是无可争议的，但我们也必须指出它的其他缺点。在受到轴向载荷时，端面的变形无法避免。这意味着这些螺纹零部件的轴向圆跳动偏差会受到负面影响，并且无法达到±0.01mm 范围内的公差要求。

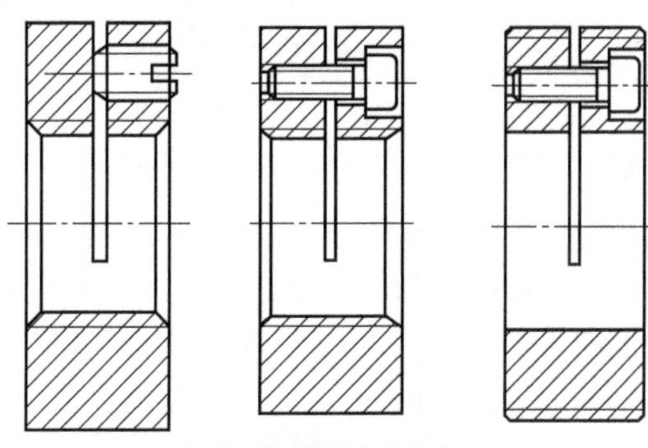
并不是最优的解决方案

图 4.22　通过轴向支撑固定开槽螺纹环

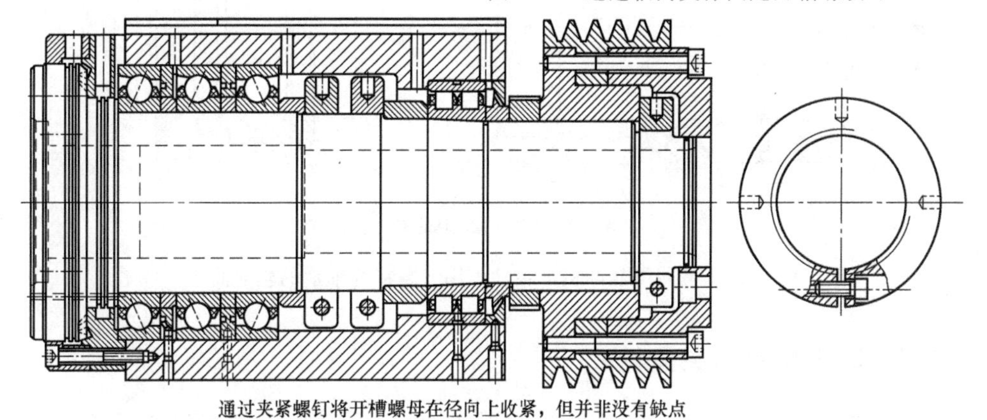
通过夹紧螺钉将开槽螺母在径向上收紧，但并非没有缺点

图 4.23　车床主轴[89]

针对径向载荷同样如此。在拧紧螺母后，螺纹仅在一处侧面发生接触，如图 4.24 所示。如果螺母现在用夹紧螺钉固定，那么发生径向收缩时，接触面 A 的位置及由此确定的滚柱轴承的轴承间隙都一定会改变。经验丰富的装配工可以通过“手感”来弥补这种负面现象。但防止位置变化应采用更好的结构性解决方案。适

用于此的有 SKF 锁紧螺母（KMTA 精密锁紧螺母），三个锁紧销均匀分布在圆周上并以一定角度排列。螺旋角对应螺纹后角，锁定销（黄铜）的端面带有螺纹。螺纹销使黄铜销受到挤压，但不会使锁紧螺母的相邻螺纹侧面翘起。三个均匀间隔的锁紧销也允许在锁定时将螺母设置为方形，如图 4.25 所示。

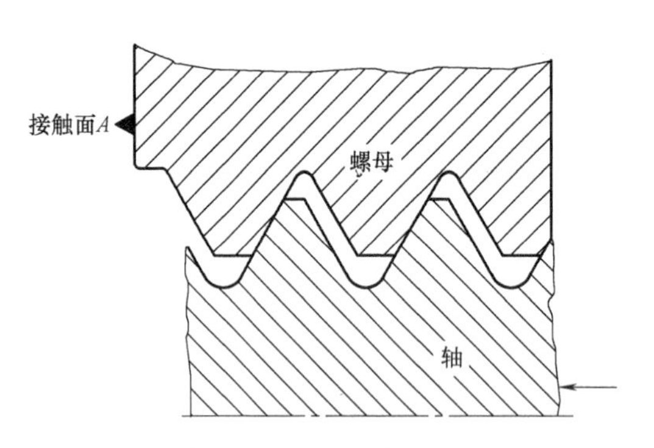

图 4.24　拧紧螺母后，螺纹仅在一侧发生接触

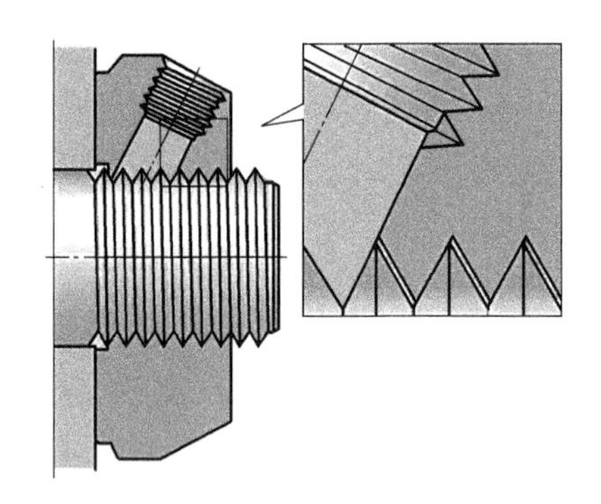

图 4.25　带三个倾斜锁紧销的锁紧螺母

为达到最高的精度，即主轴上螺母接触面的轴向圆跳动或垂直度（≤0.005mm）要求，必须完全避免使用螺纹。在这些情况下，用于轴向固定的热缩环已证明了它们的价值，其结构设计保证了可以使用加压油将它们松开，如图 4.26 所示。

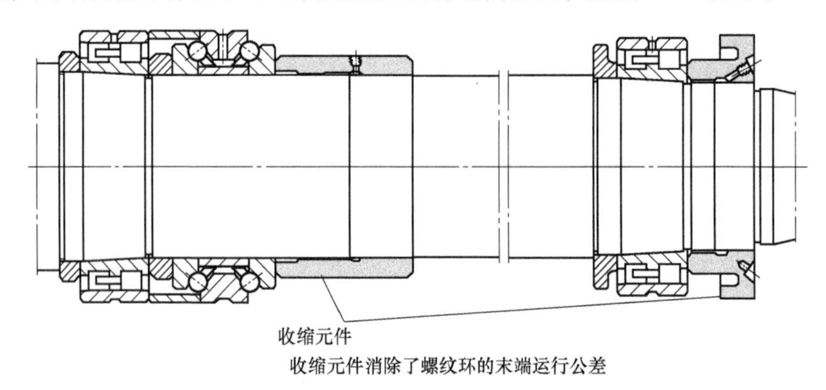

收缩元件
收缩元件消除了螺纹环的末端运行公差

图 4.26　带收缩套的机床主轴，用于高精度轴承的轴向固定

4.2.3　U 形螺栓和夹紧箍

由结构钢制成的符合 DIN 3570 的 U 形螺栓对于管道制造商来说是不言而喻的紧固件。使用的材料及结构设计，特别是图 4.27 中的 B，只能承受低负载，绝不适用于高动态负载。

小型起重机连接到货车底盘时的情况又完全不同了，如图 4.28 所示。

到目前为止，设计师还没有在机械元件文献关于螺栓连接的章节中遇到过这种解决方案，只会偶然间在路边注意到。那么，这种连接方式能带来什么特性呢？

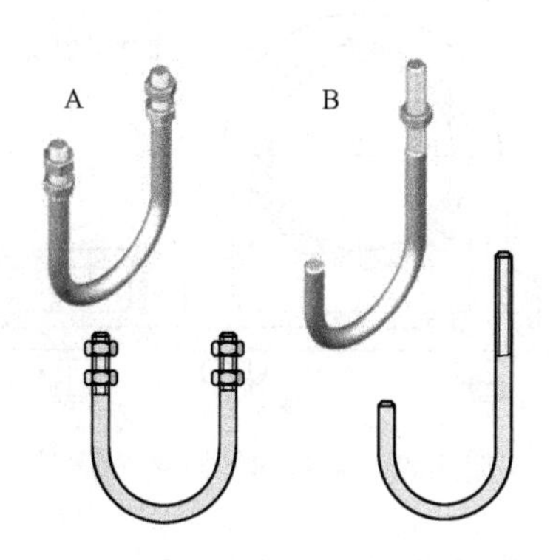

图 4.27 符合 DIN 3570 的圆钢支架，适用于标称宽度为 20~500mm，且螺纹为 M10~M24 的管道

图 4.28 圆钢支架的螺纹连接（请注意图 3.29）

1）这种类型的螺栓可以通过内部生产，可以使用更高强度的钢，因此可以承受比 DIN 3570 更高的应力。

2）拉伸长度大，固定效果好。

3）在需要固定的箱形型材上不需要钻孔或焊接固定带。

4）它可以沿箱形型材的纵轴安装在任何地方。

5）免加工的可锻铸件还可用于桥梁。

6）可焊可锻铸铁适用于有接收槽的焊接部位：EN-JM1020。

7）如果箱形型材部分的稳定性不足，螺钉点焊的隔板或封闭盖板都可以提供帮助。

U 形螺栓的半圆形状是由于其主要用于管道附件。在机械工程的某些实际应用场景中，为了达到紧固的目的，可以优先选择其他弯曲半径。这样就不需要半圆形填充件，可以直接拧紧空心型材或其他挤压型材。从图 4.29 可以看到逐渐变细的圆钢型材应用。

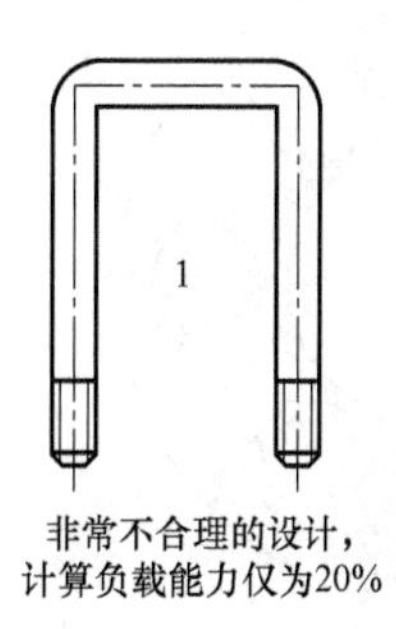

1
非常不合理的设计，
计算负载能力仅为20%

2
有所改进的结构，
计算负载能力为40%

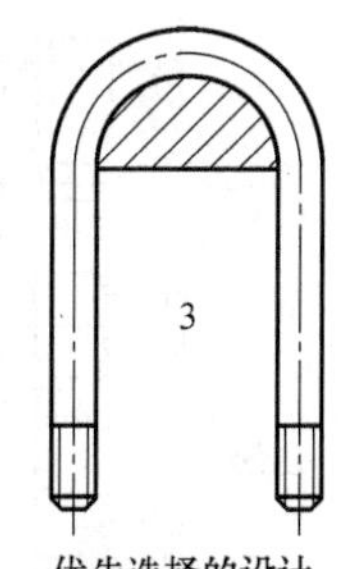

图 4.29 不同的圆钢支架结构

夹紧箍（图 5.130）与 U 形螺栓有类似的效果，这种紧固方式也值得机械工程师更多的关注。

图 4.30 所示为扁形曲线圆钢支架，图 4.31 所示为开放式缆车支架的类螺纹式固定结构。

在图 4.30 中，被固定零件上无须凹槽设计。结构的承载能力由于加工硬化而得到了提升；但平面部分的半径应比图中显示的更小。

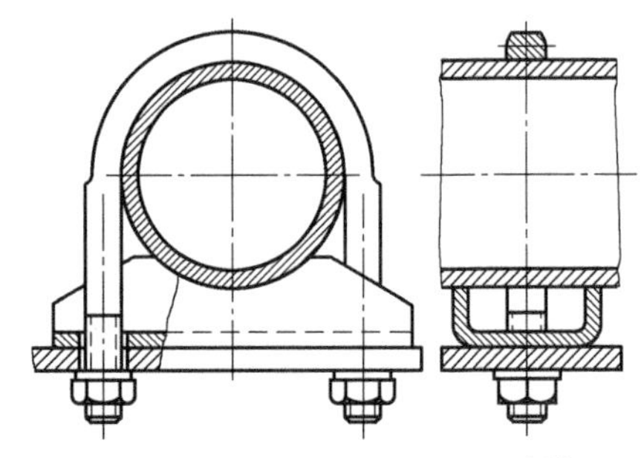

图 4.30　扁形曲线圆钢支架[73]

无钻孔的箱型材料——可沿箭头方向进行调整，此处需对缆绳的直线度进行调整

图 4.31　开放式缆车支架的类螺纹式固定结构

4.2.4　用于现场维修的固定螺钉

对于必须拆卸或打开才能进行维修或现场维护的机器，螺钉和螺母都应尽可能固定，如正在地下工作的采矿机或收割季节的农业机械。通常来说，相关的维修工作必须在非常脏的环境中进行，并且存在掉落的螺钉会“迅速消失”的风险。机械加工中使用夹紧装置时也存在类似的情况。图 4.32 和图 4.33 会告诉您在哪些情况下应该优先选择固定螺丝。

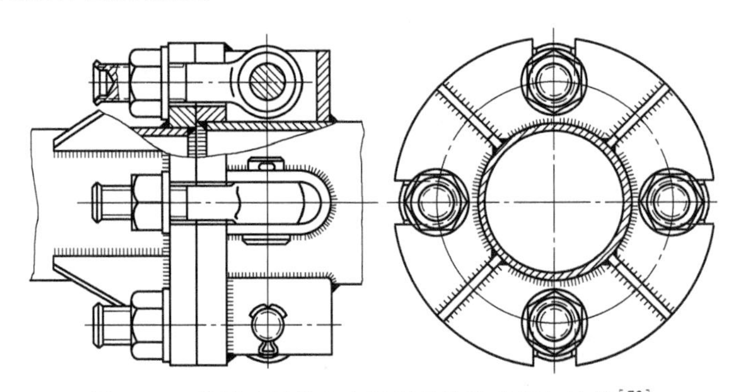

图 4.32　带吊环螺栓和自锁螺母的法兰螺钉连接[73]

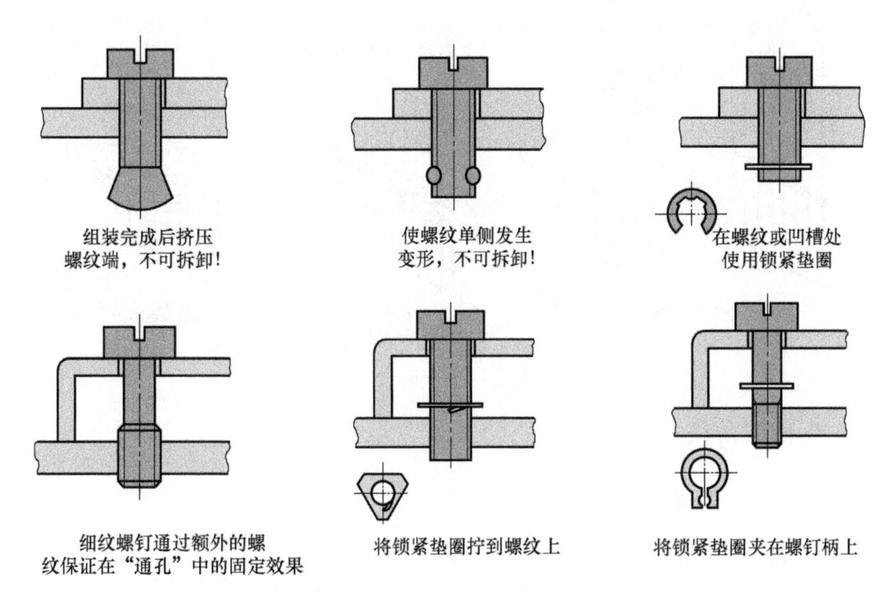

组装完成后挤压
螺纹端，不可拆卸!
使螺纹单侧发生
变形，不可拆卸!
在螺纹或凹槽处
使用锁紧垫圈
细纹螺钉通过额外的螺
纹保证在“通孔”中的固定效果
将锁紧垫圈拧到螺纹上
将锁紧垫圈夹在螺钉柄上

图 4.33　防止松动后丢失的安全措施

4.3　激光焊连接

焊接技术的最新发展方向包括电子束焊和激光焊，两种方法都可以实现相近的焊缝质量。由于电子束焊需要复杂的真空室，因此本书将只详细介绍激光焊。激光焊的应用范围可从非常薄的金属板（微米级别）到厚度为 0.5～3mm 的车身结构，再到厚度高达 20mm 及以上的机械件。在精密工程、医疗技术和牙科技术领域中常见的应用有白炽灯、卤素灯、心脏起搏器外壳和牙套等，对此本书将不再赘述。汽车制造领域为此技术提供了极大的应用空间，并在车身、变速器及转向、底盘等部件中成功应用。尽管对车身设计和制造有很大的影响，但以下内容并非针对车身设计者，而是普适性的技术介绍。

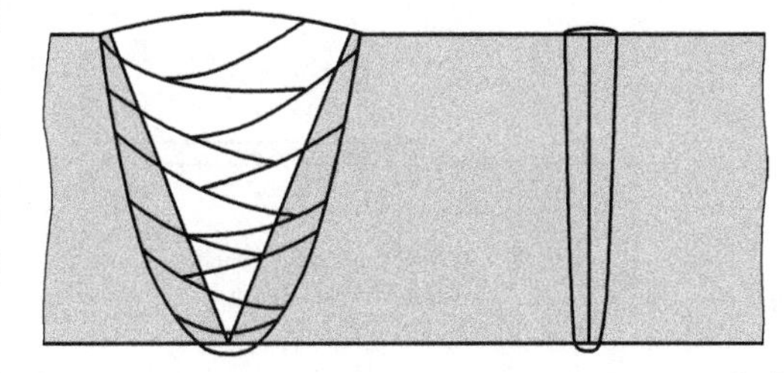

图 4.34　厚板区域的传统焊缝和激光焊缝对比[61]

激光焊的特殊优势在于深熔焊接效果。在传统的电弧焊中，对于较厚的板材，由于其熔深低，对接焊缝处需要加工斜面（K 或 X 焊缝），而激光焊的对接接头不需要任何准备工作，而且通常不需要任何额外的材料，如图 4.34 所示。

由于激光焊缝经常用于薄金属板领域，因此与电阻点焊进行焊接效果对比是有意义的。图 4.35 所示为不同焊缝中的受力分布。

可能的焊缝类型有对接接头、角接头、T 形接头及搭接接头处的 I 形焊缝和角

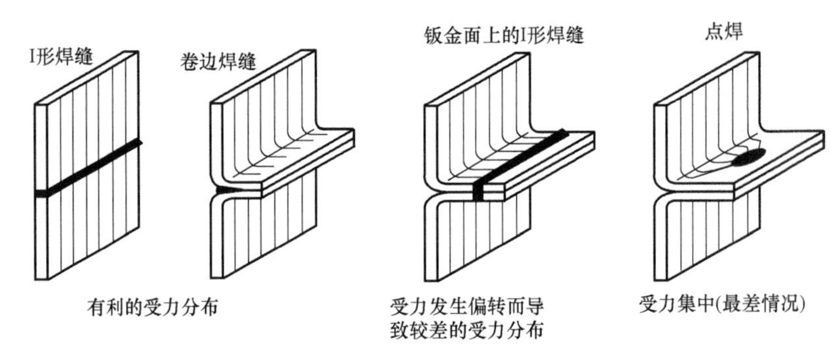
I形焊缝
卷边焊缝
钣金面上的I形焊缝
点焊
有利的受力分布
受力发生偏转而导
致较差的受力分布
受力集中(最差情况)

图 4.35　不同焊缝中的受力分布[88]

焊缝，如图 4.36 所示。

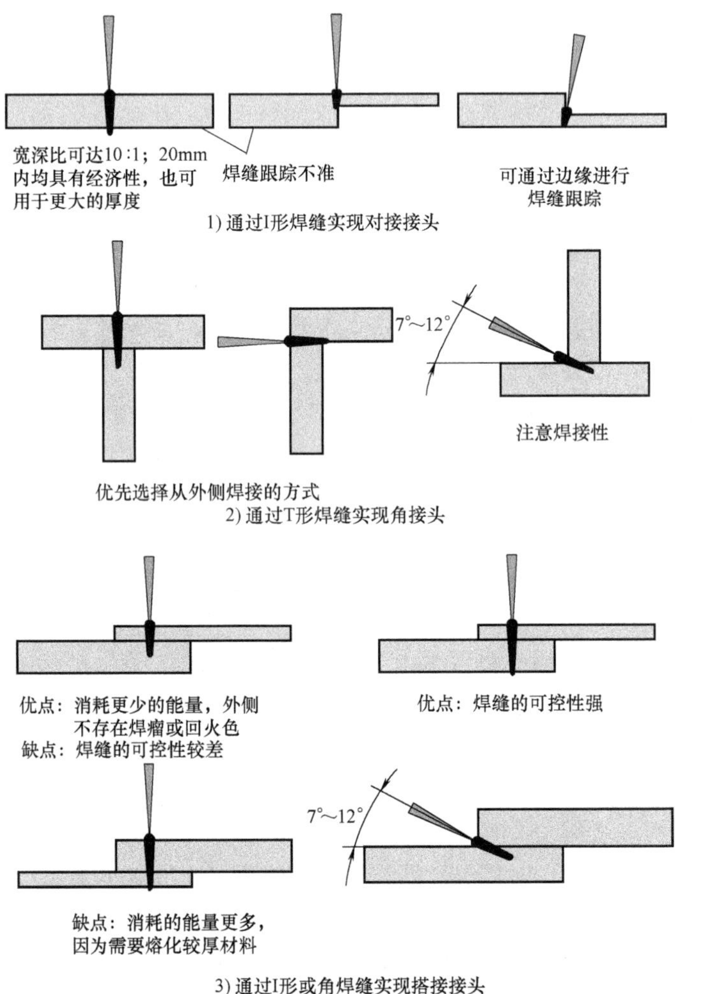
宽深比可达10∶1；20mm
内均具有经济性，也可
用于更大的厚度
焊缝跟踪不准
可通过边缘进行
焊缝跟踪
1) 通过I形焊缝实现对接接头
7°～12°
注意焊接性
优先选择从外侧焊接的方式
2) 通过T形焊缝实现角接头
优点：消耗更少的能量，外侧
不存在焊瘤或回火色
缺点：焊缝的可控性较差
优点：焊缝的可控性强
7°～12°
缺点：消耗的能量更多，
因为需要熔化较厚材料
3) 通过I形或角焊缝实现搭接接头

图 4.36　激光焊缝 1——焊缝附近无钣金变形

在图 4.36 中，1）和 2）的优点：有较好的力学性能；1）和 2）的缺点：需要利用夹具或具有较低的表面粗糙度才能保证焊接间隙接近于 0；3）的力学性能不如 1）和 2），但仍优于电阻点焊（图 4.35）。

针对角接头建议采用 50%重叠的焊缝形状[88]，如图 4.37 所示。对于图 4.38 中的环焊缝，将两个机械组件之间的尺寸配合设计成过盈配合会带来优势。

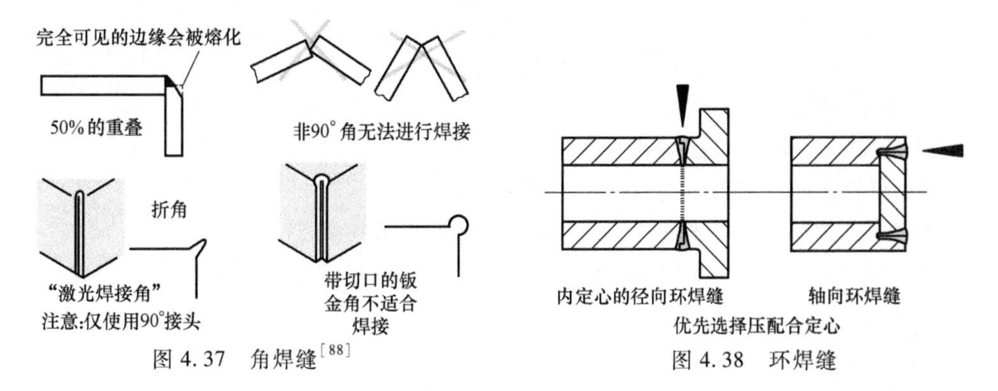

图 4.37 角焊缝[88]　　图 4.38 环焊缝

众所周知，使用电弧焊进行焊接时，零部件之间的间隙达到 2mm 左右仍能够实现焊接；而激光焊则不行。激光束的熔焊区直径只有 0.2~0.4mm，**0.1mm 左右的焊接间隙就会导致问题**。因此，手动操作是被禁止的。最好将需要焊接的零部件用专用装置压在一起，保证没有任何间隙，如图 4.39 所示。这与传统焊接对焊接设备的要求差异很大，因此必须强调我们需要新一代的焊接设备。为了更好地控制这些狭窄的焊接间隙，对接头处的表面粗糙度有很高的要求，而且一定不能出现咬边［这适用于图 4.36 中的焊缝组 1）和 2）］。但搭接接头并不受此影响，允许使用激光切割、水射流切割和机加工形成的边缘作为焊缝接头。

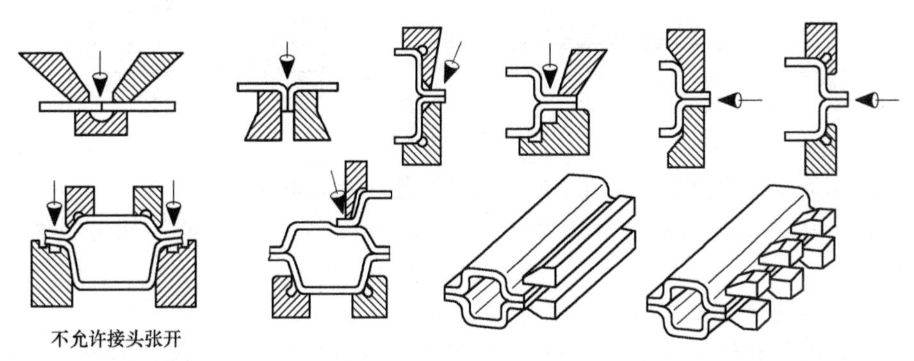

图 4.39 夹爪的设计建议[95]

这些设备的成本限制了它们在单纯的单件生产中的使用。一旦设备就位，即使是小批量生产也可以完成焊接工作。只需考虑设备的装调时间，并以此调用对应的流水线控制程序就很容易做到。

需要专业夹具是激光焊的一个显著缺点，那么它有哪些优点呢？下面给出了简要的描述。

1）有效的热输入限制。

① 较小的变形。

② 无须校正工作。

③ 无飞溅。

④ 无须清洁工作。

⑤ 使用惰性气体时，焊缝不含氧化物。

⑥ 高质量焊缝。

⑦ 通常优于所有传统焊接方法。

2）更快的焊接速度——焊接时间短。

3）无须焊缝准备工作——激光焊不需要 X 形或 V 形对接接头。

4）焊缝可在一定范围内变形，因为较短的加热时间保持了延展性；因此可以实现定制化。

① 不同厚度（t 表示）的板件（t_1 ∶ t_2<1 ∶ 2）。

② 不同质量的板件（参考图 4.40）。

- 不要在高低交接处布置焊缝。
- 优选直线焊缝。

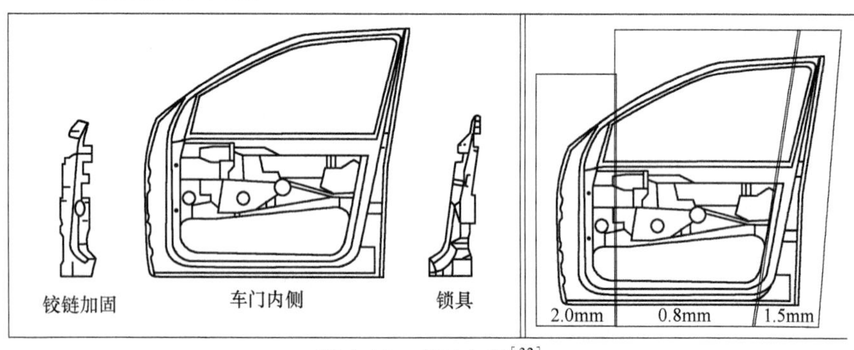

图 4.40　车门内侧[32]

5）相对于电阻点焊，拥有更好的力学性能（刚性和强度）。

6）可从一侧操作焊缝就足够了（无须电阻点焊中用到的环绕电极臂，图 4.41）。

7）可以部分（图 4.36）或完全（图 4.43）取消法兰结构。

8）不仅所有传统焊接工艺可焊接的材料都可以由激光焊实现，部分用传统焊接工艺难以焊接的材料也可以由激光焊实现（如弹簧钢和铸铁等）。

9）如果可以通过小间隙（0.1mm）实现排气，则可以用于焊接镀锌板。

10）由于可从内侧完成汽车车身的焊接，可使车身涂漆展现出高质量的外观。

其中，5）~7）为激光焊相对于电阻点焊的优点，8）和 9）为对激光焊可焊接材料的介绍。

激光焊在车身构造中得到了广泛的应用。在此之前，车身加工多采用厚度均匀的钣金毛坯；而激光焊缝的可成形性允许使用裁切定制化的坯料［参见上述4）］。由焊接及更多定制化胚料带来的成本增加可以通过减小整车质量，省去部分工具（或细小部件），减少物流及装配成本来弥补。以图4.40中的车门为例，其制造成本降低了22%。

在图4.40中，左侧为车门的传统设计，通过点焊来加固受力点；右侧采用3种厚度的板材，无须通过焊接加固。需要注意的是，应优先选择直线焊缝。

最初在车身生产中几乎只使用电阻点焊。这种方法的特点是只能焊接搭接接头，且焊接电极必须可以从结构的两侧接近焊接位置，根据工件的形状，可能还需要弯曲电极臂（图4.41）；而激光焊只需结构的一侧有空间送入焊接机头即可。

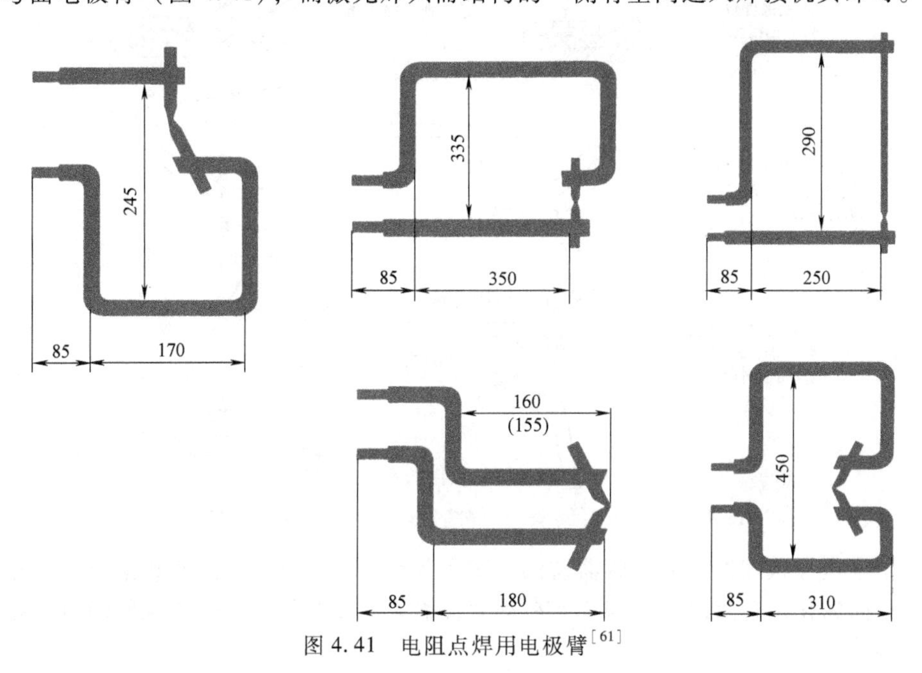

图4.41　电阻点焊用电极臂[61]

对于图4.41，使用激光焊不需要封闭的电极臂；但这也消除了加持效应，需要加装如图4.39所示的装置。

激光焊并不需要电阻点焊所需的搭接式结构［图4.36中的1）和2）］，不过由于小于0.1mm的焊接间隙要求使得这一优势并不明显。然而，由于焊接可以在整个板材厚度的任何点进行，因此常常会选择类似电阻点焊的接头形式，以控制钣金公差，如图4.42所示。

对于图4.42，值得注意的是，与图4.36中的1）和2）相比，其材料消耗更大。此外，还应注意腐蚀风险，对于所有I形焊缝，激光定位的要求较低。

然而，与电阻点焊相比，激光焊所需的钣金法兰尺寸更小，或者说允许在焊接后变得更小（图4.43）。钣金间隙中的焊缝（如焊缝1.2、2.1、2.2、3.2）可以

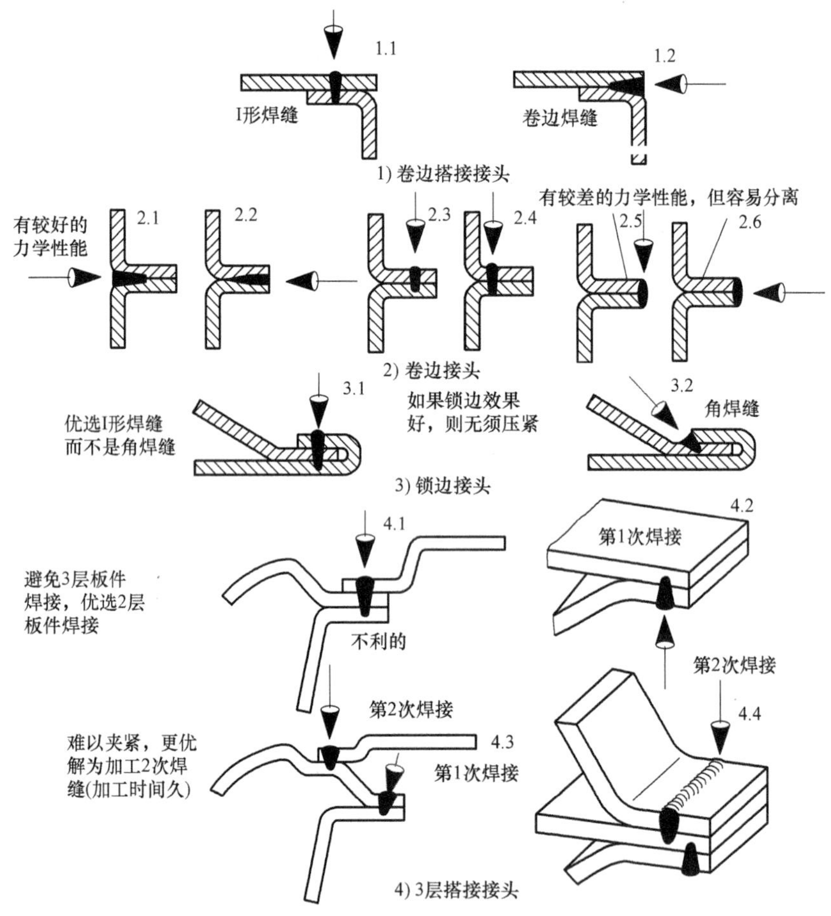

图 4.42　激光焊缝 2——焊缝接近边缘或存在其他变形

通过用于边缘跟踪控制的传感器监测；对于焊缝 2.1，弯曲半径的聚集效果对结构具有正向的作用；焊缝 2.5 和 2.6 在动力传输方面非常不利，但在维修时可以很容易地拆除。

对于图 4.43，1）中电阻点焊本身并没有夹紧操作的空间需求，但由于支路的存在仍需要宽度达到 17mm；激光焊需要 4mm 的夹紧长度，但总宽度也仅需 11mm。2）中 4mm 的夹紧宽度可以截断（激光切割）：焊接/切割工艺，宽度仅剩 8mm；此外还应注意成本，只有在明确需求最小质量的前提下才进行。3）中卷边焊缝取代 I 型焊缝同样可将焊缝缩短至 8mm，且无须切割操作；此外应注意可操作性；这种焊缝有更好的力学性能。

除了已经提到的复杂的焊接装置这一缺点，激光焊还必须考虑用于清洁且无涂层的焊接点的成本。表 4.1 为对激光焊焊接点的要求。

通过熔化极惰性气体保护电弧焊（MIG）和激光焊对于某外壳加工的生产时间对比可以看出，在纯焊接工艺上激光焊已经节省了相当多的时间，但更主要的还是来自它无须打磨和清洁工序（表 4.2）。

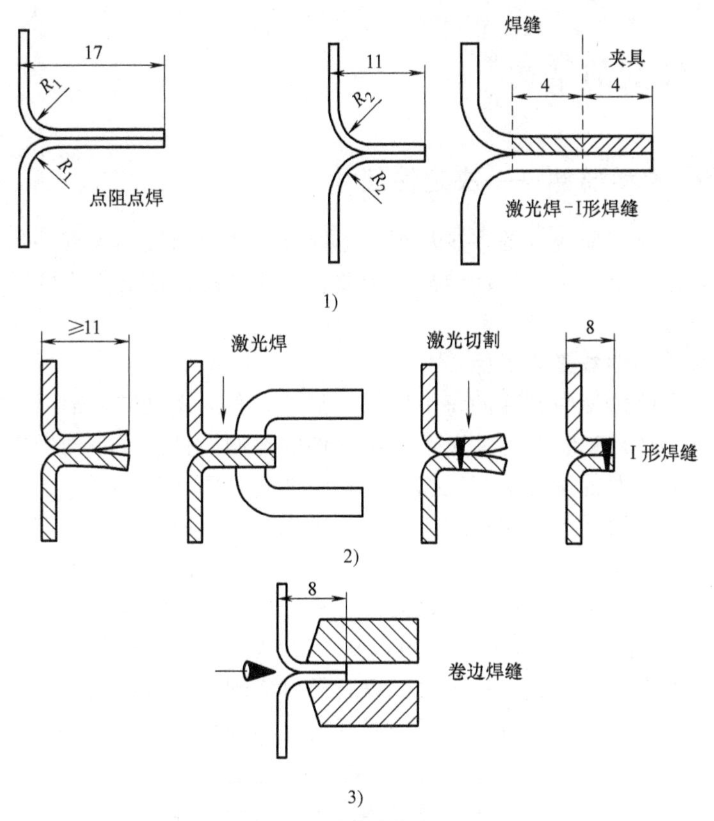

图 4.43　与电阻点焊相比，激光焊降低了整体结构重量[95]

注：所有示例的板厚均为 1mm。

表 4.1　对激光焊焊接点的要求

对激光焊焊接点的要求	备注
无油脂和污垢	超声波清洁或洗涤
无涂层(防锈层、油漆、阳极氧化层、铬酸盐和磷酸盐涂层)	使用化学或机械方法去除
哑光表面,不反光	表面打毛,化学酸洗
去除表面硬化层	使用机械方法去除
无喷砂和研磨残留物	沙粒等会阻碍焊接过程

表 4.2　MIG 和激光焊生产时间对比

过程	时间/min	
	MIG	激光焊
板材切割	2	3
磨边	3	3
焊接	10	4
研磨和清洁	24	0
激光焊比 MIG 少用时间	29	

4.4 易于装配的结构

4.4.1 较少的零部件——决定性尺寸

装配工作量及装配成本的多少从根本上取决于需要组装的零部件数量。这不仅适用于手动装配，也适用于自动装配。因此，确保装配的所有努力的重点始终是零部件数量最小化：

以更少的零部件数量为目标[34]！

设计师在设计过程中删除的每个零部件都不必再运送到装配部门，也不存在最终的装配工作。在自动装配的情况下，零部件的存储、挑选、手动操作等的工作量都减少了，如果是大批量的生产工作，成本的节省就更为明显了。2.3 节中提出的功能集成和一体化设计的应用有助于实现上述规则。有研究表明，零部件数量在结构设计期间减少 50% 以上（参见 5.1 节），并不会显著增加单个零部件的复杂程度。例如，在某个轴承组件的重新设计过程中，零部件的数量可以从 20 个减少到 8 个，而另一个棘轮设计的零件数量可以从 17 个减少到 7 个[34]。上述两个例子都应用于自动装配中。即使最终这个目标没有得以实现，也能在整体结构上带来很明显的改进。零部件数量的减少可以带来可观的成本降低。图 4.44 和图 4.45 中的液

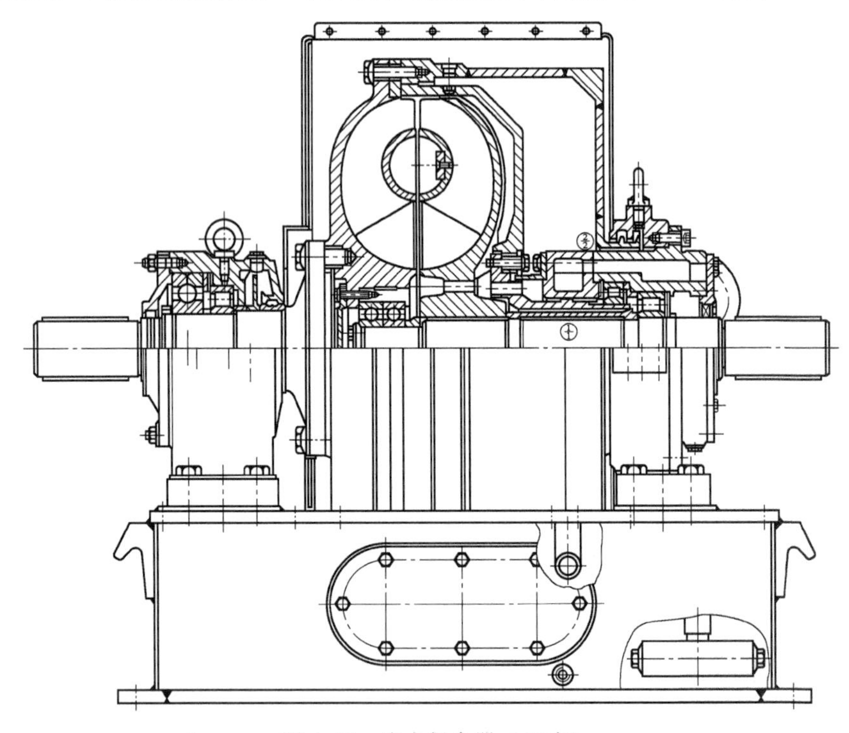

图 4.44 液力偶合器（旧式）

注：零部件数量包括 107 个图样件，420 个标准件。

力偶合器由于尺寸和产量的原因，实际并未考虑装配的自动化。

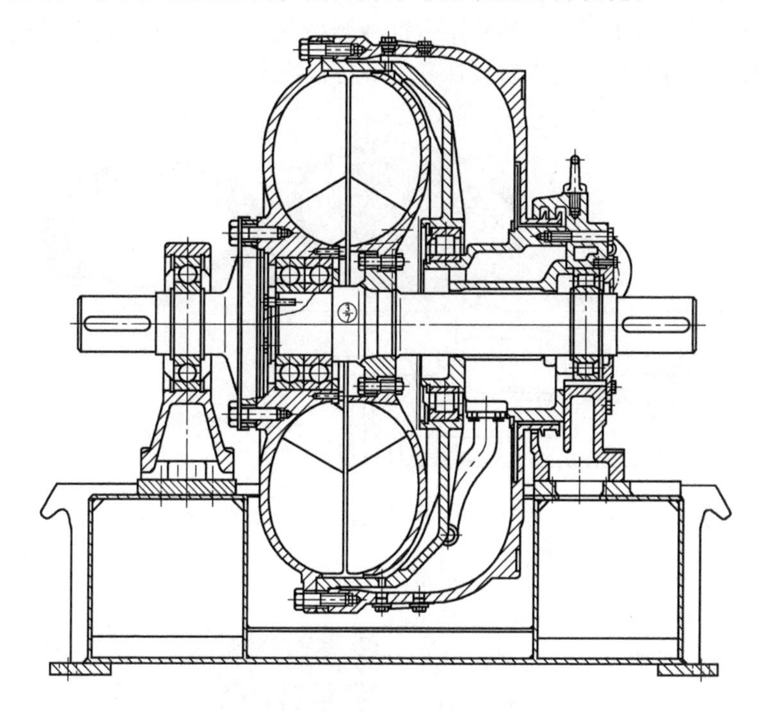

图 4.45　液力偶合器（新式）

对于图 4.45，在分析了以下两个问题后，将零部件数量缩减到了 69 个图样件和 340 个标准件。

1）这个装置实现了什么功能/任务？

2）如何用更简单的方式/结构实现以上功能？

遵循“更少的零部件数量”这一设计规则，将零部件总数降低了 30%。

下一节将介绍上述规则的具体方案，但最终还是需要设计师将它们落到实处。**没有任何数学公式可以证明最小机器尺寸或最少的装配零部件数量**！任何工程力学的忠实拥趸都会对此感到烦躁，而对“**设计艺术**”更感兴趣的设计师则能巧妙地找到解决方案。此外，将机器设计成易于装配和检测的零部件本身就具有极其重要的意义。有关这方面的更多信息请参见 5.3 节。

4.4.2　初次成形过程中的连接工艺

在某些领域，应用初次成形过程中的连接工艺已是理所当然。长期以来，插入件（Inserts）在塑料成形技术中一直很常见，之后又形成了外插技术，如图 2.75 所示。铝铸件的加强件也采用了类似的技术，如铸铝轮毂（图 4.46）。无论这种工艺流程被定义为加强型结构，还是本小节的标题初次成形过程中的连接工艺，都是一种极具成本效益的解决方案，因为在轮毂上加工定心直径省去了生产 6 个螺纹孔及链轮装配的工作，即后续的拧紧工序。当然，这也会对易磨损链轮的后期更换带去负面影响，用户将支付更多的费用。这种解决方案的实际应用必须经过严格的探讨，并考虑使用寿命这一因素。设计师不应自行决定。

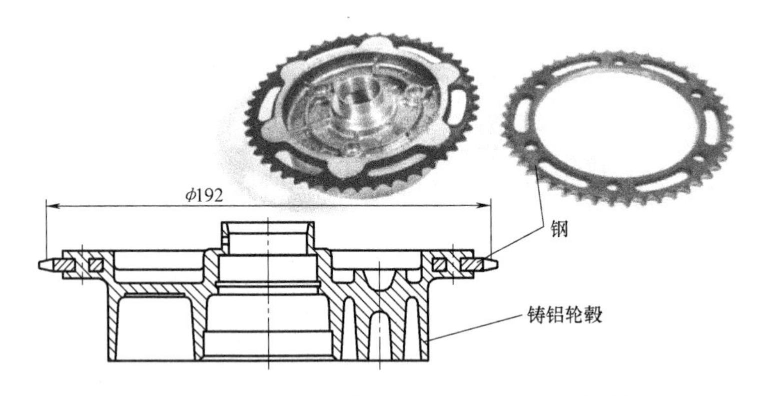

图 4.46　铸铝轮毂在铸造模具中加入钢制链轮齿圈

图 4.47 所示的万向节是一个非常不同寻常的解决方案。可以推测，其可动性是由涂抹在销轴表面的石墨溶液来实现的。这种解决方案可以在较旧的农业机械上找到（季节性操作，低转速）。在今天的机械工程中它能有哪些可能的应用就留给读者们自行头脑风暴了。

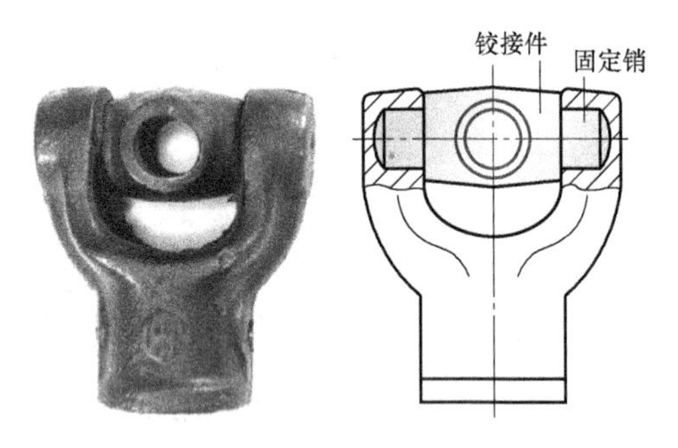

图 4.47　万向节接头（原始大小约为 65mm）

图 4.47 所示为不常见的铸件，带有固定销的铰接件直接铸入叉件中，并保证其可活动性。前叉内部的毛刺会在随后的连接过程中被去除。

除了这个在经典机械中的罕见应用，可旋转的功能部件还可以使用上述外插技术（带有注塑部件的钣金请参见图 2.77）或集成在具有不同塑料的塑料接头中，如通过多组分注塑成形技术。尤其值得借鉴的是用于车辆的通风口结构（沃尔夫斯堡大众），5 个翅片与外壳一起在一个三工位模具中进行注塑成形。由于两个部分使用不同熔点的材料（外壳由 PP 制成，熔点为 160℃；翅片由 PBT GF 制成，熔点约为 220℃），因此翅片可以在外壳中移动。对此感兴趣的读者可以参考相关的专业文献，如文献［13］。

将各种零部件浇铸入矿物铸件中可带来更广阔的结构可能性，具体请参见 5.4.7 小节中的介绍。与经典铸造材料相比，矿物铸件的最大优势就是铸造过程中的低温（≤50℃），因此电缆和塑料软管等均可浇铸在最终件中。迄今为止，没有其他机械工程材料能够提供这样的优势。

4.4.3　集成式连接件

图 4.1 和图 4.2 已经为读者们介绍了集成式连接件的使用，表 4.3 应该能帮助各位更好地了解这种类型的连接元素。

表 4.3　集成式紧固件概览（不追求完整性）

名称	应用领域	注意点
卡扣连接 • 可拆卸结构 • 不可拆卸结构	• 注塑件 • 带冲压卡扣的薄钣金件 • 张紧大型零件 • 带螺母穿孔的钣金件	弹簧钩 环形卡扣 球形卡扣 卡扣接头
铆钉连接 • 实心接头 • 空心接头 • 部分变形(点/线) • 钣金接头	• 旋转部件 • 压铸件 • 注塑件 • 通过边缘变形实现无孔铆接 • 钣金件 挤压 双弯 作为打孔标签 • 铆钉销在钣金零件上形成凸齿	变形类型 • 压铆钉 • 旋转铆钉 • 开槽 • 冲眼 • 挤压(无孔铆接) • 超声波铆接
金属片连接	• 钩爪 • 改型、弯曲、扭转 • 连接销	
钣金连接	• 铆接 • 卷边 • 翻边 • 折叠	
压接	• 圆柱形压接 • 锥形压接	
卡口连接	受拉轴承 DIN 626	
螺纹连接	零件制造过程中形成的完整或不完整螺纹	

然而，只有当读者想象出所列术语背后的具体设计结构时，这样的概述才会变得“生动”。随着塑料零部件的发展，卡扣连接得到了更多的应用机会，尽管这种连接方式并不只适用于塑料材料。大多数情况下会用到弹簧钩，这种结构的可操作性取决于卡扣元件上的角度设计，有时甚至只有通过破坏才能松开。其他类似的连接结构建议根据实际情况使用。

在多数带有塑料盖的容器（如装咖啡粉的玻璃罐）上都可以找到易于连接的卡扣连接，或其他类似的设计结构，如图 2.65 所示。松开时，只需将盖子旋转约 25°就会弹开。这是一个极佳的机械式解决方案，同时十分符合人体工学的设计要求。接下来的所有示例都有十分详尽的解释，如图 4.48～图 4.72 所示。

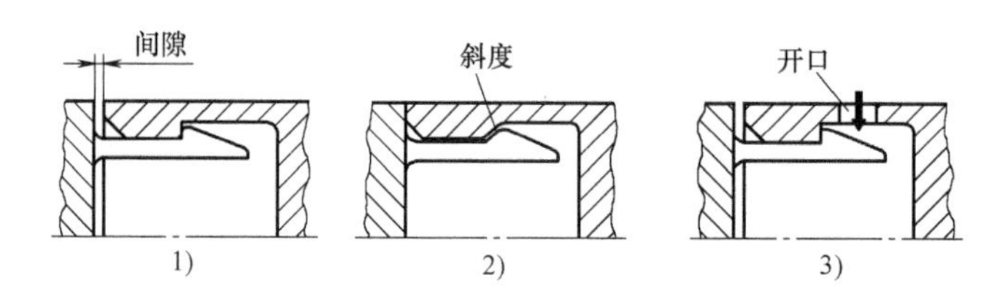

图 4.48　钩扣连接[8]

对于图 4.48，1）为不可拆卸钩扣；2）中的斜度实现了可拆卸性，并取消了间隙；3）与 1）的钩扣结构相同，但可以通过开口实现拆卸。

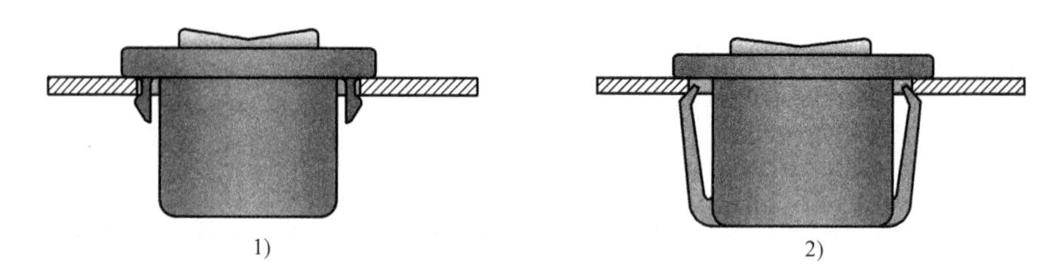

图 4.49　带弹簧钩的开关（错误及正确形式）[51]

对于图 4.49，1）的弯曲长度过短，有断裂风险；2）有较好的结构设计，预紧力避免了“嘎嘎”作响，但也提高了工具成本。

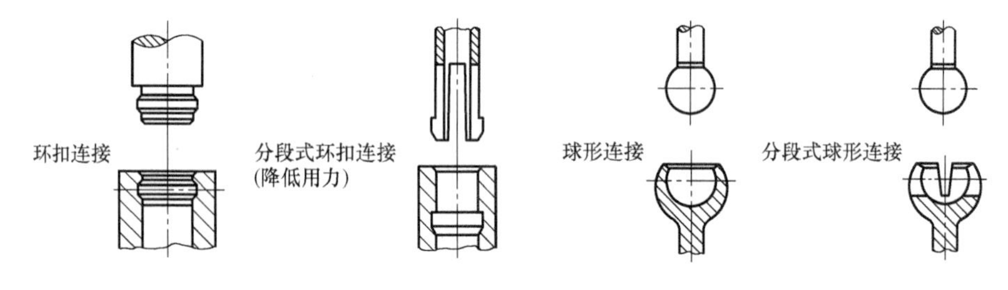

图 4.50　卡扣连接（示意图）

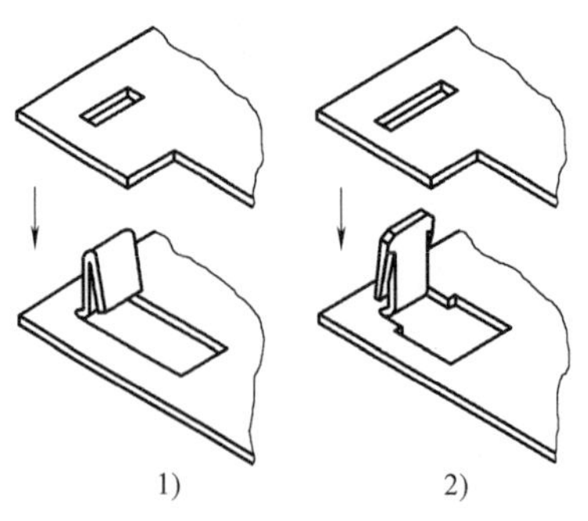

图 4.51　2 种形式的平板卡扣[53]

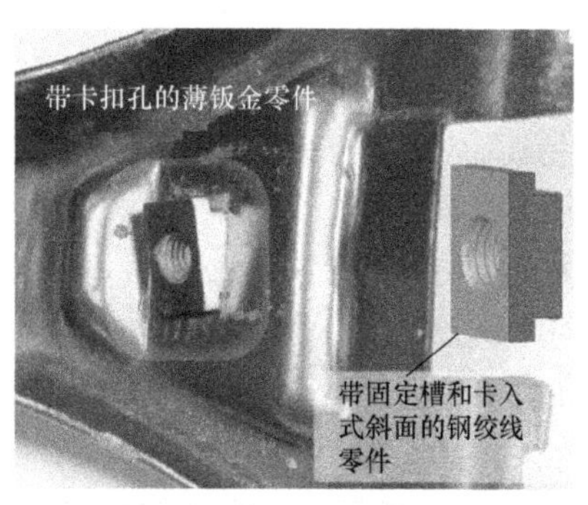

图 4.52　大型开关［FIAT］

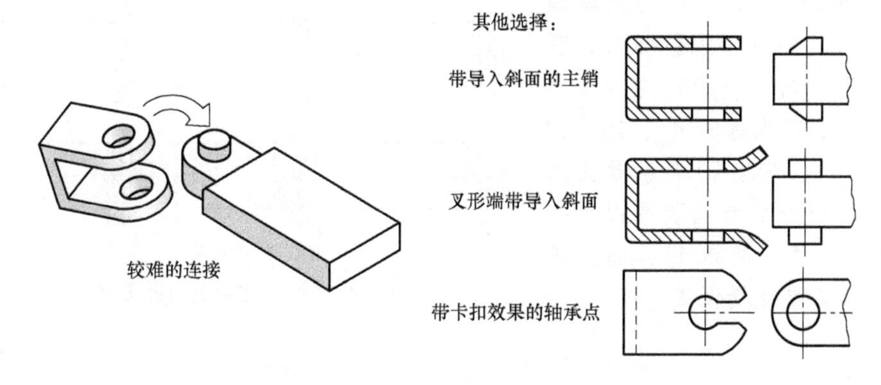

图 4.53　铰链连接——通过卡扣连接

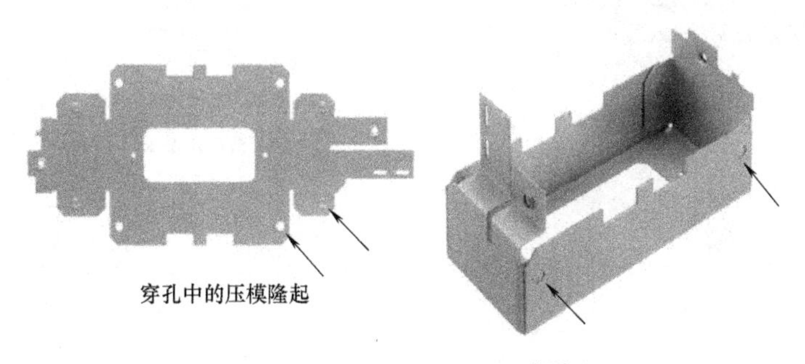

图 4.54　卡扣连接金属盒[88]

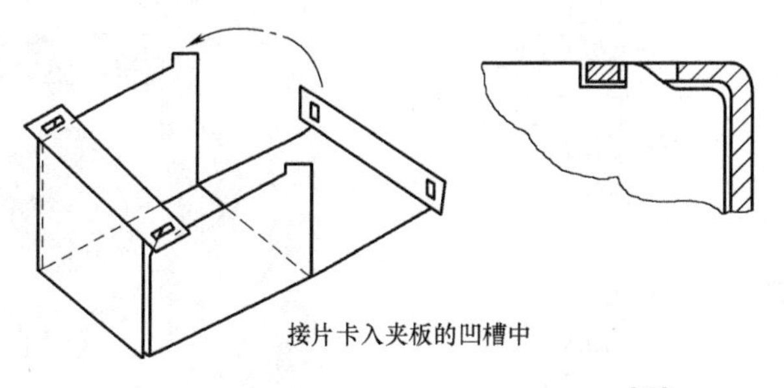

图 4.55　金属盒上类似卡扣的连接方式[88]

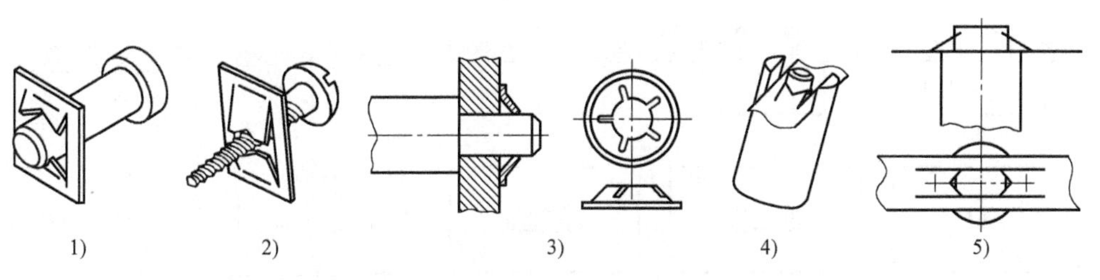

图 4.56　膨胀螺母和带有适配膨胀螺母的组件

注：也可以作为零部件中的集成元素。

对于图 4.56，1）为膨胀螺母[53]；2）为用于螺钉插入式装配的膨胀螺母[53]；3）为带 5 个夹紧凸耳的膨胀螺母[53]，用作轴向锁；4）为带有膨胀螺母孔的零件，通过外部导向装置提供抗扭转保护；5）类同 4），通过销轴结构提供抗扭转保护。

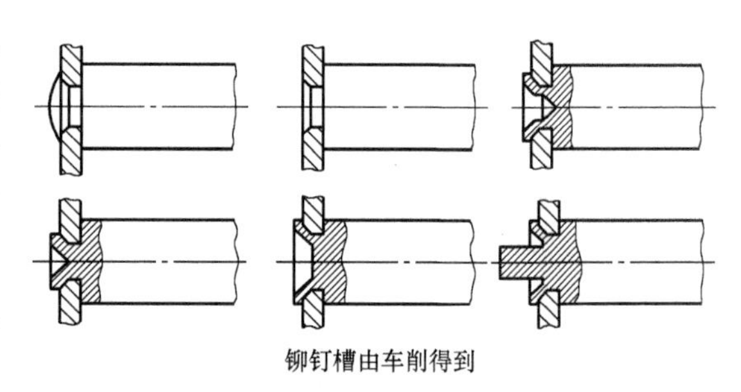

图 4.57　圆柱结构上的铆接面

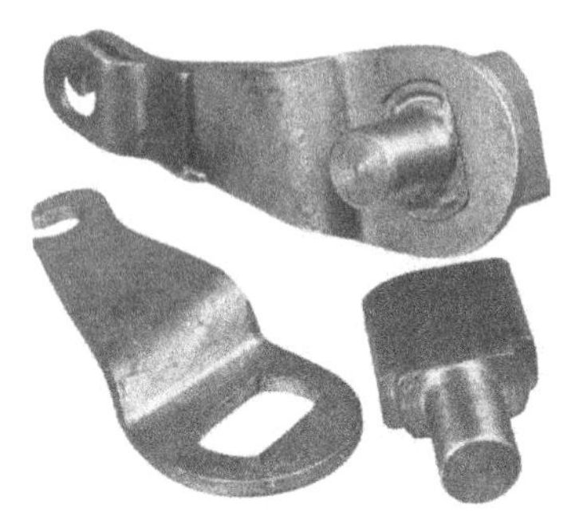

图 4.58　制动杆

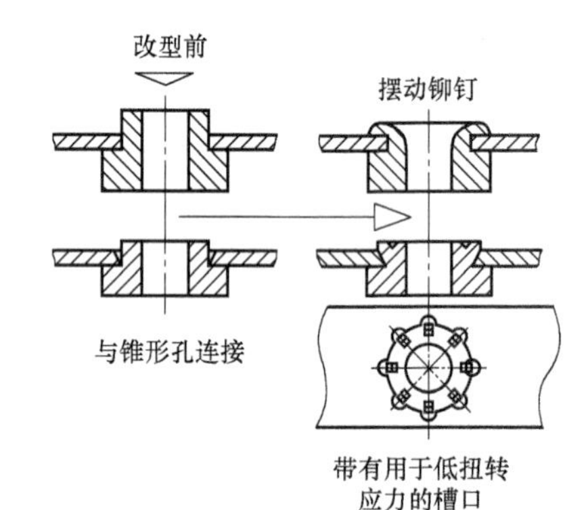

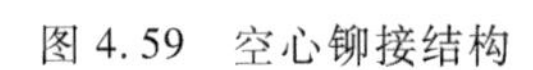

图 4.59　空心铆接结构

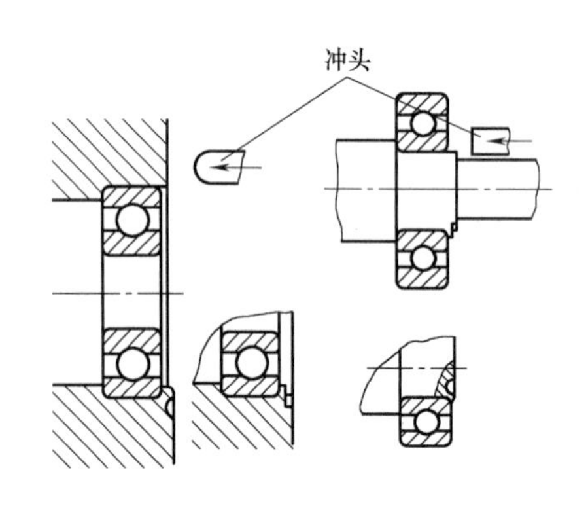

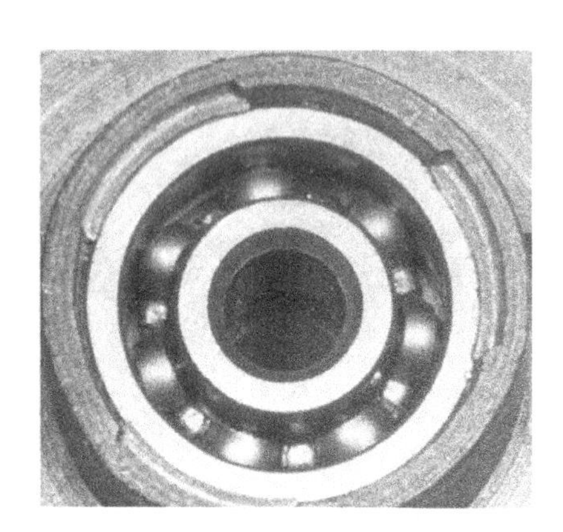

图 4.60　点状和线性铆接实现滚子轴承的轴向固定

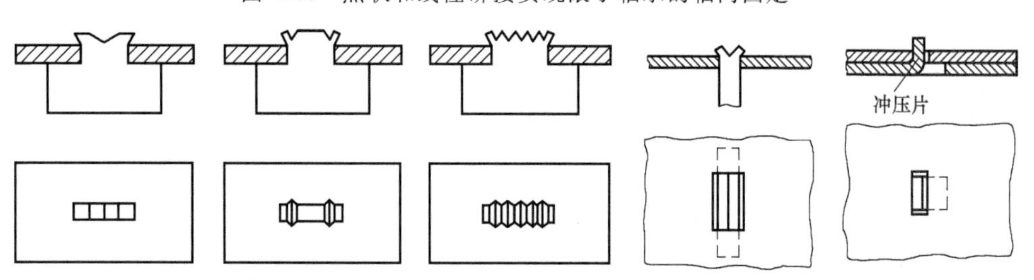

图 4.61　具有横向和纵向槽口的钣金销上的铆接结构

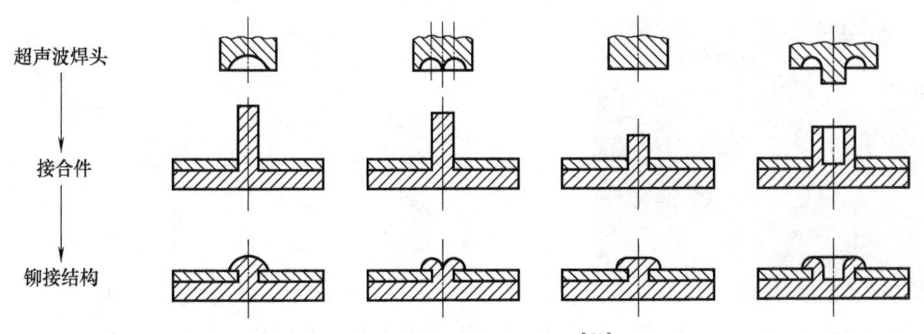

图 4.62　塑料件上的铆钉[32]

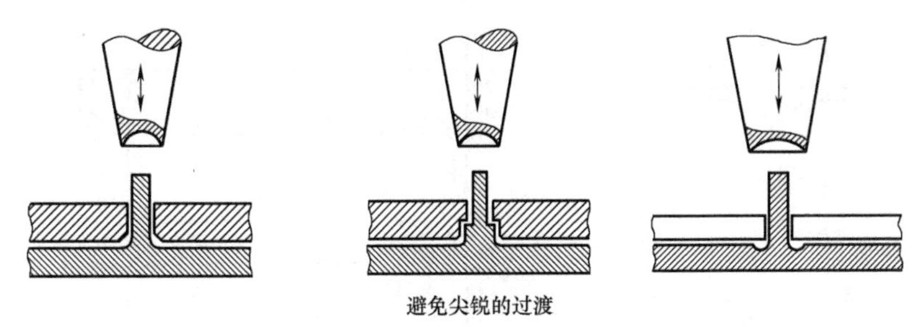

图 4.63　塑料铆接的底部结构[72]

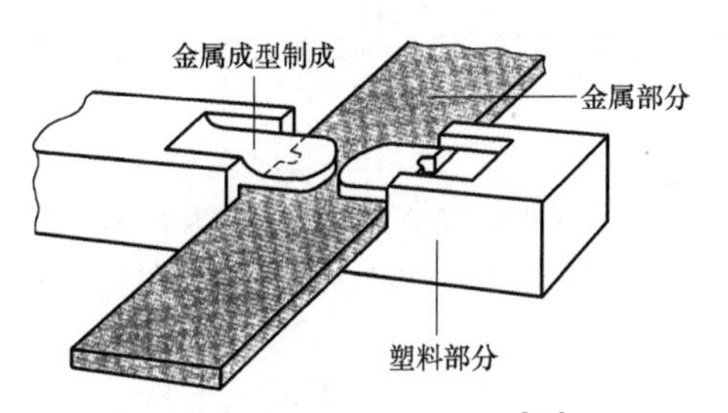

图 4.64　塑料-金属压铆[51]

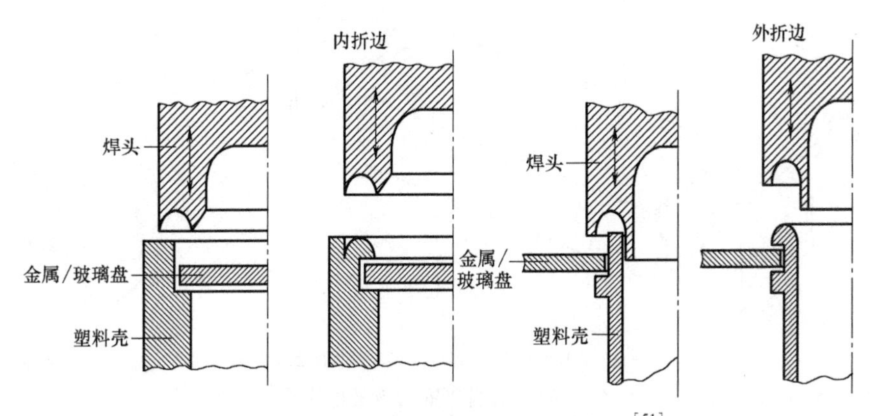

图 4.65　塑料-金属-玻璃作为内、外折边[51]

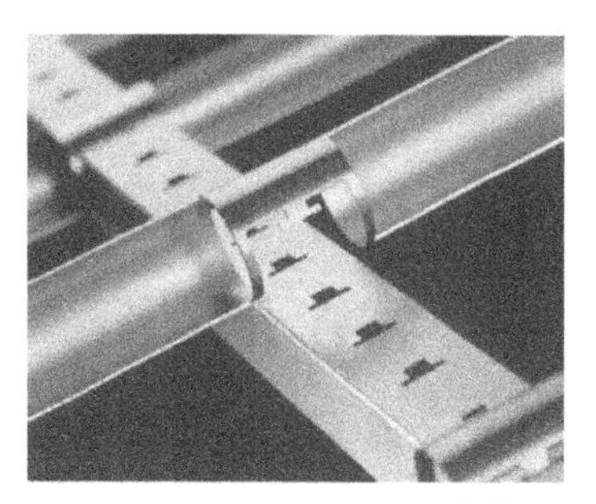

图 4.66　钣金卡扣连接[88]

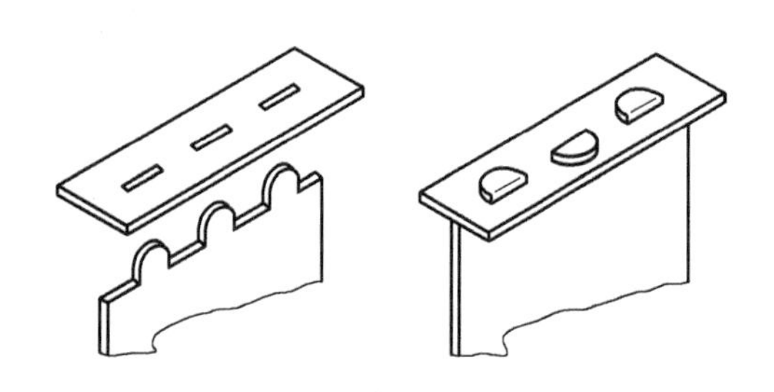

卡舌的圆角设计有助于连接过程

图 4.67　柔性卡舌实现的钣金连接[53]

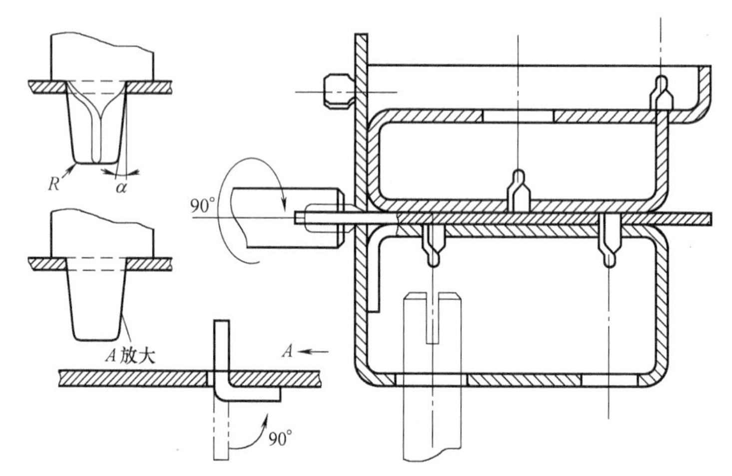

翻扭工具(机械或手动)，R和α简化了整个连接工艺

图 4.68　带扭耳的钣金连接[53]

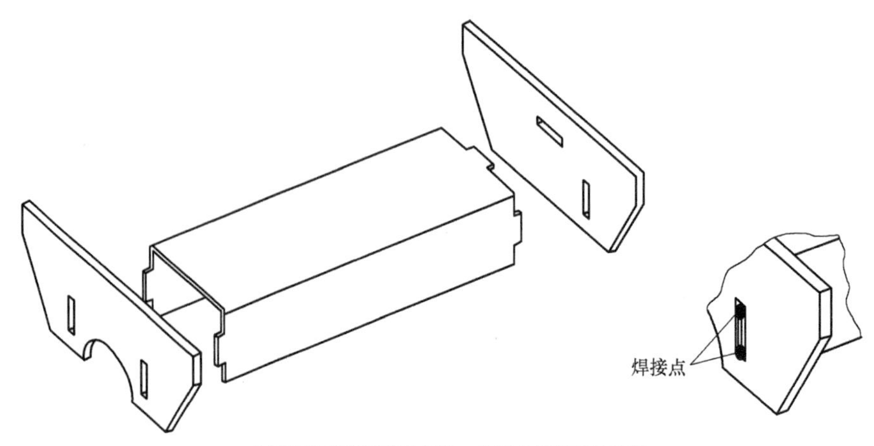

金属板片确保正确的组装，焊接点保证连接强度

图 4.69　适当布置的金属板片[88]

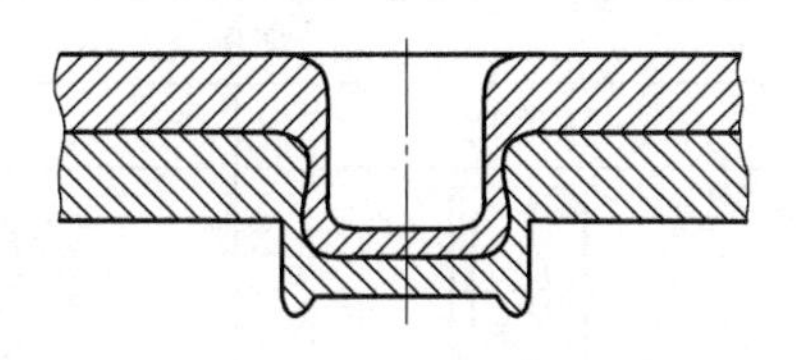

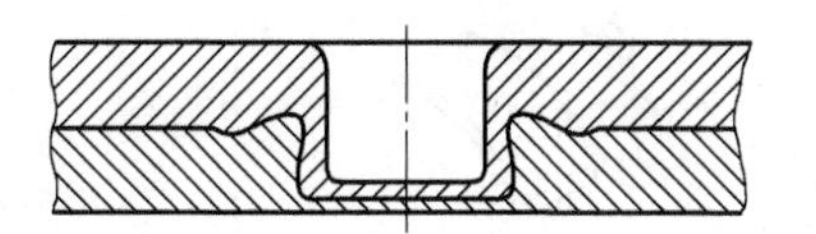

图 4.70　咬合连接[62]

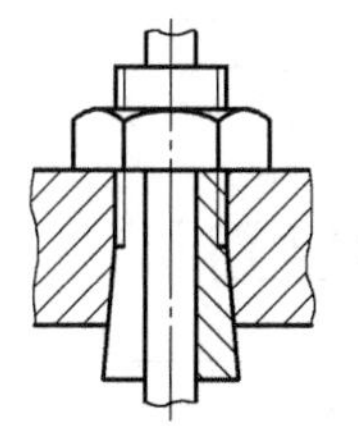

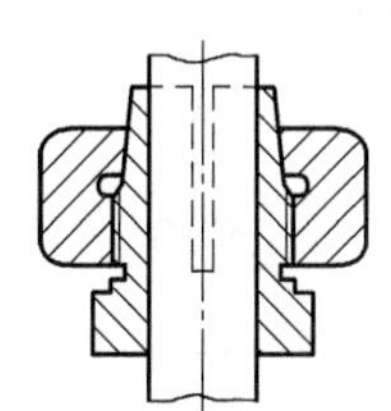

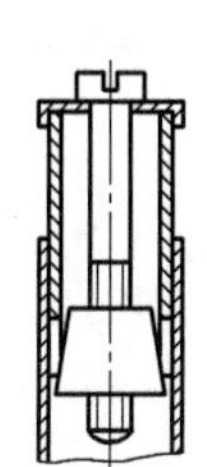

图 4.71　锥形零件的夹紧连接[56]

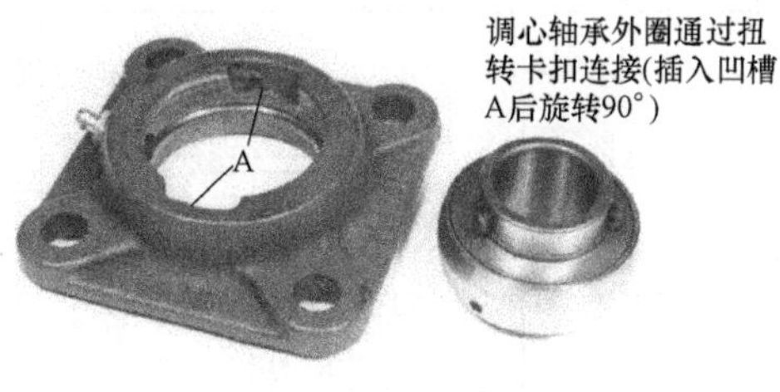

图 4.72　法兰轴承［DIN 626］

4.5　需要装配的结构设计

前文已经明确了，“需要装配的零部件数量最少”这一设计规则在机械工程中具有极其重要的意义。结构所必须的零部件形状一定有诸多需求，而它们在自动化装配的情况下有时会变得过于苛刻，手动装配则会给设计师们留下更大的设计空间。但是，我们依旧建议设计者自觉地遵从自动装配的设计需求。为了限制本书的设计范围，仅在表 4.4 中罗列部分基础要求，更具体的内容可参考文献［30］、［34］和［93］。

表4.4　适合装配的产品设计目标及措施[104]

设计目标	设计方案	实例	
		不合理	合理
各个单独零部件的易管理性	选择对称零部件	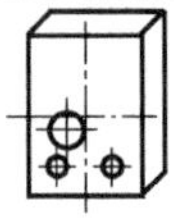	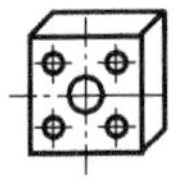
	避免柔性零部件		
	优先选择有外部轮廓造型的零部件	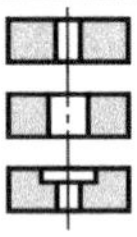	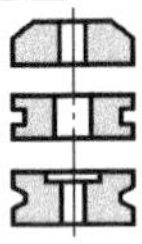
使用功能性零件实现定心作用	斜口设计	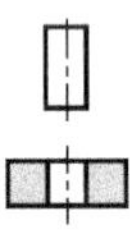	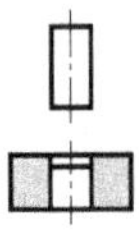
保证连接/控制工具的易用性	保证工具的线性运动	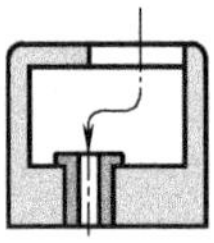	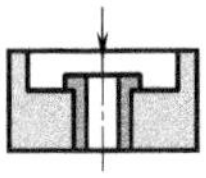
使用统一的，且易于实现自动化的连接工艺	避免使用接缝助剂	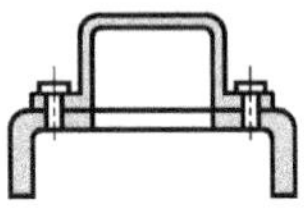	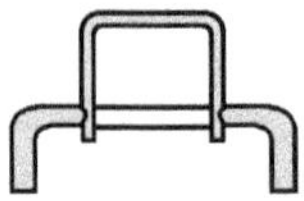
连接方式的标准化，方向数量的最小化	统一连接方向	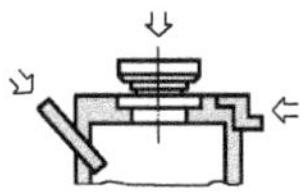	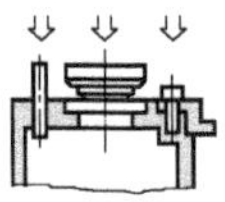

第5章 机器设计

5.1 适用新机器结构的场合

研发新机器或彻底改造现有机器可能出于完全不同的原因。下面的具体介绍和4个示例给出了部分原因。

机器重新设计或大幅改动的原因有以下几个方面。

1. 重新设计

1）特定用户实现特殊功能的定制机器（通常为单件，无须设计师合作参与）。

2）以批量生产为目标，创造性地实践新的机器概念，尝试新的设计思路（图5.1~图5.4）。

2. 修改现有的量产产品，出于如下理由

1）**提高机器价值**，通过：

- 提高生产力。
- 提高机器工作时的稳定性；降低错误率。
- 实现自动化、部分自动化。
- 延长机器使用寿命；改进维护、保养流程。
- 提供更好的人体工学设计。

2）**降低生产成本（零部件生产及装配）**，通过：

- 更少的零部件数量（详见4.4.1小节）。
- 更好的整体机器结构管理，实现更有利的生产流程。
- 使用新的材料（详见5.4节）。

3）**改进机器的外观设计**（常常和2.1节和/或2.2节相联系）。

3. 在现有系列产品中加入其他尺寸的产品（同时改进部分已知的缺陷）。

随着硬质合金材料的发展，车削时的切屑量变得越来越大，以至于切屑的处理变得越来越困难。因此，在1928年，斜床身车床这个绝对正确的概念就诞生了（图5.1）。

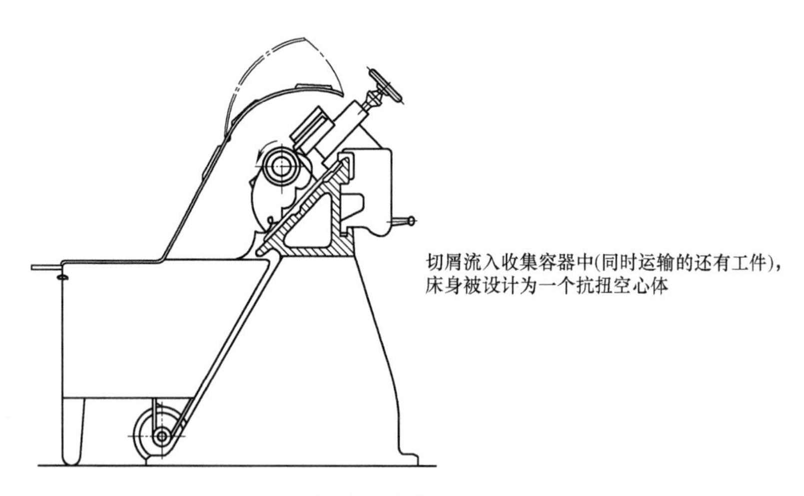

切屑流入收集容器中(同时运输的还有工件)，
床身被设计为一个抗扭空心体

图 5.1　马格德堡车床（1928 年左右）

但是，这台机器开始时注定不会取得销售上的成功，车床这个概念在当时并不常见，工厂里的工程师们依旧十分依赖“车削操作台”。此外，新机器为了使切屑更方便流向收集容器改变了工作主轴的旋转方向，这使操作人员很难观察刀具的实际切削状况。直到 25 年之后，这种斜床身车床才在工厂里“站稳脚跟”。类似的，车床这一概念在 20 世纪 90 年代又一次发生了“翻天覆地”的变化，图 5.2 展示了这种新型机器的优势。

在铸造行业中，水平分型在砂型铸造过程中是一件理所当然的事情。即使当引入机械结构来压实型砂时，它也被保留了下来。Disamatik 公司引入了垂直分模，使整个成型、铸造和脱模过程效率更高（图 5.3）。水平工作的高压压力机逐渐推出相互支撑的压块。铸造过程在一条前进的生产线上进行，铸件逐步凝固，模具在产线末端被摧毁，以取出铸件。第一台这种类型的机器是全新的设计，没有任何借鉴可言。

小型平面磨床这一经典概念［图 5.4 中 1）］多年来一直没有改变，几乎所有工作在机床制造、工具制造等领域的人都知道这种机床。在 20 世纪 80 年代，一种新的设计问世［图 5.4 中 2），Göckel 公司的精密磨床］，当时这种新的机器概念还被作者用于教学中，以训练正确的机器设计能力。如果读者能在阅读后文解答之前自己理解这两种变体的优缺点，那么这一部分的介绍依旧能够给各位带来极大的益处。

课题 5.1：

根据图 5.4 介绍经典平面磨床和新机床设计的优缺点。

在这里必须要指出日常机械设计人员培训中的一个不足：虽然针对单独机器元件的训练（从相关文献中便可看出）相当广泛，有时也很深入，但对于整体机器的设计却难有批判性的分析和考虑。就这一点可以具体展开为：

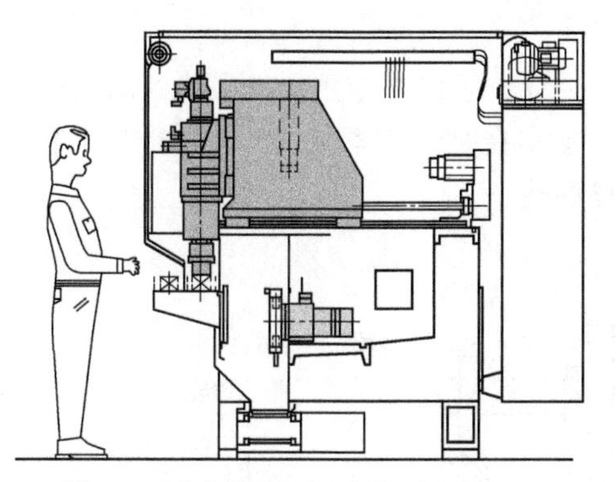

操作人员从集成式的进料和出料带上取出工件

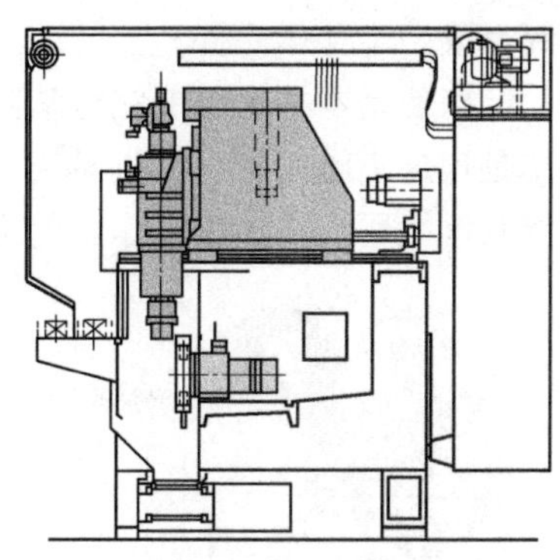

工件被传送到工位并进行切削

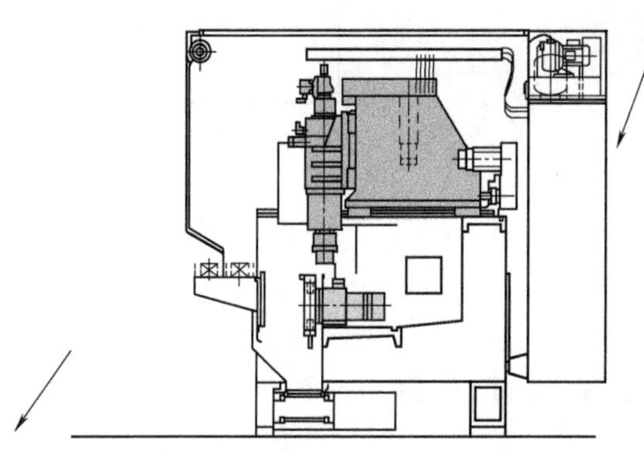

工件被传送到测量区域并测量尺寸，最终被放回到传送带上

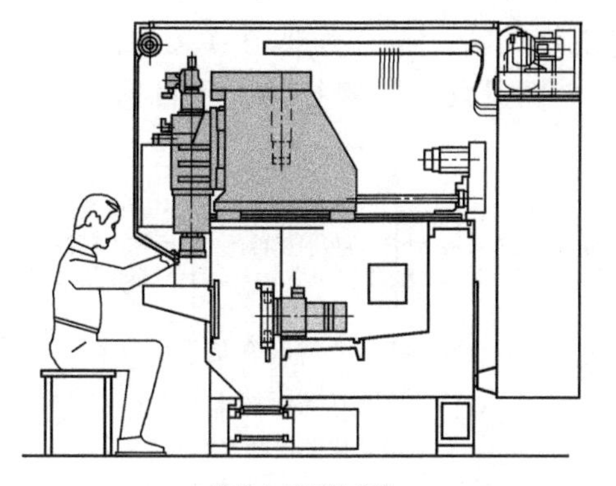

操作人员更换卡盘

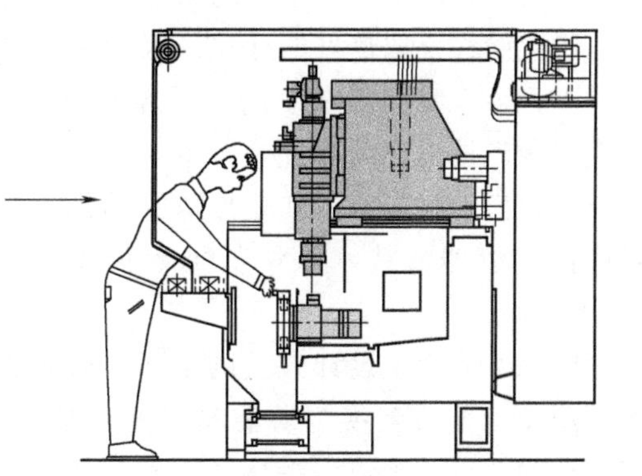

操作人员更换夹具

图 5.2　节选自一台全新设计的车床的广告材料（EMAG 机器工厂，1992 年）

- 确定不同机器概念的优缺点。
- 根据装配方式，考虑不同类型零部件之间的适配性（参见 5.3 节）。
- 满足生产及结构的大型零部件设计（参见 5.4 节）。
- 将零部件分类为基本机器和应用相关的配件。
- 双元或三元机械的注意事项（使用通用控制装置、总体框架和辅助设备的两个或三个工作元件）。

即使是本书也未能完全消除上述缺点。为此，可以在专业文献中找到的准备工作是远远不够的，因为机械工程的类型及分支实在是过于丰富。5.3 节和 5.4 节会涉及该主题，并为后续作者的进一步研究提供建议。

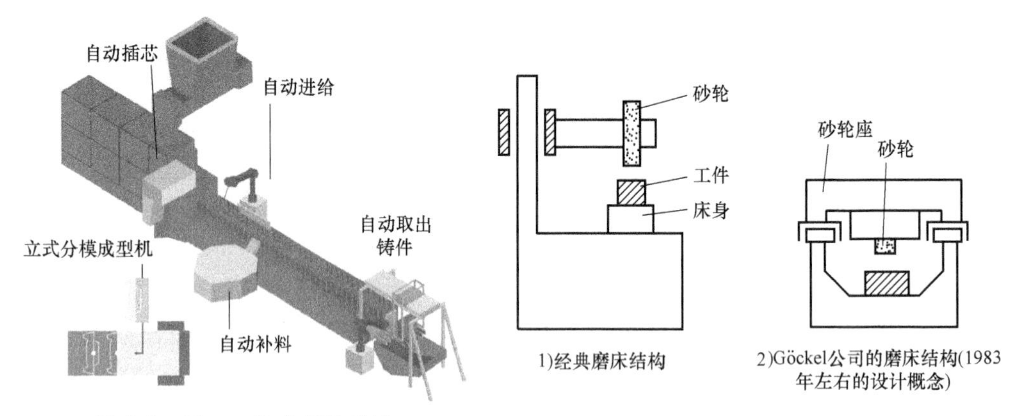

图 5.3　Disamatik 公司的无箱成型浇注机（铝砂铸造）

图 5.4　平面磨床（示意）

5.2　设计师任务和设计任务

在设计新结构及更细节的功能结构时（如 5.3 节所述），除了最基础的功能实现，还应始终争取良好的外观，因为它对“销售成功”具有重要的意义。在这种情况下，今天我们常常使用“技术设计”或“机器设计”来描述。到目前为止，此类问题已被多次简要提及，本章节将更详细地介绍它们。带有输入和输出信息的黑盒常被用作描述机器或技术系统的抽象形式，如图 5.5 所示。

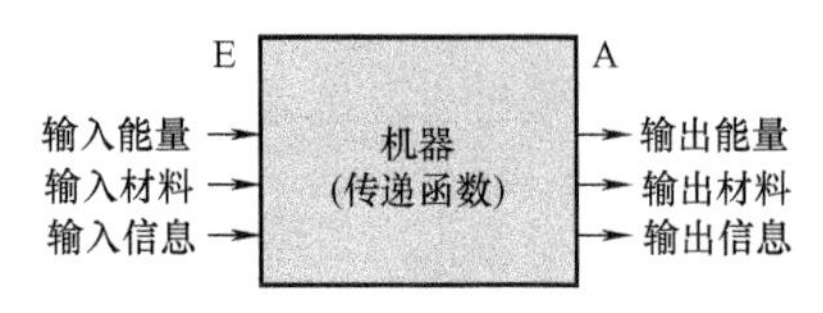

图 5.5　能量、材料和信息的转换，解决方案仍然未知

注：设计任务（功能）可以通过其输入、输出来描述。

图 5.5 明确了设计人员的工作：必须创造将可用输入变量转换为所需输出变量的设备。事实证明，设计师可以将整个任务分解为多个子任务（通常对应各个子功能），并将其可能的解决方案放入框中，通向整体解决方案的路径自然是各个子功能解决方案间的适当的组合。这些工作步骤在很多文献（如文献［8］、［10］、［70］）中均有详细描述，此处仅在图 5.6 的帮助下进行说明。

在图 5.5 中，无论是对操作人员、主管还是采购决策者都没有正式考虑人这一因素。然而，从以下描述中就可以看出，**将人融入技术系统中也是设计师的职责所在。**

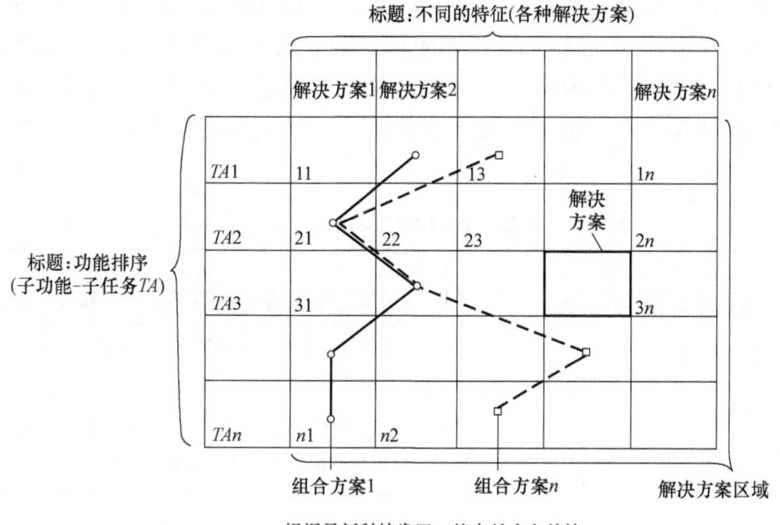

根据最新科技发展，笔者的个人总结：

	子任务的不同解决方案(功能集成)				子任务的不同解决方案(充分应用)														
					机械效应或元素(如杠杆、楔块)			电子效应或元素			流体效应或元素			气动效应或元素			其他		
	J_1	…	…	J_n	M_1	…	M_n	E_1	…	E_n	H_1	…	H_n	P_1	…	P_n	S_1	…	S_n

图 5.6　结构方框

克罗克（Klöcker）[96]：“工业设计的任务包含将所有与人类活动相关的功能和信息最优地分配给正确的执行者。”

哈伯曼（Habermann）[25]：“工业设计旨在满足计划或开发该产品的人的需求与期望。”

乌尔曼（Uhlmann）[90]：“技术设计的目的是在使用机器/设备和与产品接触时（做出购买决定），能够对其实用价值有积极的体验。”

在机械行业的某些领域内，设计师的参与已被视为理所当然，其中包括汽车制造商和客运列车的车辆制造商。当然，设计师合作的产品在家电行业也很普遍。但就机械结构设计领域而言，让设计师加入并不常见。造成这种情况的原因有很多，其中有一点可以从机械相关的教学过程中看出：培训中很少或根本没有关于设计任务、目标和效果的内容。这种情况是不能令人满意的，各式“伪装”（纯粹的外观改变）被很多人视为使机器改善外观的唯一方法。5.5 节将介绍应该采取哪些行动，以及与设计师合作可以获得哪些成果。笔者在此真诚地期望，技术学院或类似的培训中心能够更多地介绍与**机器概念设计相关的内容和知识点**。然而，到目前为止，专业技术人员很少能充分地接触这一领域的课程。设计师们会局限于自己的专业语言，因此他们常常发现自己与技术人员之间的理解不足。这里试图弥补这一缺陷，并让他们能够充分理解技术人员的语言。我们可以与建筑行业进行对比：建筑师这一职业，可以说是土木工程领域的设计师，这一点从古代起就已经得到了验证。设计师们在20世纪20年代才首次涉足汽车制造业（开始于包豪斯运动），但直到20世纪50年代末才进军机械工程领域。表5.1表明了建筑、结构工程和机械工程与人的关系。

表5.1　建筑、结构工程和机械工程与人的关系

建筑、结构工程	机械工程
建筑物的使用寿命较长（100年甚至更久）	机器的使用寿命较短（少于10年，少数可达20年）
建筑物在公众视野内	机器常布置在车间内（除了农业和建筑机器等），关注度局限在很小的圈子内
建筑物的视觉审美品质 ① 影响着很多人 ② 影响着几代人	极少数机器操作人员的职业生涯高光点会和机器绑定在一起，而机器的人体工学质量往往在其中扮演着重要角色

与人体工学有关的设计实例参考图5.7~图5.9（1980年左右的照片）。

图5.7　林业植树机——播种轮的安装导致操作人员只能保持一种不利于健康的前倾坐姿

图5.8　液压千斤顶的装配工位——上层的存储区域对于人体工学而言十分不合理

图5.9　手臂的交叉位置是人体工学设计不佳的直观表现

关于“机械工程对象”的期望外观，贾维尔（Tjalve）在文献［87］中使用了统一和有序这两个概念。

统一：一个产品应该表现为一个整体的封闭单元，各个元素在逻辑上和谐地组合在一起。有损整体印象的元素会损害外观。

有序：精心设计的产品一定会以高度有序的方式满足人们的审美需求，并最终脱颖而出。然而，最高程度的秩序也会导致单调。

Design Tech 公司的设计师于尔根·施密德（Jürgen R. Schmid）表示，成功的设计应该会给用户带来惊喜。更早的文献（如文献［25］、［36］、［46］）会使用**令人信服的、令人惊讶的、清晰的**来形容一台机器拥有良好的外观。

这些形容词很难用于图 5.10 中左侧的机器，它应该用锯齿状、混乱和不清楚来形容。如果仅仅根据视觉印象决定购买这两台机器中的一台，那么左侧的机器应该没有任何机会。

图 5.10　拼凑外形和精心设计对比

一家汽车电气制造商多年来一直生产用于汽车拖车的插头连接器，其完美的功能让厂商没有任何理由对其进行设计修改。但由于其外观似乎不再适应时代的审美，工业设计的成果开始崭露头角，因此该产品在设计方面进行了修改，如图 5.11 所示。清晰的设计思路无须过多的解释。除了纯粹的视觉外观改变，还考虑了便于清洁（无清洁死角）。由于整体结构的影响，很难将导线接头安装到铝外壳的内部，因此设计人员还提供了一种易于安装的触点插件。

然而，这种令人信服的外观并不总是需要设计师的参与，如图 5.12 所示的支架的变形设计。

注：梨形横截面设计对于这种受极大弯曲载荷的结构是正确的选择；I 字形截面对直梁或略微弯曲的结构很有用，但不能应用在这里。

滚珠轴承、卡尺、车床自定心卡盘也是可以用相同方式分类的机械结构对象。

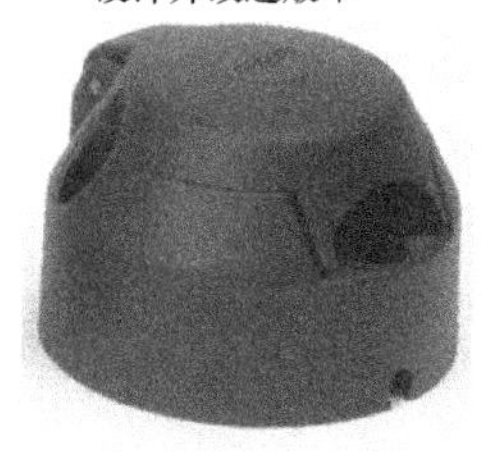

图 5.11　拖车接头

图 5.12　支架的变形设计

除了上述这些简单的物体，由机械工程师单独设计的挖掘机悬臂也同样简洁而平衡（图 5.14）。

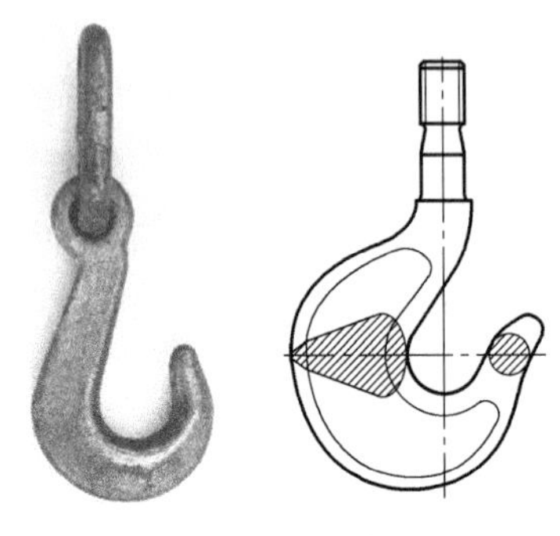

图 5.13　挂钩——外观改进的设计并没有带来任何功能设计优化

图 5.14　挖掘机悬臂

注：机械工程师提供了满足应用功能需求的悬臂；但本图的主要设计表现是驾驶室的外观。

雷耶（Leyer）在文献［59］中的描述适用于图 5.12~图 5.14 中的对象：**技术产品的良好外观源于需求，但也需要技术培训的支持。**

如何实现一次优秀的设计？设计师可以从以下几方面考虑：

■ 合理性。
■ 满足功能需求。
■ 易于生产制造。
■ 易于后期维护。

为此，设计工程领域的学生应该从一开始就接受相关的教育。但事实上，在设计任务的文档中，人们往往很少关注这一方面。

旋转多工位机器的开发示例（图 5.15）显示了设计人员的成果可以为设计实践带去何种帮助。在这里，机器变形设计的设计草图被用作讨论业务和开发管理决策的基础。但是，还必须考虑设计师的贡献大小会因产品而异，如图 5.16 所示。

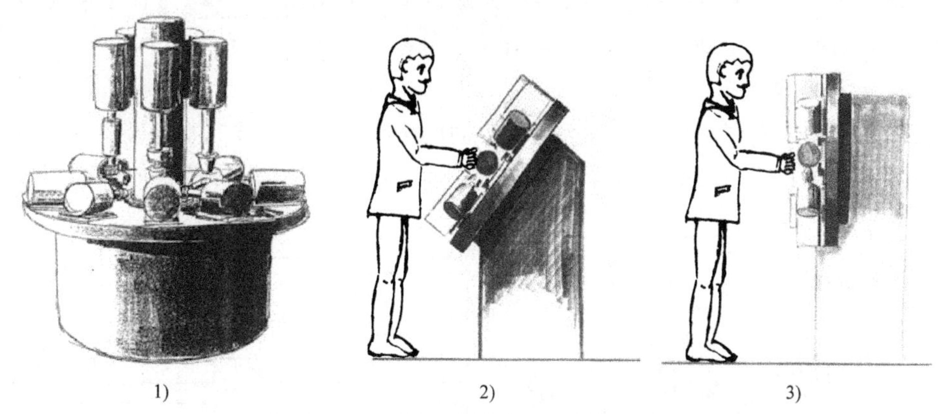

图 5.15　3 种旋转台设计（另见图 5.49）

这些设计草图在机器的设计初期完成，用于确定采用倾斜、垂直还是水平布置方式。

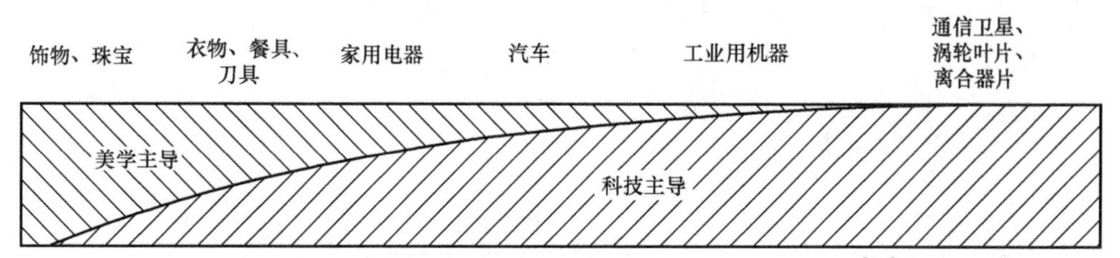

图 5.16　某些特定产品的设计趋势改变，美学还是科技[91]

5.3　将机器分类成零件组

不将机器细分为可单独装配的零件组只有在小型机器和特殊情况下才有意义。早期家用缝纫机就是这样一个非常经典的例子。在一体式铸造外壳中，所有单个零件一个接一个地插入或添加，直到完成整台机器的装配。卷线机［图 5.17 中 1）］的一部分就是按上述步骤完成的。现根据客户不同的工作任务需求，要将其拆分成两个组件：卷轴头和驱动轴［图 5.17 中 2）］。

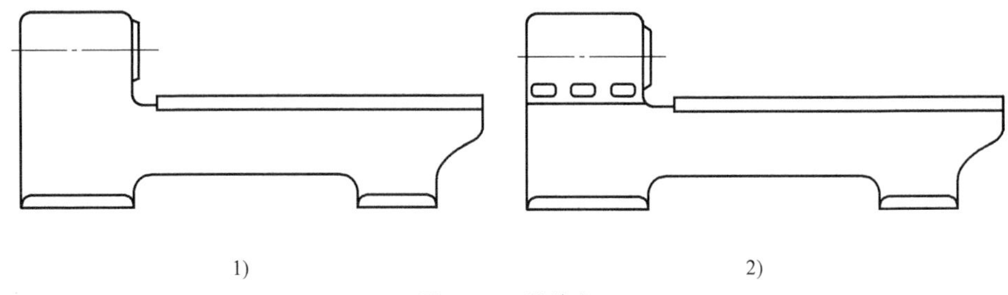

图 5.17　卷线机

对于图 5.17，1）中的主轴箱固定在整机上，无法调整位置；2）中的主轴箱可以和其他零件（滑轨、尾座等）一样分开装配，并进行调整。

1. 划分零件组

现代化批量生产的流程一般都是在不同的装配部门尽可能完整地装配和测试组件，然后在总装部门装配成最终成品，如图 5.18 所示。如果将核心的基础零件组

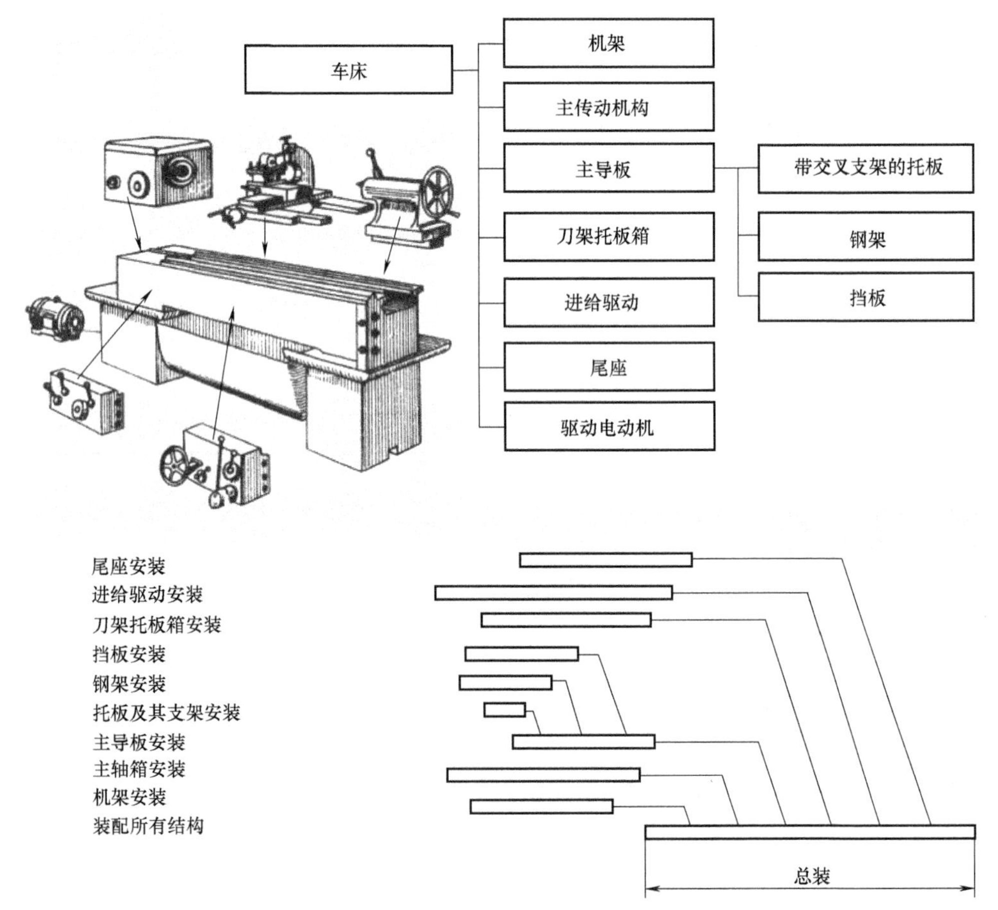

图 5.18　零部件布局和装配过程布局[75]

集成到机架中，则会增加一定的装配时间，如图 5.19 所示。而在这个例子中，还有一个事实，即在图 5.19 中 1）的情况下，主轴相对于导轨的位置是无法进行调整的。

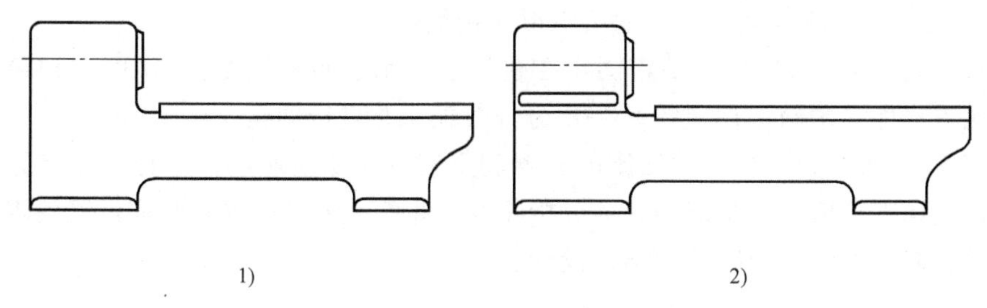

图 5.19　车床机架概念

在划分零件组时，必须注意确保一个完整的功能形成一个独立单元。图 5.20 表明，这可能需要更多的零件设计和制造工作。图 5.20 中 1）没有法兰，只能在最终装配时连接压力管（这只能应用于单件生产）；但在批量生产中，法兰结构所增加的费用也是可以接受的。

划分零件组或装配单元的要求有以下几个方面：

- 零件分组应按功能划分。

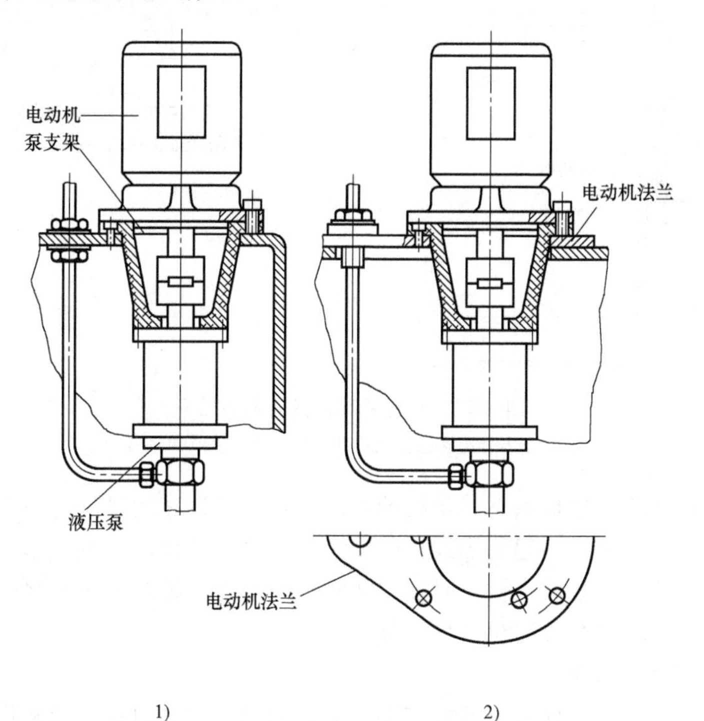

图 5.20　2 种不同设计的带驱动的液压泵

注：2）中的结构设计可以进行预装配。

- 应进行完整划分（最终划分到电气、液压和气动层面）。
- 每个零件组均可以单独检验。
- 各零件组之间的装配不能出现拆卸工序。
- 装配设计应与装配部门的组织形式相配合。

对于图 5.19，1）中主轴箱固定在整机上，无法调整位置；2）中主轴箱可以和其他零部件（滑轨、尾座等）一样分开装配，并进行调整。

图 5.21 所示为一台摇臂钻床的悬臂起重装置。如前所述，这种传输装置也是作者在设计工程培训中制定的一项分析任务。此外，还必须提到装配过程的困难程度，学员们要提供适合装配的结构设计。

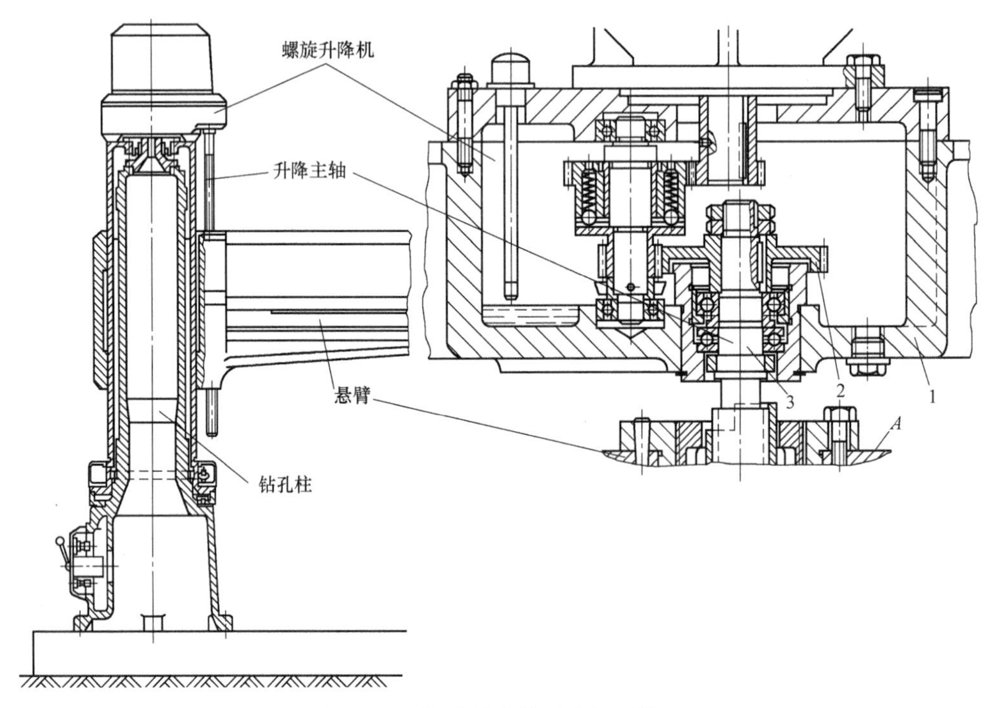

图 5.21　摇臂钻床的悬臂起重装置

注：除了装配问题，此传动机构还有其他设计缺陷。

螺旋千斤顶的主要缺点是其丝杠的长度很长，导致在运输过程中容易受损，因此必须与固定的齿轮组一起装配到摇臂钻床上。使用室内起重机吊起组件并在高处操作时，将主轴从上方插入钻臂时需要非常小心。在主轴和齿轮箱之间加入易于安装的联轴器设计可以大大简化装配工作。

2. 适合运输的机器

过去，大型机械工程系统通常需要在安装和操作现场由较小的和最小的零件组装配而成。以大型造船业为例，船体下水后仍要在舾装码头等待很长时间。而因为一种施工方法的盛行，这个时间被大大缩短。在这种方法中，各个零件在交付时都会预先装配在合适的框架中，如图 5.22 所示。这些框架都被设计成在完成装配之后可以用起重机或叉车搬运。该部分相关的其他装配单元也都可以使用吊钩起重机暂时固定。这可以理解为，在起重机吊钩上搬运的是一台完整的机器。此外，还应该做到包含尽可能多的辅助组件。对于完整的吊钩起重机，由于它也用于大型零部件，设计人员必须设计连接点，以便使用起重机完成安全的起吊和移动工作。用于此目的的环形螺栓及环形螺母早已为人所知。它们的负载能力（垂直）为 1.4kN（M8）~70kN（M42）。这些 DIN 零件的缺点是必须拧紧。而在这种状态下，连接环的角度位置是不确定的，当以一定角度拉动时，可能会产生松动力矩。更合适的是使用旋转止动元件，它们在不同螺栓固定和焊接场景下都能得到应用。

图 5.23 所示为可以使用叉车运输的紧凑型机器设计。

由于叉车现在主要用于内部运输，因此了解与之相关的运输结构设计也是很有意义的[38]（另请参见图 5.49）。

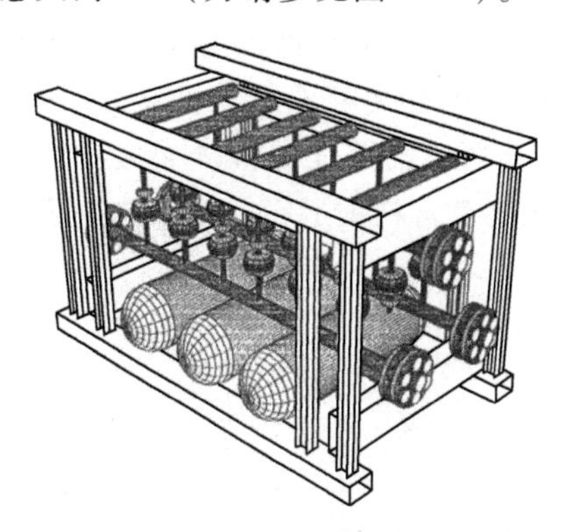

图 5.22 装备零件组（示意）

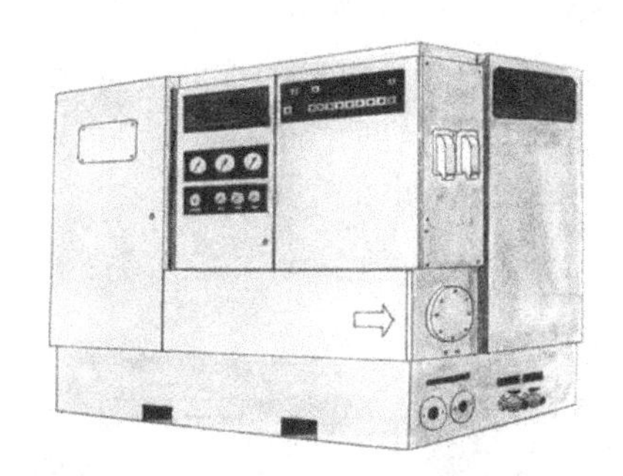

图 5.23 紧凑型机器设计，可用于升降式装卸车

注：机器可以使用叉车运输。安装结束后，只须完成高度标准化的接口对接即可使用。

3. 在机架内进行装配

我们不止一次地注意到在机架内进行装配是相当麻烦的，图 5.24 就是一个典型的例子。零件必须从多个方向运送，这意味着铸铁机架需要进行旋转，甚至是多次旋转。如果要搬运的质量超过 20kg（单人组装）或 50kg（两人组装），则需要起吊点或转向装置。运输精密车/钻床（图 3.36）时采用了不同的方法，如图 5.25 和图 5.26 所示。机架盖可以拆卸，所有零部件（电动机和齿轮）都可以使用起重机装配。如果无法做到这一点，则可以采用图 5.27 中的方法。

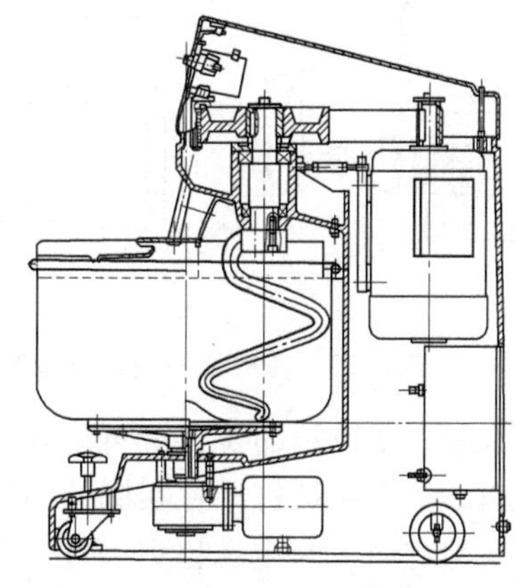

图 5.24 捏合机[82]

注：整台机器必须从底部→上部→侧面进行安装。

图 5.25　精密车床的驱动装置（不包含外护板）

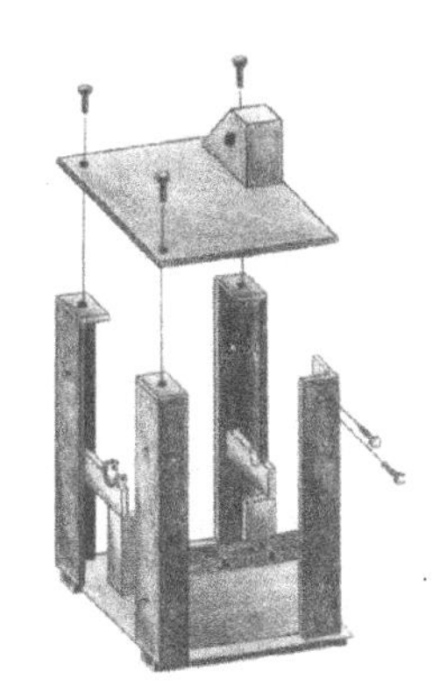

图 5.26　驱动装置机架（顶盖易于拆卸）

4. 调整机器组件

笔者已在文献［34］中对这一方面进行了介绍，特别是组件内各个零件间的调整。接下来会介绍使用已完成零件装配及测试的子组件装配成最终机器的示例。图 5.26 所示的焊接机架的设计使得除了生产螺纹孔，不需要任何机械加工。为了调整其中齿轮的空间位置，如确保电动机和带轮之间正常精准运行，可以选择通过螺纹进行调整，如图 5.28 所示。

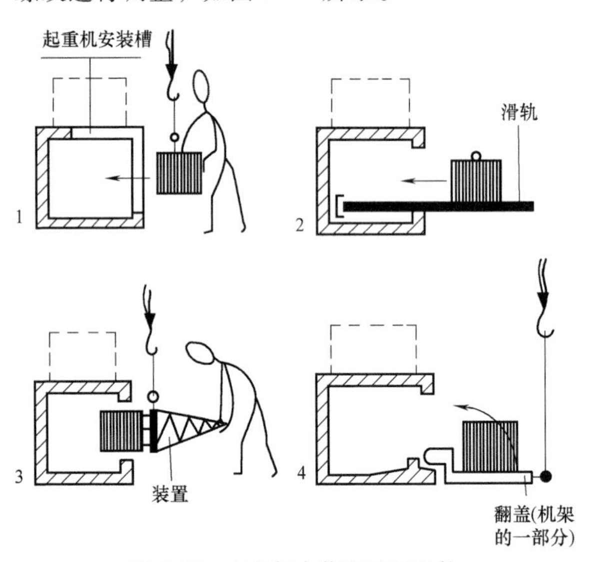

图 5.27　在机架中装配重型组件

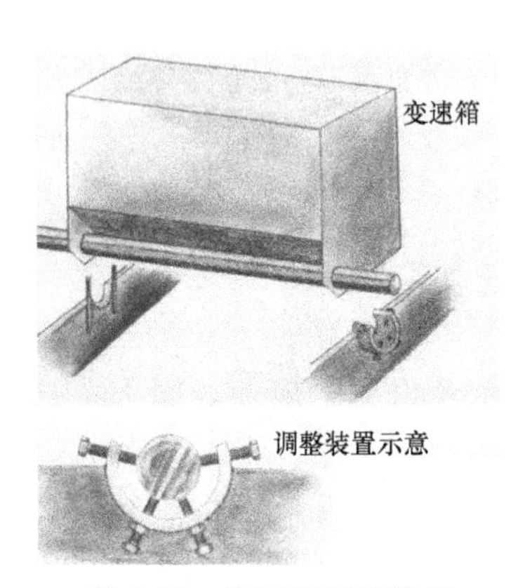

图 5.28　变速箱调整装置

其中，变速箱的位置应可以在焊接机架中调整；调整装置示意图中有 2 个调整螺钉和 2 个固定螺钉。在实际使用中，变速箱右侧的薄弱支架能够起到防止其被抬起，因为有向下的皮带拉力（图中未标明）作用。

图 5.29～图 5.33 展示了部分调整装置。通常来说，调整螺钉最好选用细螺纹螺钉。

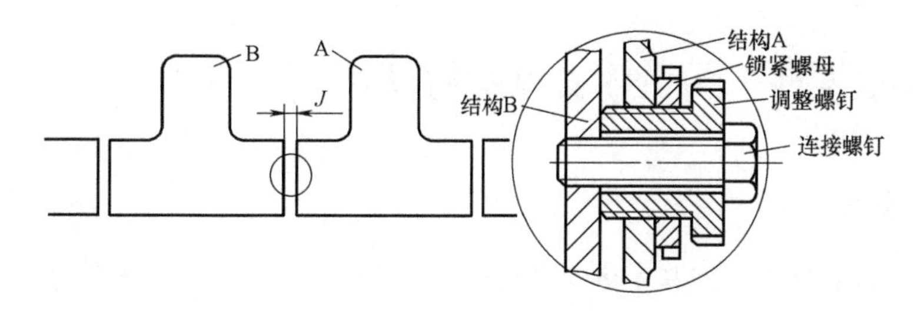

图 5.29 调整 A 与 B 之间的距离 J

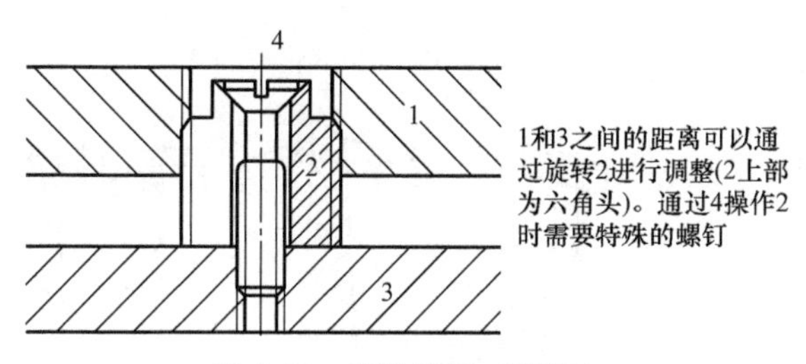

图 5.30 调整装置（草图）

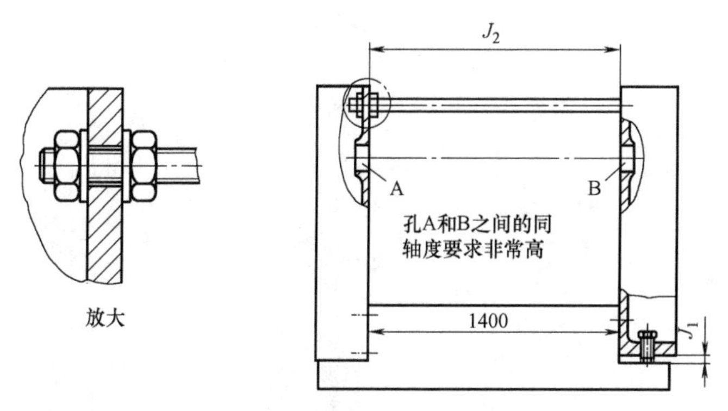

图 5.31 调整由 3 个零部件构成的机械结构

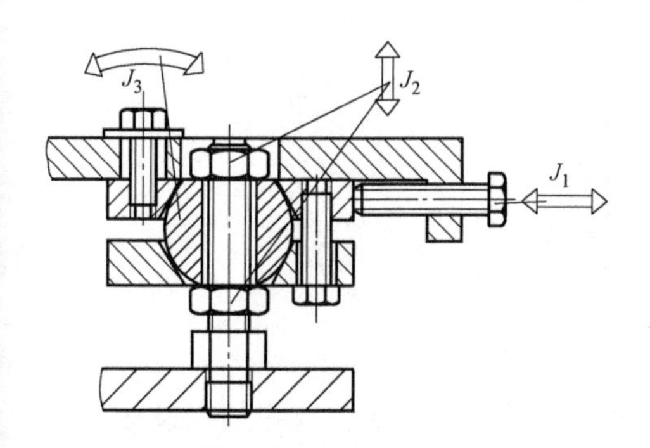

图 5.32 可以实现 3 个调整方向的装置

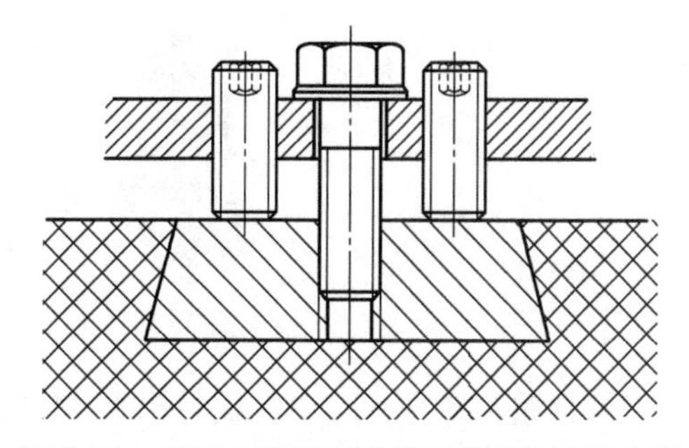

图 5.33 用于机器高度调节和连接的螺钉布置

5.4 大型零件——主体支撑结构设计

5.4.1 引言

一台机器的外观受到其主体支撑结构的影响巨大。它们有时被称为机架，有时被称为外壳（如齿轮结构）或是其他的名字，本书中将会用到“支撑结构”这个概念。根据不同的目的，支撑结构可以设计得完全不同，如图 5.34 和图 5.35 所示。

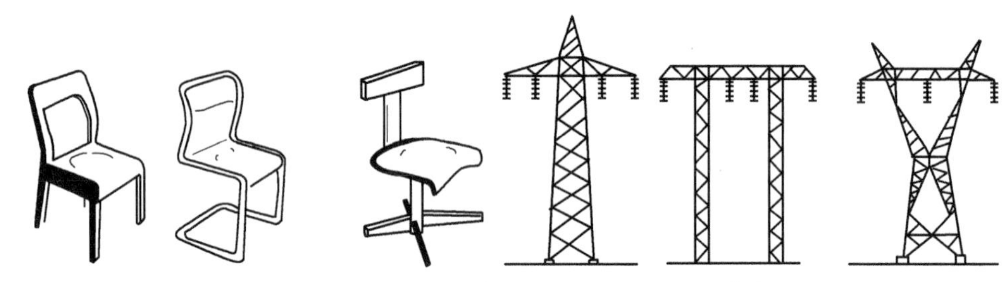

图 5.34 同样目的的支撑结构可以完全不同[82]

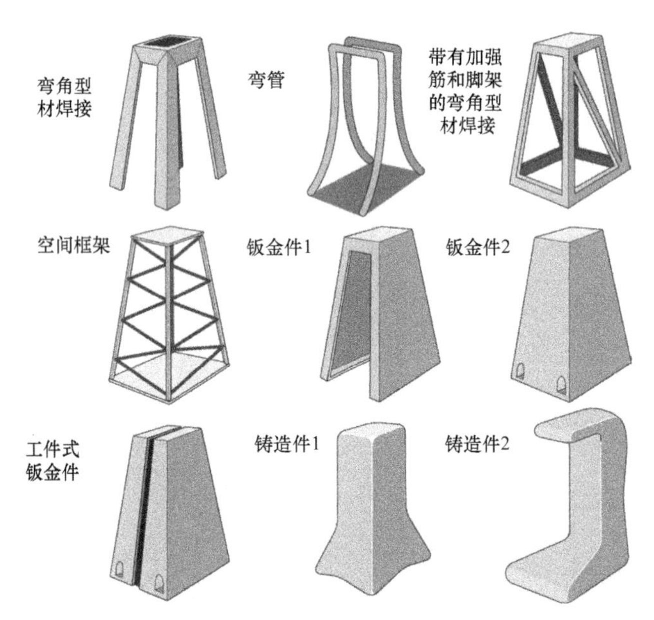

图 5.35 某小型机械的支撑结构示例

西格（Seeger）在文献［82］中指出机械工程培训很少关注支撑结构设计，相关文献的内容也确实可以证实这一说法。以设计理论中最基础的标准任务“齿轮系的构造”为例，几乎没有任何详细的有关外壳设计的介绍。德克尔（Decker）

在文献［11］中做出了以下陈述：

- 决定性因素是变速箱外壳的结构稳定性，而不是其强度。
- 外壳可以通过腹板和加强筋加强。

在设计支撑结构之前，应该明确它实际如何摆放及周围的环境。安装类型可细分为点、线、面（图 5.36）。针对西格在文献［82］中的插图，我们必须提出一种不同的声音，即它完全没有提及整体结构的 3 点固定情形。针对生产高精度产品的机器，应该优先选择这种放置方式，其紧凑的设计方式可以带来静态稳定性，因此可以很好地避免支撑结构变形，尽管防倾倒的安全性降低了。还应该指出的是，真正的线性或平面放置结构只能通过浇注来实现。

除了车间地面这一最常见的安装位置，壁挂式和悬挂式布置也应得到综合考虑，因此可以有以下几种不同的设计：

- 地板结构。
- 墙体结构（悬臂结构）。
- 悬浮结构。

关于来自机器外部或内部的力（重力、操作力、驱动力），设计工程师总是应该优先考虑这些力及其会产生的影响（参见 3.11 节）。前提当然是那些设计规则不是简单的复制粘贴，而是融入具体的设计中去。

实际可用的支撑结构种类非常多。仅就焊接结构而言，已经得到命名的大约有十种，且不包含就此衍生的混合变体。后文中将会介绍的支撑结构可以为各位读者在设计时提供参考，但**绝不代表要优先选择以下示例**。结构设计都与特定的任务情

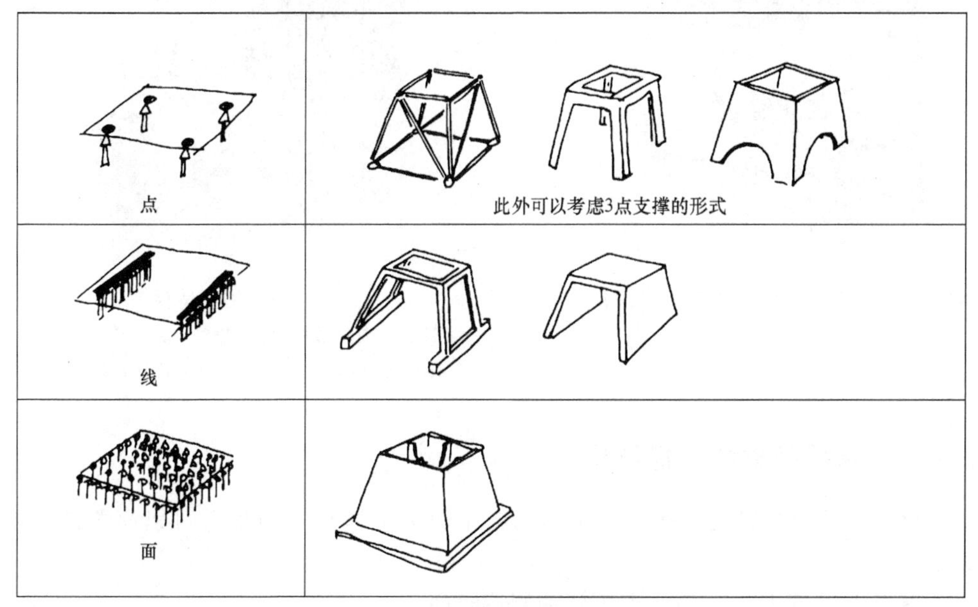

图 5.36　支撑结构及其安装类型[82]

景相关，需要了解可用的生产选项并考虑所需的期限，如紧急订单应该使用焊接结构，而铸造解决方案可能更适合批量生产。在前文的介绍中提到了功能一体化（参见 2.3 节），这种方法也可用于支撑结构，并被称为自支撑结构，这也代表着功能相关的大型零部件同时拥有了支撑功能。

5.4.2 铸造结构中的支撑结构

由铁铸造材料制成的铸造机架在经典机械工程中占据主导地位。关于满足生产需求的铸件设计也可以参考文献［34］。由于机架很少用作一体式组件，因此多个铸件用螺栓固定在一起是很常见的设计方案，如图 5.37 所示。这张图清楚地表现了铸造成型开口的缺点，并且这些开口通常在成品机器上要被覆盖住。此外，还需要考虑因为这些开口导致的刚度降低。而焊接结构并不存在这个缺点。

此处不得不再次提到 3.2 节中图 3.20 介绍的骨架结构，虽然其刚度低，实际应用得很少。

如果需要降低质量，在机器需要移动时常有这样的需求，为铸造生产设计的支撑结构选择在轻质结构中实现。根据要求，可选择的高强度轻质铸造材料也很多。其整体可用范围涵盖了小型外壳到大型支撑结构部件，并主要用于混合结构。图 5.38 所示的铝精铸件就是一个以轻质结构实现支撑结构的示例。

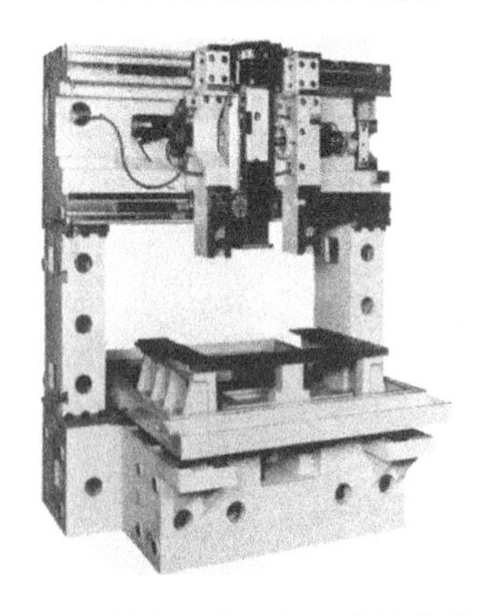

图 5.37　精密机床机架（未封装状态）

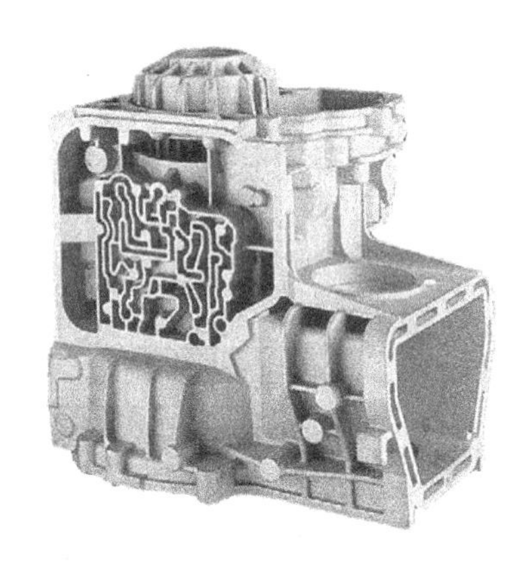

图 5.38　铝精铸件

注：该铸件为汽车自动变速箱外壳，尺寸（mm）为 480×360×400（于 2002 年 2 月设计和铸造）。

5.4.3 焊接而成的支撑结构

焊接而成的机架或其他大型结构相较于铸造支撑结构的**优点**可以简单地总结如下：

- 不需要模具，这意味着更短的制造时间。
- 没有气孔或气泡、没有拔模斜度、没有核心开口、无须考虑咬边，但要确保焊缝的合理位置。

- 没有大小限制。
- 壁厚与整体尺寸无关，即一定能够实现轻量化。
- 加工失误可以用焊枪消除，并用完美的细节代替（没有人可以绝对排除加工失误!）。
- 客户定制需求可以得到快速响应。

而它的缺点也有以下几个方面：

- 可能会发生焊接变形，但在一定情况下可以通过矫正工作来弥补。
- 由于有多个原始零部件，误差累计是不可避免的。
- 有多个操作步骤。
- 由于对接接头处和对接焊缝根部区域存在非焊接区域，因此对角焊缝处会产生缺口应力集中效应。

工作要点：

与焊接专家在焊接顺序、最小焊缝厚度等问题的合作自是不言而喻，并应最大限度地减少焊接变形及其他缺点。

通过以下焊接结构的分类，笔者试图对实践中常见的“丰富”品种进行总结概述。因为焊接机架可以由圆管状半成品（轧钢、管材或其他挤压材料）和钣金（从薄钣金到厚钣金）构成，由此可以区分为 2 种基本构造方法，即型材结构（Profilbauweise）和墙面结构（Wandbauweise）。

1. 型材结构

从图 5.39~图 5.41 中可以看出，可以在型材结构中实现平面、线性、空间和组合焊接体。

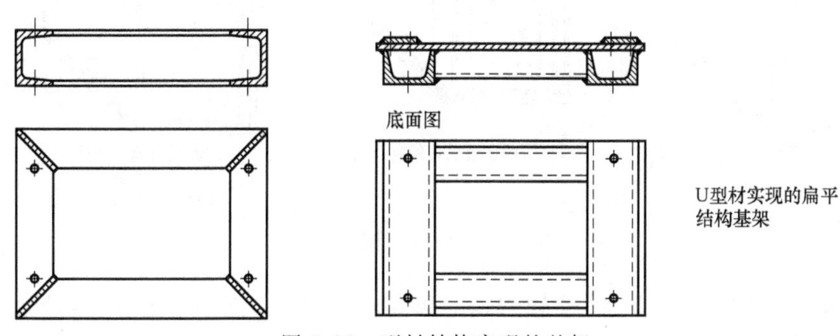

图 5.39　型材结构实现的基架

2. 墙体结构

墙体结构起源于相对较厚的实心墙体结构，有时也被称为板材结构（Plattenbauweise），如图 5.42 所示。

由于设计目标总是寻求更轻的结构，因此几乎没有设计工程师会使用未加强过的厚金属板，他们总是选择更小的壁厚。但由此也会产生两种常见的现象。首先是

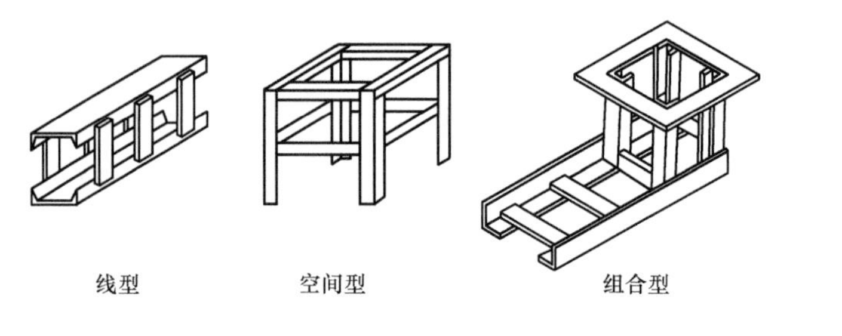

图 5.40　型材结构示例

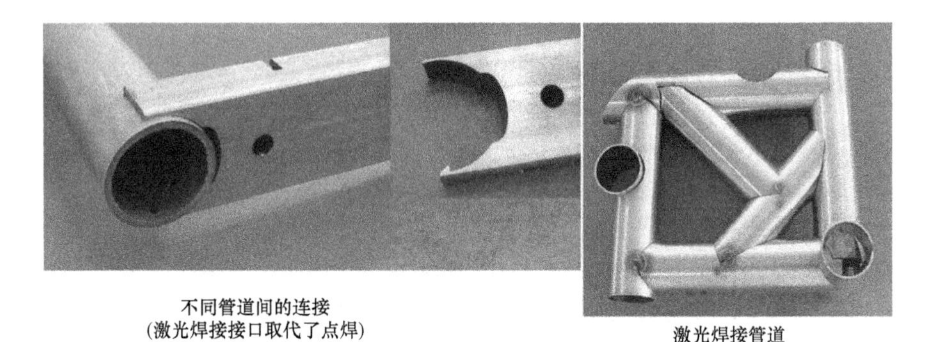

图 5.41　管状型材结构［Trumpf 公司］

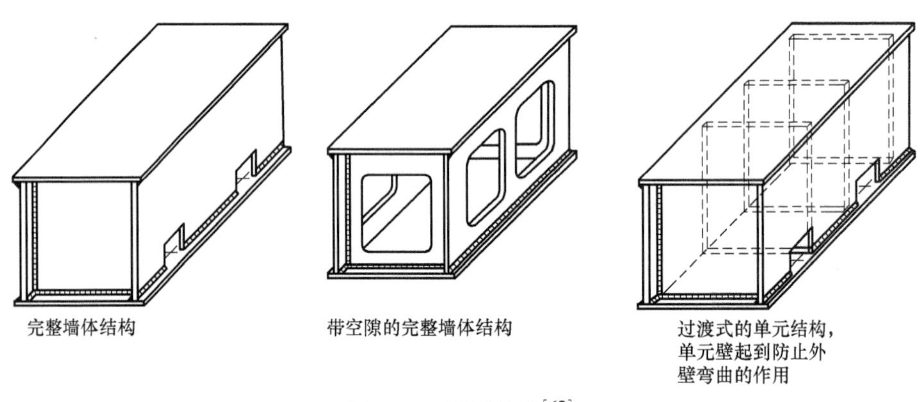

图 5.42　墙面结构[67]

大面积墙体的翘曲，当然这一点可以通过单元式结构来应对。如果应用场景还存在扭转应力，三角形单元是最佳的选择。其次则是由于机器的重量大大减少，因此有时只能通过用沙子或混凝土来进行填充以保证稳定性。其中一种替代方法是下文所述的矿物铸造技术，用铸造矿物填充薄壁钢框架具有以下优点：

■ 有良好的减振和降噪效果。

■ 矿物铸件良好的静态刚度对整体框架都有影响，可以在省略加强筋，且无须单元结构的情况下，大幅减小壁厚。

■ 矿物铸件可以很好地黏附在钢结构表面。

■ 热膨胀系数与钢材适应。

■ 矿物铸件在凝固时不会收缩（另见 5.4.7 小节）。

如果在机器生产过程中无法使用沙子、混凝土或矿物铸件等，则仍可以使用传统的加强形式，如图 5.43 所示。

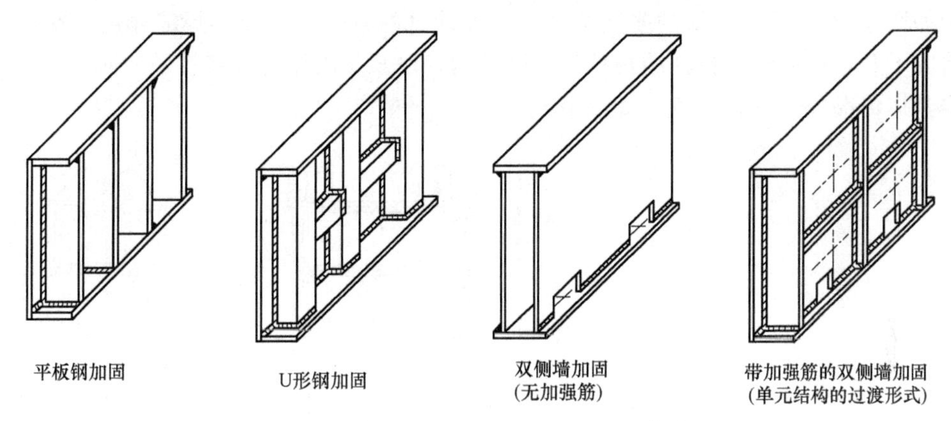

图 5.43 墙体结构及不同的加固方式[67]

另一种很少使用的方法则是折叠结构方法，如图 5.44 所示。这是一种特殊形式的单元结构，可以满足减少焊缝数量的要求。展开的金属板将通过机械夹紧装置固定，通过带有液压缸或牵引绞盘的插入杆进行弯曲。

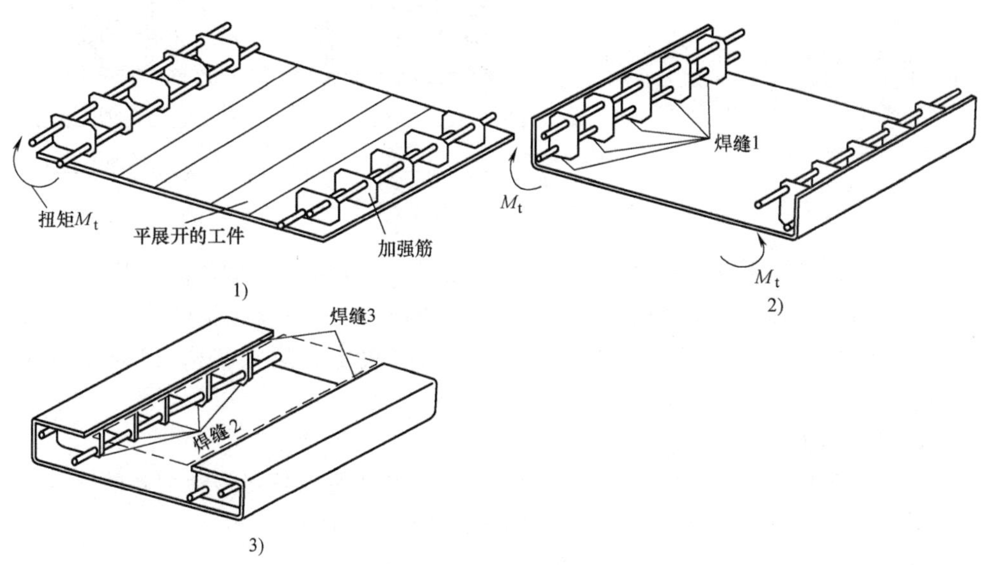

图 5.44 折叠结构[67]

对于图 5.44 这类结构的加工步骤如下：

1）将加强筋焊接到平面展开的工件上。

2）完成焊缝1，施加折叠扭矩 M_t。

3）完成焊缝2，根据需求继续弯折，抽出用于施加扭矩的棒状工具，完成焊缝3（如图中虚线表示的平板）。

使用多层外壁取代单层厚金属板壁时，其层数绝不局限于双壁。侧壁的多层结构如图5.45所示。已知的多壁结构，其设计目的就是用于减小焊缝厚度。在何种情况下我们可以使用拉杆结构替代多壁结构，以及其具体的改善效果如何，都要依据具体情况分析（详见5.4.5小节）。

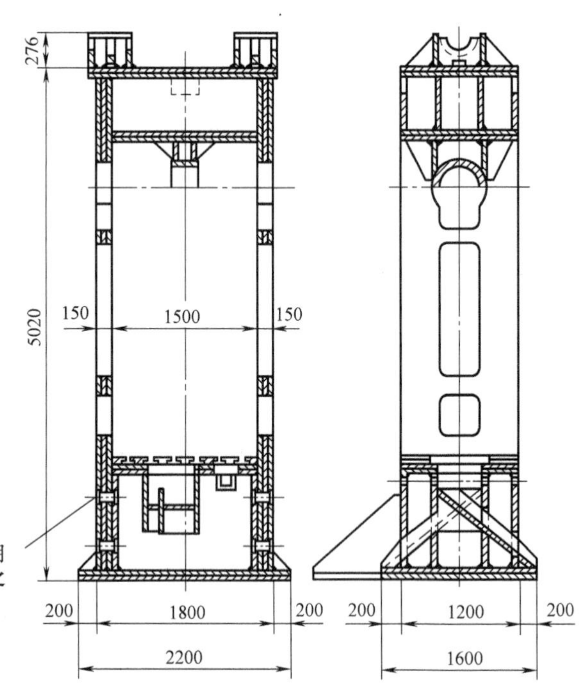

8000 kN偏心压力机的工作台及十字头所采用的一种更经济的变形设计，通过内部各块板之间的连接，能够达到实心墙壁的效果

图5.45　侧壁的多层结构[67]

另一种形式的多壁结构也可以追溯到压制结构，它是为大型等静压系统而设计的。压力机框架具有层状结构（图5.46）。钣金加工中心的支撑结构采用了相同的设计制造，但只有两个板条。各位读者可以自行决定“层状结构（Lamellenbauweise）”一词是否适用于此。

3. 混合结构

在机械工程实践中，除了纯型材和墙面结构，还可以发现多种两者的混合体。无论是哪种形式，都是设计工程师们对最优结构的不断尝试。

■ 混合结构1：型材+板材（图5.47）。

■ 混合结构2：铸焊复合材料（图5.48）。

■ 混合结构3：与新成型零件（IHU零件、3D激光零件等）组合。

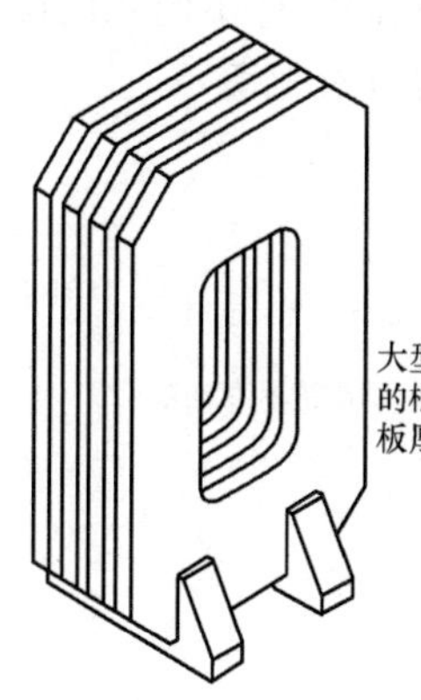

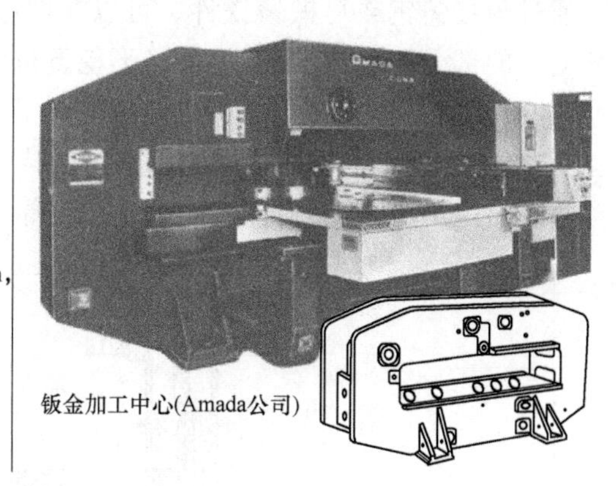

图 5.46 机器中的层状结构[67]

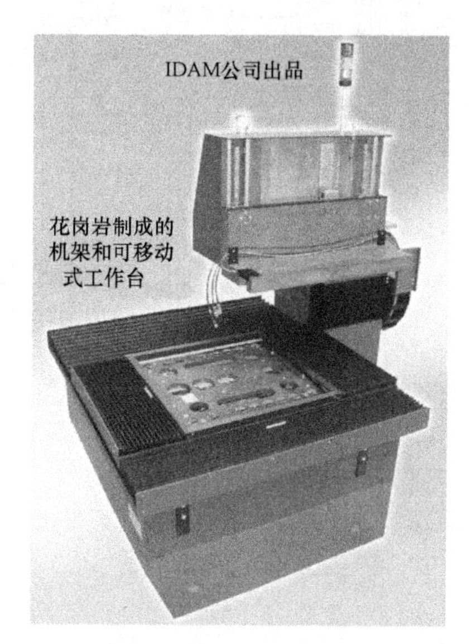

图 5.47 混合结构 1 示例

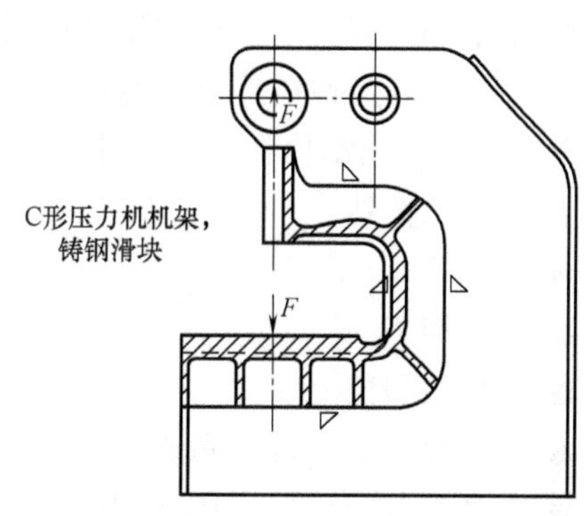

图 5.48 混合结构 2 示例

通过焊接铸钢或可锻铸铁件，可以在批量生产中更好地控制零件中的几何形状十分复杂的部分，如图 5.48 中的叉形挖掘机臂架和 C 形压力机机架所示。

图 5.49 所示的旋转传送机机架也代表了一种混合结构：

■ 设计相对简单的底架采用了型材结构中的焊接结构。

■ 几何形状复杂的旋转台则设计为铸件。

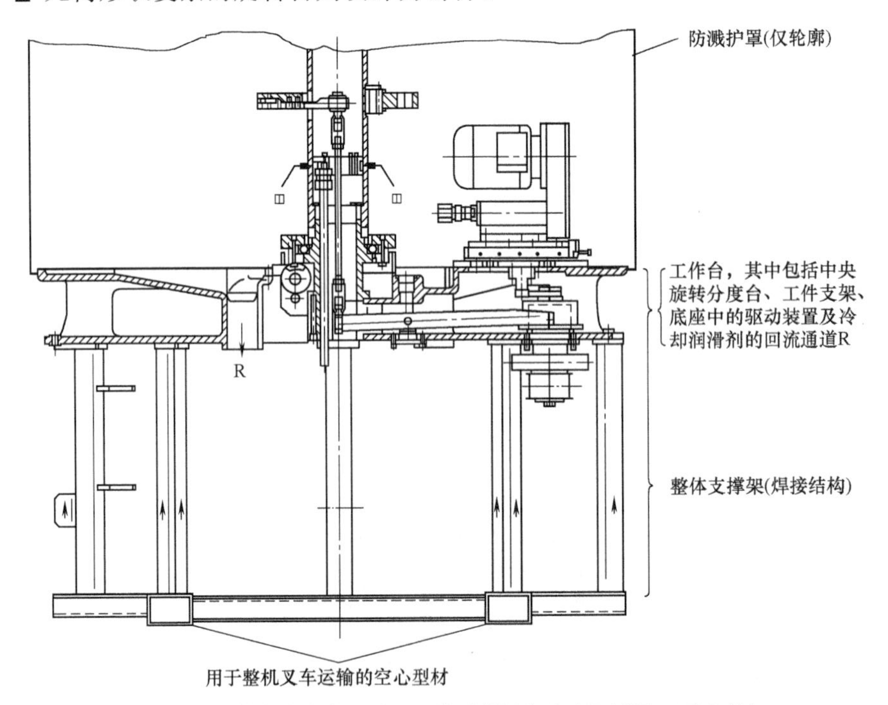

图 5.49　旋转分度台，中心面切割视图（开发用图，不完整）

5.4.4　螺纹结构

螺纹结构有 2 种基本变体：

■ 基于广泛应用于挤压成型的铝型材的构造套件。

■ 用螺纹固定在铸件上的轧制型材或类似物。

首先，模块化结构在各种特殊机器和设备中非常常见，如：

■ 手动工作站。

■ 文件架。

■ 侧手推车。

■ 装配站和装配线。

■ 包装台、展示台、测试站。

■ 大型机器的机架（图 5.50）。

■ 防护罩和其他防护装置等。

其基本元素都是一系列挤压铝型材，并辅以以下零部件：

■ 连接元件（滑块、螺钉、连接支架、节点零件、T形连接器等）。

■ 接头、轴承、铰链。

■ 门元件。

■ 脚、轮子、脚轮。

■ 风管。

■ 直线导轨等。

这种模块化系统的优点如下：

■ 可以批量生产。

■ 可以轻松进行改造和添加。

■ 通常不需要着色或表面处理。

■ 铝型材的空腔非常适合保护电缆、软管和其他元件。该套件还包含可直接用于空腔连接和锁定的元件（参见5.5.3小节）。

图5.51所示为第2种螺纹结构的示例。

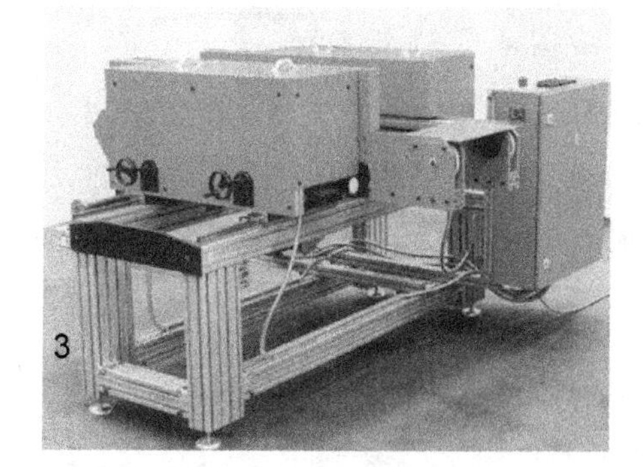

图5.50　挤压铝型材制成的机架（博世公司）

图5.51　螺纹混合结构的大型竖井提升机轮（部分视图）

具有复杂几何形状的结构零件则被设计为铸件。较大尺寸的结构通过使用轧制型材或其他挤压材料来实现。与铸焊件连接相比，这里不需要使用可焊接的铸造材料，因此可以使用具有层状石墨或球状石墨的铸铁来取代铸钢，以此来获得更好的铸件特性。

5.4.5　拉杆结构

拉杆的使用源于压力机结构，最初用于门式压力机，也会用于C形框架，如图5.52所示。

拉杆对压力的良好吸收或传导作用使其他框架零部件的轻型版本成为可能。图1.23所示的带有拉杆和压杆的焊接结构的压力机框架在这方面也应该引起读者的注意。然而，拉杆决不局限于焊接结构，如果可以很好地传导很大的力，它们可以

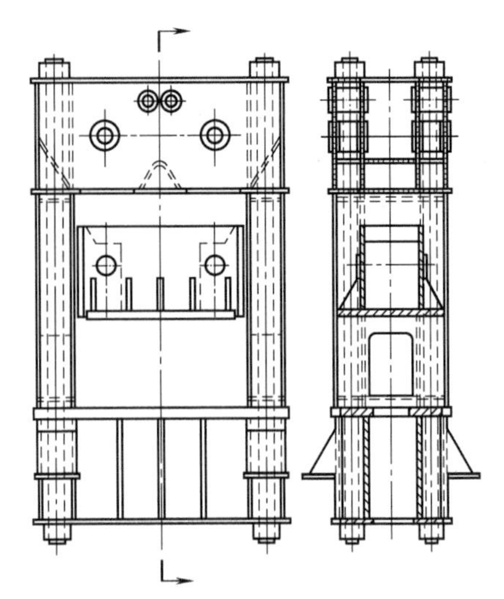

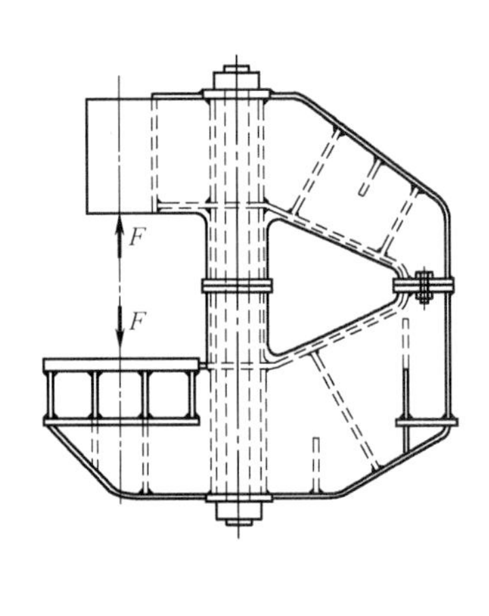

图 5.52　带拉杆的机器框架[67]

被使用在任何地方。带有空间排列的拉杆的应用如图 5.53 所示，但并不常见。您可以在固定建筑物或岩石的使用场景中看到它们。它们更多的应用方法等待着各位读者去开发。

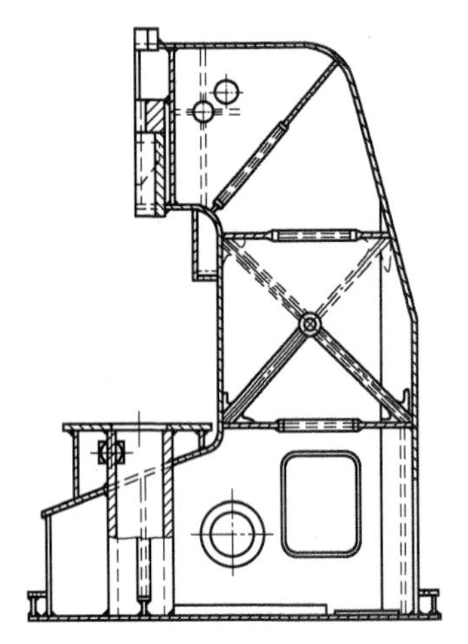

图 5.53　C 形机架，出于扭转载荷考虑而进行的拉杆布置方式[67]

5.4.6　花岗岩——用作精密机械基础材料的天然岩石

机床和测量机的基体、床身、支架、工作台原本只是在机床企业铸件仓库中经过自然老化的铸件。后来，时效过程可以在退火炉中进行加速（人工时效），这为机械工程领域的焊接机架铺平了道路。尽管在 20 世纪 30 年代花岗岩就已被用于大型标记板，但它们并未更多地引起人们的注意。多年来，金刚石工具一直是花岗岩机器框架的先驱，通过释放残余应力，消除了机器制造商们对成品框架零部件发生变形的担忧。花岗岩在精密机械工程中可以利用的重要特性如下：

- 无内应力，这意味着永久的、精密的机架成为可能，不会由于内应力的逐渐释放而产生变形。
- 热应力下的变形小或对室温波动的反应迟缓。
- 有非常好的减振性。
- 防锈和防磁，本身属于耐腐蚀性介质，无须采取防腐措施。
- 在磨蚀应力下具有高耐磨性。

- 比重低（类似于铝）。
- 金刚石工具确保了良好的可加工性，与铸铁和矿物铸件相比，没有模具成本。
- 精密表面可直接用于空气静压或静压轴承。
- 螺纹嵌件即使在动态力下也能确保牢固固定。
- 环保，无废弃问题。

以上所罗列的特性均得到了 Johann Fischer 公司的技术支持。图 5.54～图 5.56 所示为花岗岩特性在机械工程中的应用。

图 5.54　大型零件加工机器

注：支架 S_1 和 S_2 由折叠结构覆盖；总体框架件为 W；B 的结构详见图 5.56；对于加工机器的总体尺，底板约为 6000mm×6000mm，支架高约为 3000mm（Dr. Mader Maschinenbau 公司的产品）。

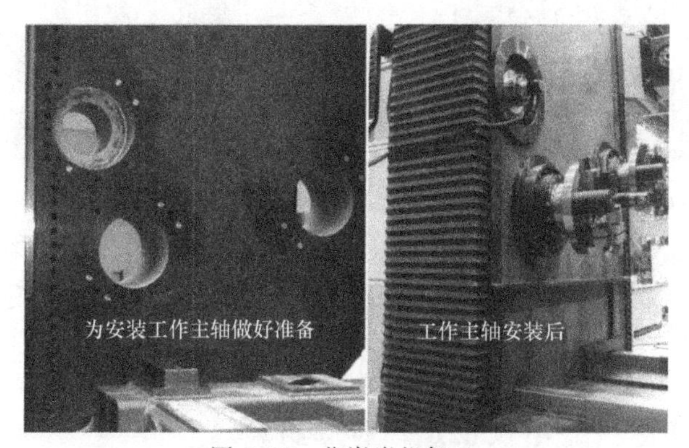

图 5.55　花岗岩机架 S_2

花岗岩零件不仅可以用于非移动机器零部件（如板和长方体基体、支架、悬臂），还可用于移动零部件（如带空气轴承的工作台），如图 5.57～图 5.59 所示。

超精密机械工程、测量技术及微技术领域中也有这种材料的应用实例。它可以用来制造边缘长度为 50～10000mm，或重量高达 20t 的零部件。

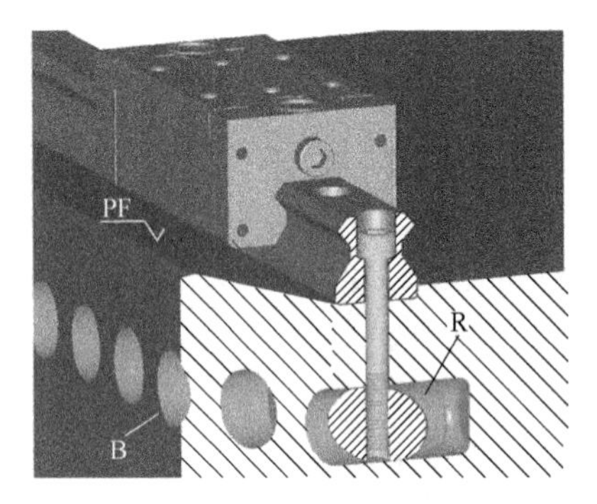

图 5.56　将直线导轨固定到花岗岩板上

注：PF 为精密表面，B 为孔，R 为十字孔（斜切）中带螺纹孔的圆形材料（钢）。

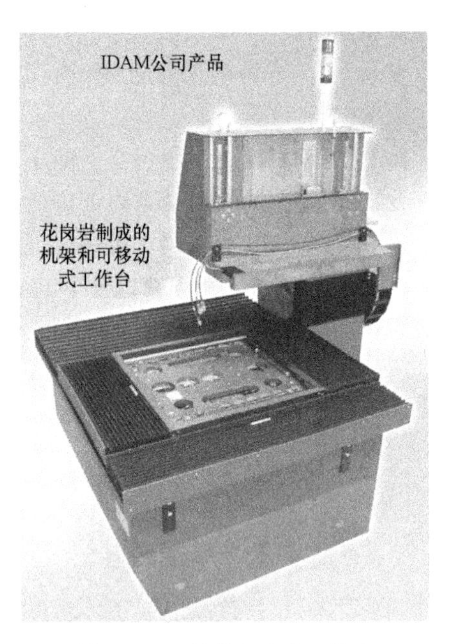

图 5.57　2 轴精密十字工作台（未安装加工单元）

图 5.58　2 轴精密十字工作台（未安装波纹管罩）

注：目的为激光精密加工，驱动为线性电动机，导轨应用了空气静力学。

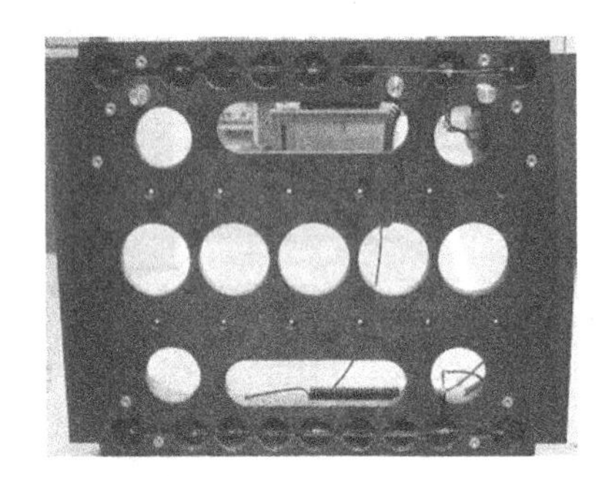

图 5.59　十字工作台面

注：大的开口设计有助于降低整体重量；小开口处是空气轴承的进气口。

5.4.7　矿物铸造——不仅仅是一种新材料

在铸件、焊接钢结构、螺纹连接的铝制框架，以及无变形的花岗岩作为加工机器的支撑结构和基础框架之后，为什么还需要另一种新的材料？因为在经历了很长时间周期的工作之后，相关人员开发出了一种新的材料及其加工技术，可以实现迄今为止任何其他材料都没有达到的许多特性。任何对矿物铸造的特性和可能性有全面了解的人都会认识到它对大型零件生产带去的革命性变化，并认同由此展开的机械工程领域的新时代的论点。下面将进一步介绍这一技术。

图 5.60 矿物铸件的截面[98]

选定的矿物在盒状模具中用基于环氧树脂的黏合剂浇铸形成零件。虽然很难从外轮廓上将矿物铸件与灰口铸铁区分开来，但矿物铸件的壁厚要厚得多，如图 5.60 和图 5.61 所示。

尽管密度仅为灰口铸铁的三分之一，质量接近的机架仍能提供相同的刚度。此外，在机械工程领域它还有哪些特殊性能？

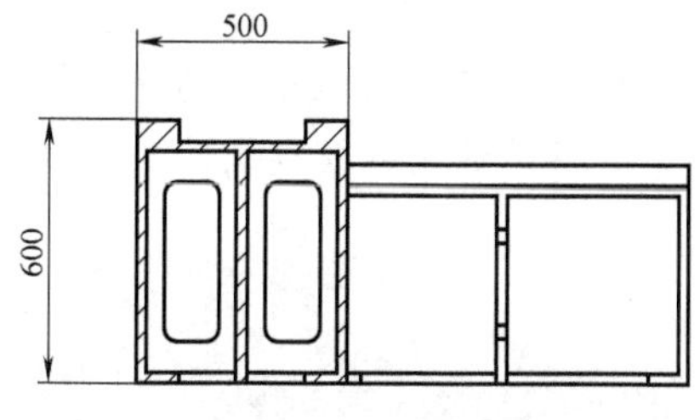

1) 灰口铸铁铸造机架的横截面

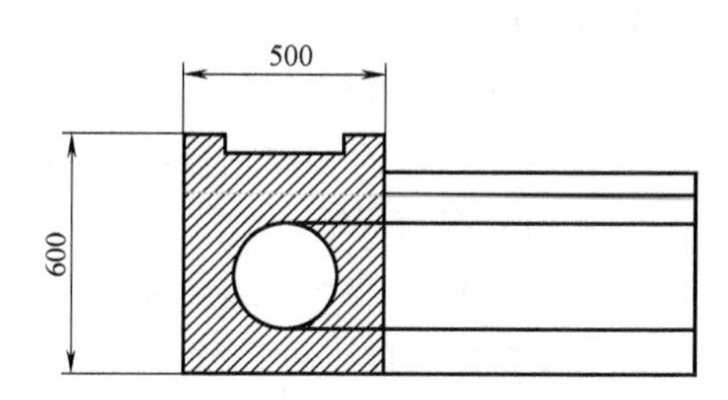

2) 矿物铸造机架的横截面

图 5.61 灰口铸铁铸造和矿物铸造机架的横截面[38]

■ 动态特性：振动快速衰减（图 5.62）。

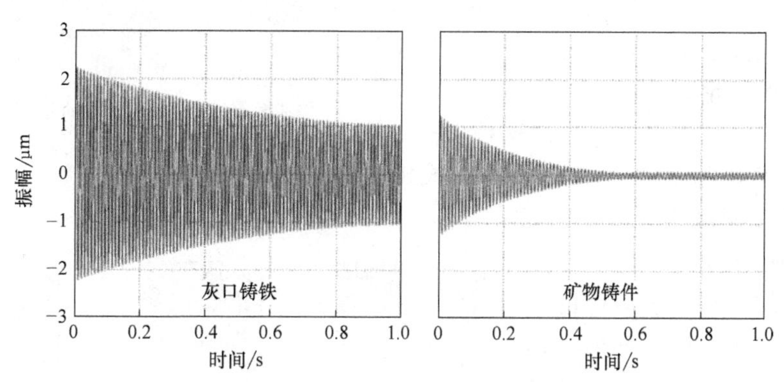

图 5.62 灰口铸铁和矿物铸件的衰减曲线对比[38]

■ 降噪：结构噪声分析表明声压级降低了 20%。

■ 热特性：对温度的短期影响不敏感；温度的长期影响可以得到抑制温度的长期影响也可以通过浇筑热循环回路来加以抑制（但要注意循环回路的设计）。

■ 耐介质性：矿物铸件不会生锈，并且对冷却剂、润滑剂、清洁剂、液压油和电介质都呈现高耐受性。

■ 导电性：矿物铸件是一种电绝缘体，可直接将接地带或线（锚螺栓或底板等）铸造其中。

■ 内应力：凝固过程中体积变化极小，因此不必考虑尺寸收缩，内应力很小。由于通常不需要机械加工，因此几乎不会因释放应力而引起变形。

■ 刚度：尽管弹性模量较小，但由于材料横截面较大，由矿物铸件制成的零部件变形通常较小。

■ 质量和最大尺寸：现在可实现的应用范围为 50kg ~ 18t；机床长度可达 7000mm。

■ 最后需要指出的是，在达到使用年限后，可以将矿物铸件与金属内置件分离，并粉碎加工成细裂片，可二次用于建筑、筑路等。

1. 壁厚

虽然铸件设计师总是争取使壁厚尽可能均匀，但矿物铸件可以很好地适应较大的壁厚差异和材料的不规则堆积（图 5.63）。最小壁厚是最大晶粒直径的 5~8 倍。

常见的粒度直径有：

■ ϕ16 晶粒的最小可选壁厚为 80~130mm。

■ ϕ8 晶粒的最小可选壁厚为 40~65mm。

■ ϕ5 晶粒的最小可选壁厚为 25~40mm。

应优先选择大晶粒，在质量范围大于 1t 的机架中，90%由晶粒尺寸 ϕ16 制成。对于存在部分较薄机架外壁的情况，可以将不同粒径的矿物铸造配方依次填充到模具中（如用于冷却液排放的薄壁轮廓）。

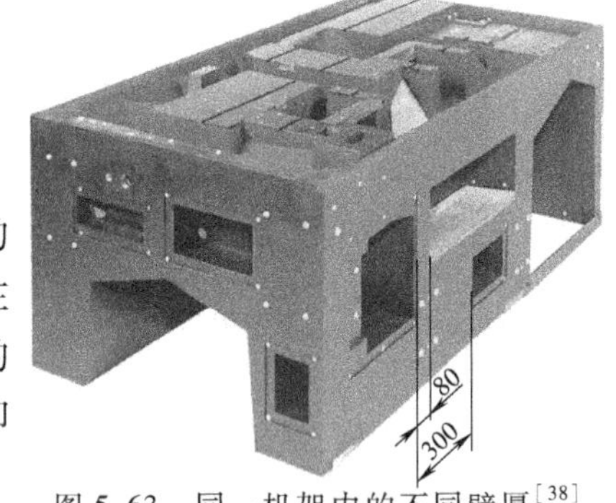

图 5.63 同一机架内的不同壁厚[38]

注：单位为 mm。

举例来说，我们可以通过这种方法直接浇铸冷却液通道的边缘，而不是胶合或螺纹连接，如图 5.64 所示。

2. 铸入结构

铸入结构与传统铸件的显著区别就在于可以将外形结构直接铸入到最终铸件中，如可以省去紧固螺纹的后续加工。此外，由于铸造和凝固过程的温度不超过 45~50℃，这也允许浇铸塑料零部件及其他对温度敏感的零部件。

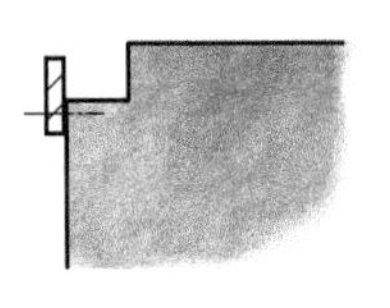

1) 螺纹连接

2) 胶合

3) 浇铸(优先选择)

图 5.64 3 种不同设计的冷却液通道

可铸入的有：

■ 螺纹锚（图 5.65）。

■ 用于提升和移动铸件的负载锚（图 5.65）。

■ 带有安装孔和凹槽的板。

■ 底板（如部分调平元件）。

■ 用于接地的接地带。

■ 用于各种介质（流体、压缩空气、冷却剂、润滑剂等）流动的管道（图5.66）。

■ 电线。

■ 容器或钣金元件等（如恒定切屑流的滑动表面或叉车运输槽口）。

■ 用于状态检测的传感器（如温度传感器）。

■ 执行器（如用于热稳定的元器件）。

预埋线通常可以直接实现各个作用点的连接，大大简化了后期机器内部的密集管路铺设和固定（围绕加强筋和其他加强件）工作。然而有利自然有弊，一旦出现了“遗漏”，改造工作将十分困难，请参阅关于原型设计阶段的内容。

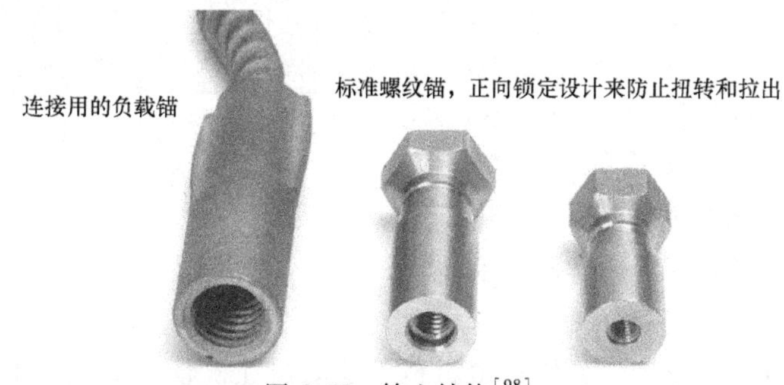

图 5.65 铸入结构[98]

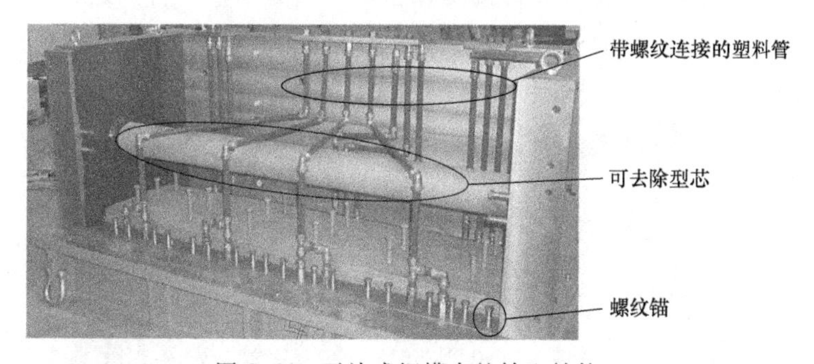

图 5.66 开放式钢模中的铸入结构

过去用于机械加工（铣削、磨削）的金属工作面常常会直接铸入铸件，但现在可以通过后期加工矿物铸件来代替，或以更好的方式：直接通过模具铸造得到。

3. 高精度表面

3 种加工高精度表面的方法如下：

1）铸入钢或铸条并加工（铣削、磨削）。仅适用于生产数量较少，使用木制模具（精度相对较低）及复杂的代加工几何表面。

2）使用特殊砂轮对矿物铸件进行机械加工。当使用特殊的覆盖系统时，磨削得到的平面可以直接用于放置静压导轨。

3）无须机械加工即可形成精密表面。高精度成形表面的精度要求被转移到了矿物铸坯的特殊成型化合物（带有精细填料的特殊树脂）上。此类零件主要有2类工作场景：

① 静态应用（用于各种支撑和拧紧表面，如型材导轨）。

② 摩擦学应用（用于带有模制润滑袋和凹槽的滑动表面等，也可用于静压导轨）。

矿物铸造框架上的高精度研磨安装面如图5.67所示。

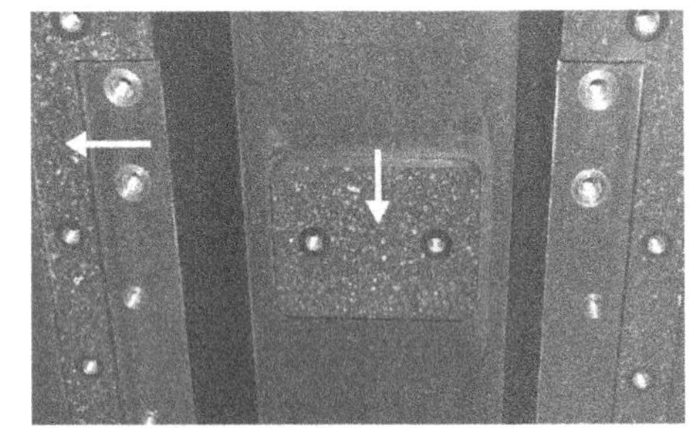

图5.67 矿物铸造框架上的高精度研磨安装面[38]

在专门的温度箱中进行成型，与其他生产过程解耦，能保证千分之一毫米的精度，使大型零件的生产不再需要多余的步骤。当然，还必须考虑高精度的、稳定的成型模板带来的成本，也因此会有铸件年产量不得低于25个的要求。本章节描述的3种精密表面的加工方式与下文即将介绍的大型零部件黏合相关的技术为我们打开了新一代铸件制造的技术大门。

4. 浇铸和黏合

各种零件可以通过特殊的铸造填料精确地固定在矿物铸造框架上，如轴承座、法兰轴承和轴瓦。这意味着可以直接实现相对位置的调整，否则还需要使用细螺纹进行装配或调整。由于是面-面连接，这种方式还保证了较高的负载能力。这些特点也同样适用于高精度黏合的框架部件（图5.68）。

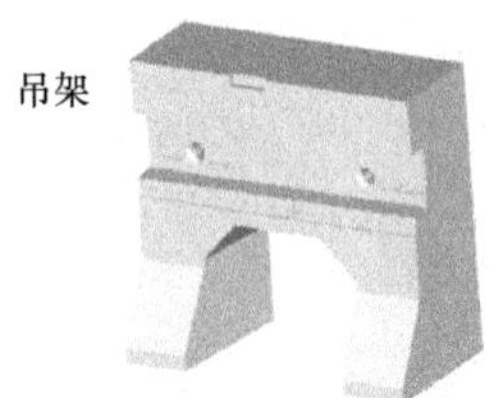

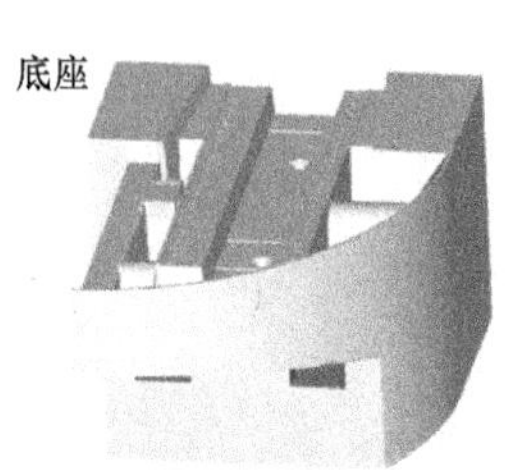

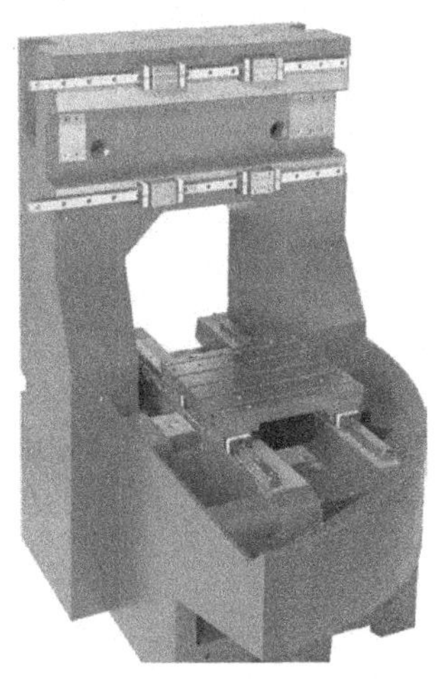

图5.68 铣床框架，由两部分制成并通过黏合实现[38]

5. 消失的型芯

铸件的质量可以通过“失芯”来减少，适合的材料有：

- 泡沫体。
- 木块。
- 塑料管（图 5.69）。

圆形或倾斜的型芯轮廓是为了防止型芯底部出现气泡，见表 5.2。

图 5.69 车床的矿物铸造框架（3 根塑料管来实现“失芯”）[38]

6. 铸模及其对设计的影响

矿物铸件最适合在由板材（木材或金属）制成的模具中进行铸造。因此，长方体或平面结构的机架设计是第一选择。成品铸件脱模需要 5°±2°的拔模角，因此还必须考虑与砂型铸造相比可能存在不同脱模方向的数量，如图 5.70 所示。矿物铸模可以像砂型铸造中的芯盒一样拆卸，从而实现 5 个脱模方向。

表 5.2 矿物铸件设计说明[38]

设计原则		差	好
1	通过脱模斜度（5°±2°）保证铸件顺利脱模	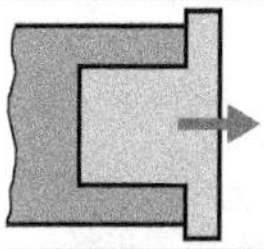	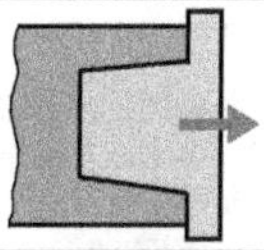
2	通过无阻碍通风提高铸件表面质量并避免形成气泡		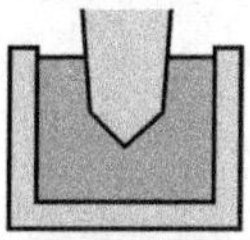
3	通过型芯下部的通风斜面（30°~40°）保证无气泡形成		
4	通过对管道口倒角实现更好的外观并避免损伤	 管道	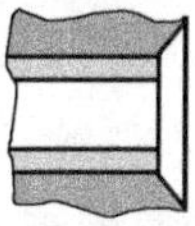
5	足够的外壁宽度保证铸入零件的稳定性	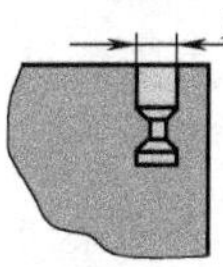 D	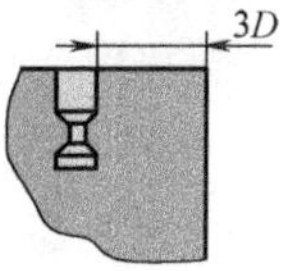 3D
6	通过金属衬套将螺钉等拧到矿物铸件上可避免出现过载	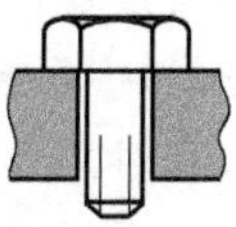	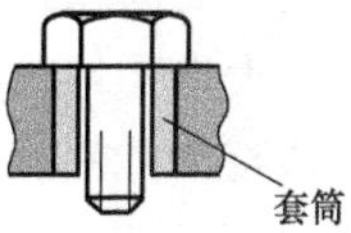 套筒

（续）

设计原则		差	好
7	使用经过安全验证的负载元件		
8	通过简单的 U 形设计避免在叉车运输时损坏		
9	通过倒角或圆角降低缺口效应		

底切也可以通过类似的方式进行控制，模具的造型部分仅在铸造过程中固定到模具的侧壁上，并且最终可以与侧壁分离，从模具中取出。

图 5.71 所示的三坐标测量机就是一个非常“完美”的平面框架结构示例。

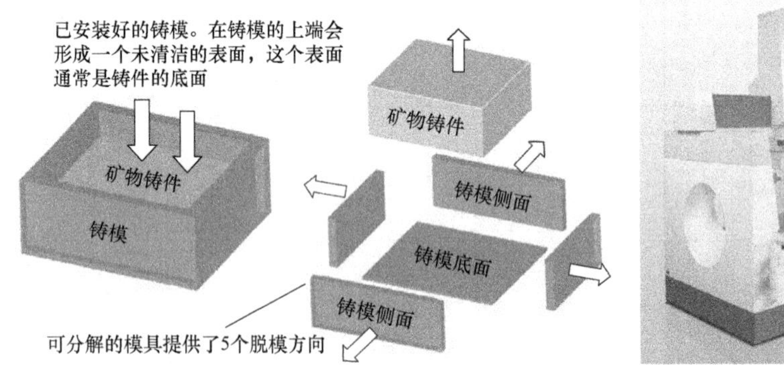

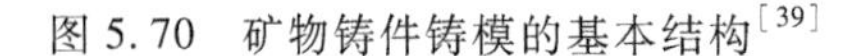

图 5.70　矿物铸件铸模的基本结构[39]

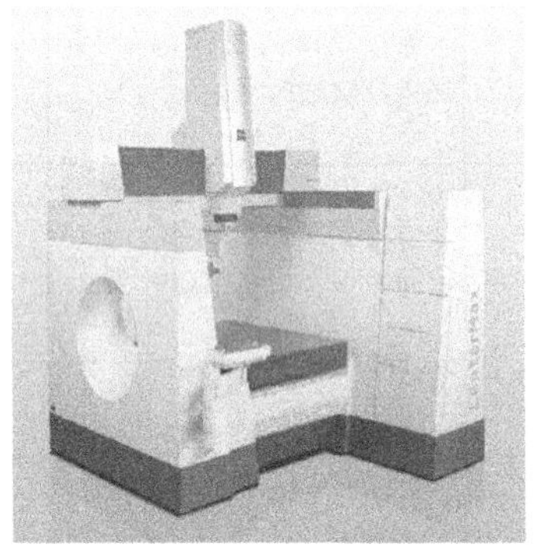

图 5.71　花岗岩底座的三坐标测量机（蔡司、亨斯乐和舒尔泰斯设计事务所）

7. 模具类型及其特性

木模通常用于原型铸造，它们适用于制造 5~10 次铸件，嵌件的位置精度可达 ±0.3mm。应尽可能利用木模的原型阶段，在任何情况下都不能跳过这一阶段。每一件样本的测试都可能出现需要对机器框架进行设计更改的缺陷。铸造框架上的螺纹孔可以毫无问题地修改，而现在则需要在模具中对嵌件进行重新定位。

用于大批量生产的金属模具允许以 4~5 倍的成本和± 0.2（0.1）mm 的定位精度完成数百个铸件。此外，如果原型有时需要更高的精度，则模具可以使用组合形式（木材-金属组合）。其中的金属部件之后还可以二次应用到全金属模具中。

8. 外壳和表面

如今十分常见的大幅面金属板覆层与矿物铸造框架之间有什么联系呢？两者都对机器的实际外观具有决定性的作用，并且相互之间存在着重要的接口：

- 连接点（如用于直接或通过铰链连接钣金件的螺纹锚）。
- 密封边缘、冷却液通道等。
- 门和翻板的导轨及止动边缘。

针对上述三点，矿物铸造没有铸造圆角、铸造斜面和焊缝的优势将发挥最大作用，边缘和轮廓无须再次处理。

矿物铸件的表面在视觉上十分干净且精致，可以用作设计元素。塑料层压技术和涂漆表面的凝胶涂层也是可能的选择，并且两者都是先进矿物铸件制造商交付范围内的一部分。这意味着与研磨和涂漆等表面处理工艺绑定的清洁工作可以直接省去或工作量大大减少。

9. 系统级解决方案

到目前为止，机器制造商通常从铸造厂为他们的机器框架订购原始铸件，然后自己进行再加工、上色和装配。现在他们可以选择系统级的解决方案，但在这种情况下最终的交付物范围就变成了以下几种：

- 带有安装连接口的矿物铸造框架，包括着色。
- 安装好的导轨和驱动器。
- 安装好的滑轨和工作台。
- 外壳部件。

10. 适用范围和总结

矿物铸造的应用已经十分多样化，如：

- 夹具结构。
- 三坐标测量机（图 5.71）。
- 机床。
- 木工机械。
- 电子制造设备。
- 技术设备（图 5.72）。

以上内容并未涵盖所有应用实例，应用领域依旧会不断扩大。

与几乎所有的创新产品一样，矿物铸造也经历了相当长的“启动”阶段（参见斜床身机器示例，5.1 节）。铸件消费者们对这种新材料的了解不足，因此在最初采购时只是将灰口铸铁与矿物铸件的单价进行了比较，而不是基于性价比的全面考量。当然，当时的矿物铸件生产商也并没有完全掌握这种新技术及其实际应用。但现

图 5.72 用于检查矿物铸台中液体的流变仪

在我们可以说：

矿物铸造机架代表了新一代的机器结构。

新一代机器结构的主要特点有：

1）适合各种嵌件（螺纹锚、管道、电缆等）。

2）精密表面成型（可省略主要部分的加工）。

3）多种大型零件的黏合（法兰或螺丝孔，甚至钻孔、锪孔、螺纹均可取消）。

由于矿物铸造的许多典型特性和极大的创新可能性，我们必须明确的是，只是简单地用矿物铸件替代原先的铸造或焊接的机架是不可能的，也绝达不到期望的工程要求。只有系统性的使用方法才能真正体现那些可能性。

负责的设计师常常与“内部铸造厂”保持联系，一方面可以做到不向外部代工厂提出不合理的需求，另一方面则是利用他们的专业知识来帮助设计。在改用花岗岩或铸造矿物时，还应向相应的专业公司讨教。

5.4.8 由塑料制成的支撑结构，使用或不使用纤维增强

模制热塑性塑料外壳（参见2.4.2小节和2.4.3小节）通常限用于较小的设备和机器。如果此类支撑结构的部分区域需要承受更高的负载，则使用塑料外壳与轻金属压铸部件的组合在工程中是十分常见的，如角磨机（图5.73）。

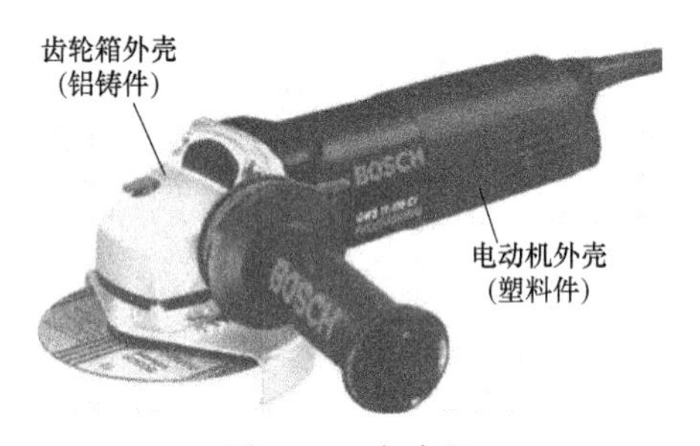

图5.73 角磨机

塑料-金属的复合材料则代表了另一种可能性，这包括使用外插技术的结构（图2.75～图2.77）。在这两个应用领域，结构的最大尺寸很少超过1000mm。若使用含有玻璃或碳纤维的纤维增强聚合物材料则可以大大超过这个数量级（参见2.4.4小节）；然而，迄今为止在机械工程中很少使用此类支撑结构。基本原因如下：其一，纤维增强材料实际上是独特的轻质或超轻质材料，而在固定的机器结构/框架中，轻质的结构要求不太常见，并且非常轻的薄金属框架需要用混凝土来保证稳定性（对于会快速移动或加速的滑轨及类似部件，如机械臂和装载机构中的零部件，情况则完全不同）。其二，应用较少也可能是由于在各级机械工程培训中，纤维增强材料组与黑色金属材料相比，仍然处于次要的位置。各位读者应使用此处及2.4.4小节中提供的示例来明确各自工作领域中可能的应用。图5.74所示为纤维塑料复合材料的轻型桥梁。

由于电磁测量方法需要无金属结构的要求，这种相当复杂的桥梁也是合理的。除此之外，耐候性（使用紫外线稳定树脂）对于此类组件也是十分重要的特性。

对化学品的高耐受性对于此类系统而言也是至关重要的。图5.75所示的系统结构具有高达150℃的耐高温性，这是通过特殊的乙烯基酯聚氨酯树脂来实现的。

图 5.74 轻型桥梁

注：桥梁跨度为 16m，允许挠度为 10mm，用于高速公路车道上的测量工作。

图 5.75 化工厂内的零件——高温环境下工作的贮存桶下部

5.4.9 选择合适的结构设计

在工程实践中，已经长期维护的结构及施工方法往往在公司中占据着主导地位。这已成为一项大家公认的规则。对于机器的每次重大结构修订，尤其是新设计（参见 5.1 节），必须检查是否应保留原有设计或使用不同的设计方案。由于支撑结构是成本最高的零部件之一，因此通常可以从特定的供应商处获得报价及特性简介。各位读者无法从本书找到针对特定应用的具体建议。然而，全新的结构通常与之前的结构和施工方法存在着较为明显的矛盾之处。选择更合适的、更好的结构需要我们对所有可能性进行全面了解。除了本章节对此的陈述，笔者试图通过表 5.3~表 5.5 进行概述与总结。

表 5.3 基于金属材料的机械支撑结构设计（铁铸件，轻质铸件和轧钢等）

结构类型	解释说明
自支撑结构	除了作为支撑结构，还可以实现大部分功能
铸造件	通过铣削和/或磨削加工得到精密平面
焊接件 • 型材结构 • 墙体架构 厚板 薄板 • 混合结构	精密平面的加工同铸造件 各种轧制型材，圆形管道、方形管道等 • 带有完整墙体 • 带有开槽墙体 • 带有强化单元 • 带有双层墙体 • 带有多层墙体 • 型材+墙体 • 与铸造相结合，用于几何形状复杂的区域 • 与新的成型零件结合

（续）

结构类型	解释说明
螺纹结构	• 基于挤压铝型材的模块化系统;无大型零件加工,无着色 • 铸件、轧制型材及其他钢绞线材料;铸造或焊接结构中不存在残余应力
拉杆结构	现主要用于压力机中,当然也可以用于开发其他应用

表 5.4　基于矿石材料的机械支撑结构设计

应用类型	解释说明
花岗岩	花岗岩可以用于底板和支架;也可以用于带空气轴承的移动工作台
经典的矿物铸件应用	机械加工形成精密平面、内嵌件(管道、电缆、螺纹衬套等)
矿物铸件的新应用	模压形成精密平面,制造商提供测试报告的系统级解决方案

表 5.5　基于塑料制成的机械支撑结构设计（包括纤维增强塑料）

应用类型	解释说明
注塑成型的热塑性外壳	主要用于小型机器(如厨房电器)
塑料-金属组合	带塑料件的钣金结构件
纤维增强塑料	含有玻璃纤维或碳纤维增强材料的聚合物材料(后者仅用于极轻结构设计)

5.5　机器设计及其子任务

首先，要指出本章节的主旨在于为各位机械设计师提供沟通知识。

5.5.1　步骤——谁将迈出第一步

在机器开发过程中，通常会先将整个任务分解为多个子任务；同样，也可以为机械工程中的设计项目制定子任务（表 5.6）。在这些子任务中，任务 2——结构设计——是核心任务，而整体工作将以迭代的方式进行，因为所有子任务的解决方案之间都会相互影响。最基本的设计要求，如精细设计或人机交互区域等的解决方案组合要“想到”，以实现整体结构的框架。根据设计对象和任务类型（新开发、二次开发），结构师或设计师（如在二次开发的情况下）才会真正迈出开发的第一步。

表 5.6　机械设计中的子任务

设计类型	内容
1）系统设计，企业级设计	① 形成机器和设备组中各组成部分的统一风格 ② 形成企业产品或产品组的统一外观

（续）

设计类型	内容
2)结构设计	明确机器功能组的空间划分及比例分配,以及机器的整体结构。根据机器类型和开发要求,可以区分3类任务： ① 装配未明确;设计师拥有最大的设计自由 ② 装配由工艺技术决定 ③ 减少污染物排放和扬尘相关设计,设计师的工作本质在于外壳设计
3)管道、软管和电缆设计	管道、软管和电缆是为机器提供能源、信号的媒介,应十分自然地出现在机身上
4)精密结构设计	机身上与设计相关的宏观、微观元素的设计
5)人机交互结构设计	① 应符合人体工学的操作结构设计,保证交互区域的视觉体验 ② 如果是复杂的设计任务,除了机械工程设计师,还应加入此类领域的专家共同完成设计
6)图形设计	制造商标识、控制面板(文字或无文字操作提示)及其他产品图形元素的设计
7)色彩和表面设计	色彩和表面设计(表面结构)应与产品的整体形式和结构相结合,体现出统一的整体印象。色彩可用于增强、柔化或消除部分形式特征,通过它还可以将具有相同功能的不同组件区分开
8)广告材料和外包装设计	用于为工业展览和全球业务发展设计广告材料;针对手动工具、小型机器及设备需要设计抓人眼球的外包装

无论如何，**在基本设计工作完成后才让设计人员参与机器开发的方法是错误的**，因为这样设计工作将仅限于表面的修正。设计师将无法对机身的结构产生任何重大影响，他/她的工作将沦为制“壳”。然而，相关的工程管理人员对于设计师的这种不充分的工作分配并不总是很清楚。

接下来，本书将尝试以规则的形式为这些子任务制定目标和方向。这些规则旨在介绍机械工程设计中的沟通知识，以便设计师们在参与时实现最有效的合作，因为设计师们越了解他们共同的工作目标，相互之间就能更好地理解和接受。这绝不是要取代设计师们的培训，尤其是因为没有规则可以绝对保证产品的美观。当然，人们可以制定可能实现最合理结果的规则、指导方针和目标（另见5.6节）。

当然，如果设计师独自负责开发一台机器，那么这些规则也可以为他提供支持。机械工程中的单件生产和小批量生产几乎总是这种情况。

表5.6中的第一个子任务在此不包含附带的规则。它只能由专业设计师或设计办公室完成，因为机器系统或设备及产品系列的设计是机器设计中最复杂的任务之一。其难点不在于设计本身，而在于工作各方的组织。系统设计的目的是使系统（系列）中的所有零件（单件产品）具有统一的特征。但是，它们通常不是来自某个公司，而是分别来自多个子公司；因此需要一个统一的设计办公室统筹这些公司开发部门，而负责的设计人员也一定要有充分的自信。即便如此，也只有在所有相关公司全部开发团队的管理限制都不构成任何重大障碍的情况下，才会得出良好的

系统解决方案。由于完整的机器系统很难在没有外部供应商的情况下实现，因此各公司以外的供应商通常也必须参与设计工作。而这又带来了另外的复杂影响因素。

5.5.2 整体结构设计——机器设计的核心任务

下面将通过9个基本规则和适当的补充说明来呈现结构设计的目标和方向，并配以插图进行解释。

第1条规则（MD=机器设计）：

MD1 结构需要根据功能需求来设计！

以此为基础还可以有以下拓展补充：

MD1.1 结构必须保证为安装、操作和维护提供最佳条件！（参见图5.2、图5.15及5.5.5小节）。

MD1.2 机器结构不得基于或衍生自时尚风格或艺术运动！

MD1.3 应遵守已知的机器设计规则，但不应将其视为绝对的模板。

MD1.4 工艺相关的污染物、灰尘和油雾可能要求完全封闭的结构，因此“结构设计”的部分子任务可以转换为外壳元件的设计。

结构的开发需要对机器功能有定量的分析，因此贾维尔（Tjalve）研究了4台现有的贴标机[87]，从中推导出了贴标机的基本结构形态，并开发了七种进一步的结构变体（图5.76）。这些结构将根据实际设计任务进行评估，并对最佳的设计变体设计对应的支撑结构。

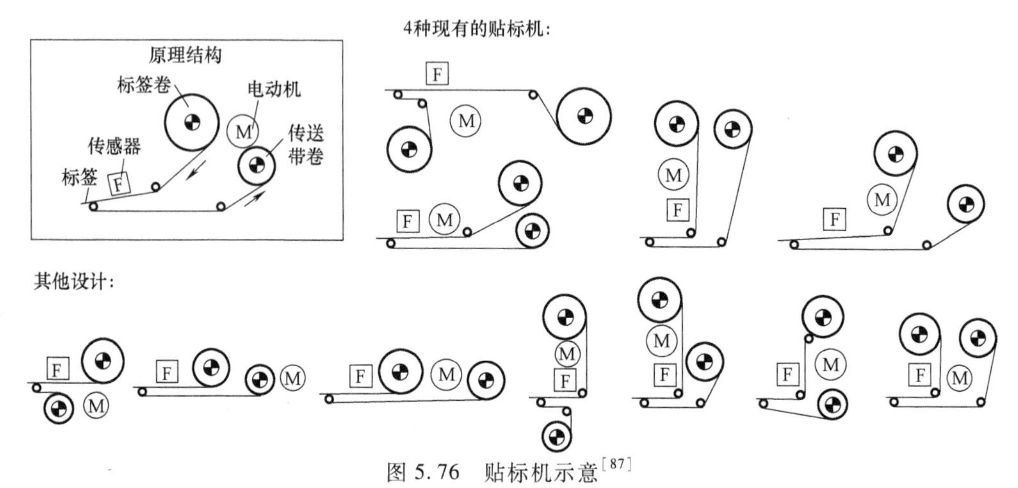

图5.76　贴标机示意[87]

注：此结构还需要设计一个支撑结构才能实现完整的结构设计——设计规则MD1。

过去，设计工作中的一个消极方面就是将外观设计应用在结构设计中，即违反设计规则MD1.2。大约100年前，作为新艺术运动的一部分，人们尝试将花卉形式引入到钢结构中。当时，欧洲大多数城市正在修建新的大型车站大厅。该运动的代表人物们设计了新艺术风格的钢结构（图 5.77）。但它们并不被钢结构设计师们所接受，因为此类结构会导致成本大幅增加。

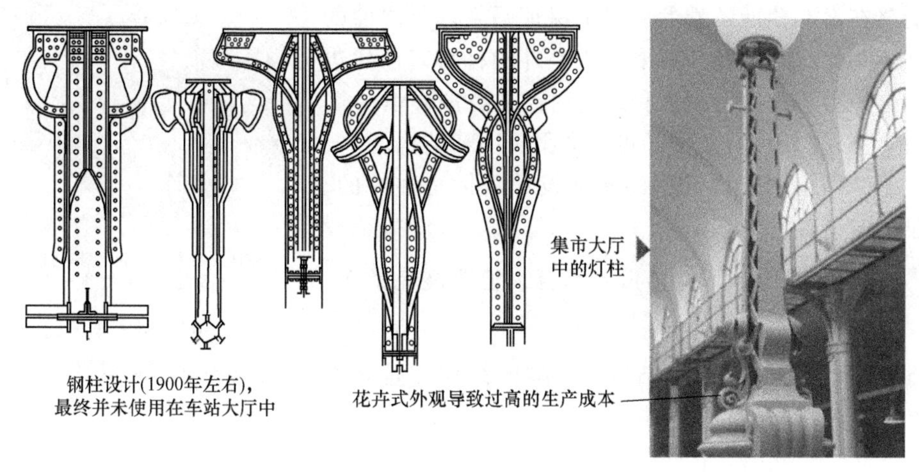

钢柱设计(1900年左右)，
最终并未使用在车站大厅中
花卉式外观导致过高的生产成本

图 5.77 新艺术风格的钢结构

另一个现象则可以追溯到包豪斯运动——他们更喜欢清晰的几何结构，尤其是立方体形式（图 5.78）。

这种设计思维在 20 世纪 20 年代的建筑中得到初期发展，并从魏玛（1919—1925 年）时期和德绍（1924—1932 年）时期开始传播到世界各地。第二次世界大战后，这种类型的设计开始在机械工程中出现，并受到“乌尔姆造型学院”和东德设计学校的推动。但在介绍这种形式的立方体设计时，我们不得不提到与之相关的各种问题。在钣金结构的情况下，这种设计方法能够带来制造优势，因为不需要昂贵的成型工具来生产双曲面（图 5.79）。然而，这种设计也导致了一些缺点，如大平面的膜振动会导致更大的声音辐射。减振或隔音措施变得十分必要（如焊接斜加强筋加强结构稳定性、应用绝缘材料等），但这又使得该结构失去了原本的制造优势。

图 5.78 包豪斯建筑（1926 年德绍）

这种外观很适合单
件和小批量生产，缺
点是振动(有噪声)

图 5.79 润滑油清洗装置

立方体结构也被引入机械工程中，且更偏向于铸造结构。对于铸造立方体结构，在某些情况下也必须使用加强筋（图 5.80），以便能够在没有曲面铸件的情况下保证强度。与之前的圆柱形相比，立方体还需要使用额外的材料来创建边角，这使得我们在使用这种结构时需要更加谨慎（图 5.81）。过度使用棱角设计可能会得到不利结构。

在易发生振动的平坦侧壁加装
了加强筋以防止振动

图 5.80 精密车床的主轴箱（铸造结构）

第 2 条规则，设计师的实际设计目标是独特的、原创的造型：

MD2 以原创结构为设计目标，但要避免荒谬的联想！

图 5.82 所示为一些原始结构，这样的结构才是众所周知的。

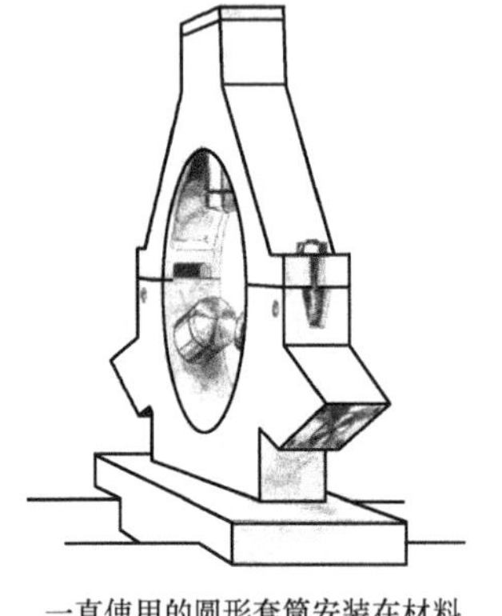

一直使用的圆形套筒安装在材料
密集的矩形导轨中

图 5.81 大型车床挡板

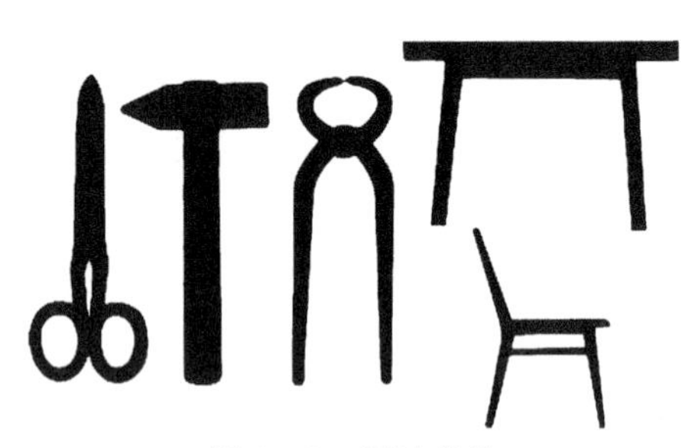

图 5.82 原始结构

然而，随着时代发展，它们越来越多地消失在我们的生活中，如图 5.83 所示。在机床制造中也可以看到类似的发展。车床和卧式铣床代表了机床结构设计的原始形式，但今天的全包层机床已无法再看出是否在防溅门后面进行车削、钻孔或铣削了。

图 5.83 原始秤的外形在发展过程中已不复存在

设计师还要避免给“观众”带去错误印象的结构形式。图 5.84 故意夸张地描绘了变速箱外壳就说明了这一事实；而图 5.85 则代表了实践中的这种错误。但在图片的文字描述中提到了着色的效果，可以帮助避免错误的印象。使用颜色来补偿设计缺陷是一种有效的做法，更多相关信息请参见 5.5.6 小节。但最好的解决方案永远是令人信服的结构设计本身。

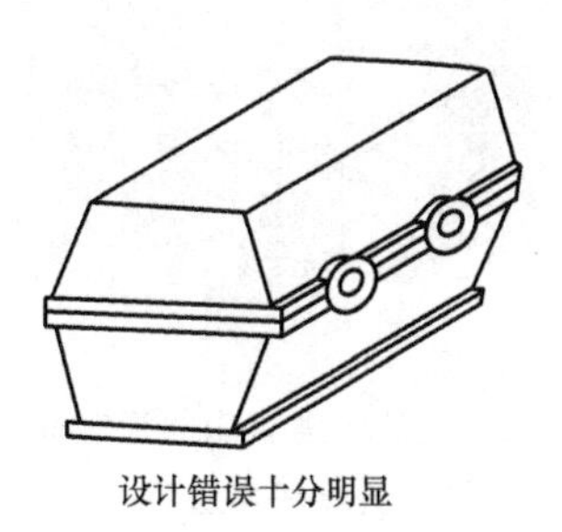

图 5.84 变速箱外壳

顶部的覆盖物很容易让人联想到“棺材盖”，
这种糟糕的印象只能通过非黑色的配色方
案来避免

图 5.85 拖拉机牵引的农业机械

第 3 条规则，机器零部件的分布应遵循以下规则：

MD3 避免大型的、头重脚轻的、破碎的及锯齿状的结构！

图 5.10 中已经展示了一个非常极端的锯齿状结构的示例，但“锯齿状”的表述也适用于图 5.11 中的接头设计——尽管它非常小。图 5.86 所示的立式钻床则是一个十分典型的头重脚轻的示例。

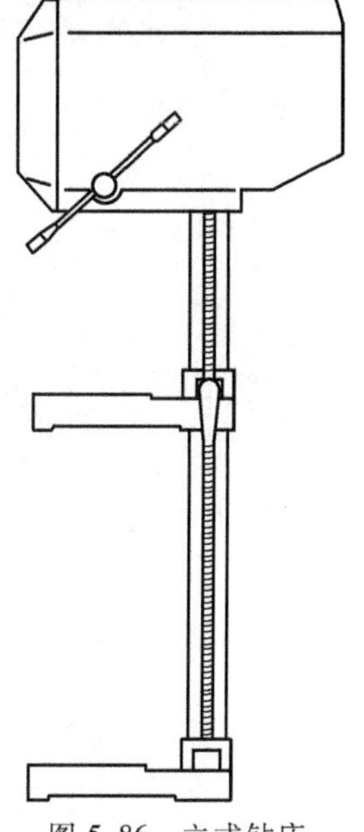

图 5.86 立式钻床

注：机器形状看起来头重脚轻，因此显得十分不稳定。

除了表征该机器实际工作内容的执行零部件，现代机器还包括一些其他部件，如电气柜、液压装置等。第 4 条规则，对于设计工作而言，这意味着：

MD4 在设计中要涵盖机器的全部零部件，尽可能地避免使用第三方提供的设备。

这不仅包括如防护罩、控制面板、控制柜及所有与设计相关的采购项，还包括管道、软管、电缆，无论它们是单独出现还是成束使用（参见 5.5.3 小节）。

第 4 条规则的其他补充如下：

MD4.1 不应该对整体结构的混乱进行“伪装”，而应该寻找正确的结构组合方式，纯粹出于视觉原因的“伪装”（光学外壳）则应该拒绝！

MD4.2 可以优先选择外观相匹配的零部件，但这并不强求！

MD4.3 结构/结构的一部分可以以薄片或管束的形式构建，并且仍然具有原本的物理特性（图 5.94）。

MD4.4 避免松散的零件结构，所有配件都应有序放置！

下面还是通过图片对 MD4 进行尽可能全面的解释及补充，如图 5.87～图 5.94 所示。

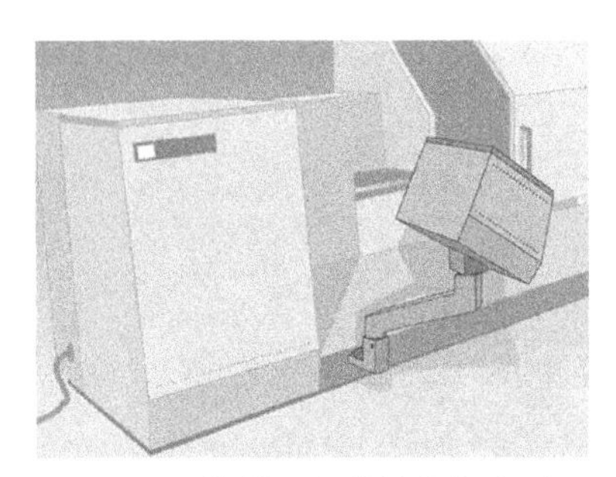

图 5.87　控制面板外轮廓与水平、竖直方向的机身显得十分不协调

图 5.88　数控转塔车床的控制面板与机器外观相适应

图 5.89　管道对机器外观具有决定性作用

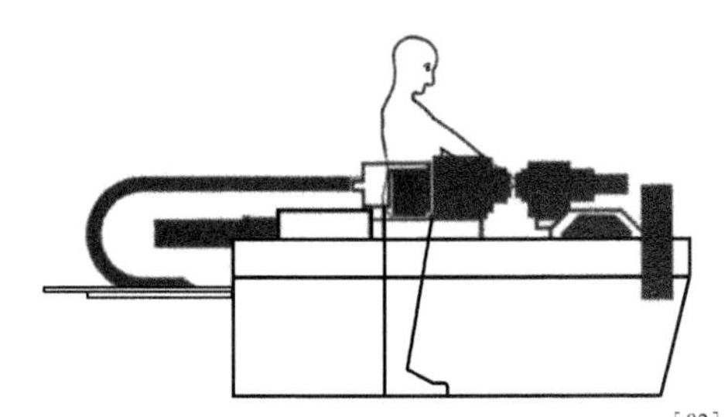

图 5.90　电缆拖链对机器外观有较大影响[82]

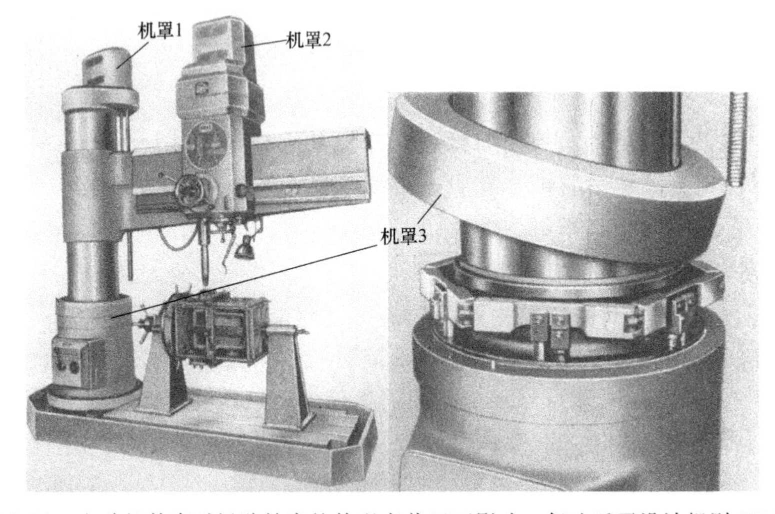

图 5.91　电动机外壳对摇臂钻床的外观有着正面影响，但违反了设计规则 MD4.1

注：铝铸机罩 1 覆盖升降电动机，机罩形状与立柱相适应；铝铸机罩 2 覆盖钻孔电动机，机罩与钻床刀架配合；用于钻柱夹紧元件的机罩 3 位于钻屑产生区域，实现保护功能。

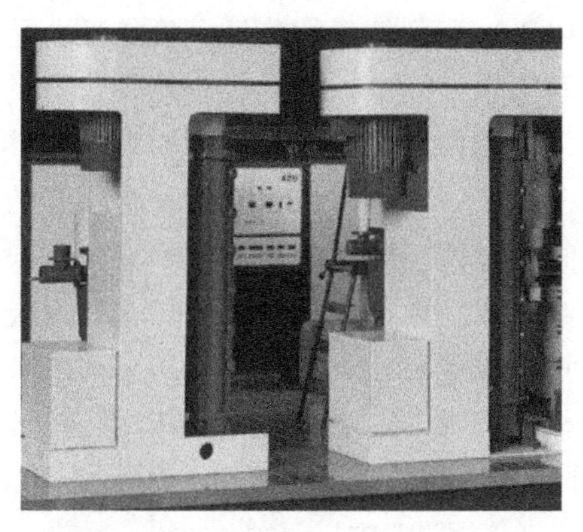

图 5.92 加工机器（通过着色来对电动机的奇怪外形进行抑制）

图 5.93 拖车挡泥板的外形选择（应根据总体印象来确定）

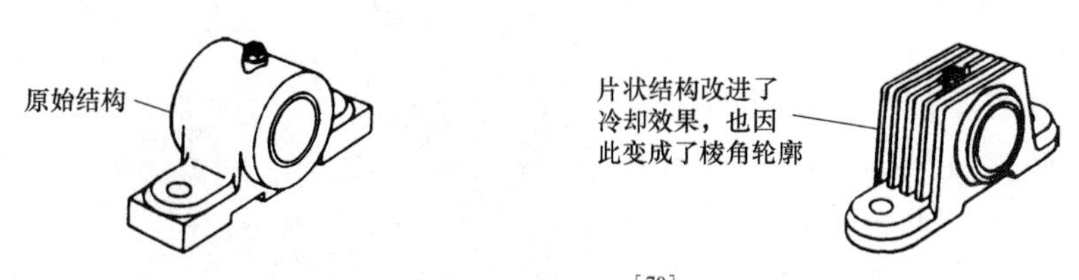

图 5.94 轴承座[70]

所有与设计相关的采购或交付，即出现在机器外部的配件也应尽可能地与机器设计相协调。然而，这仍旧意味着在最终产品会中结合不同的设计概念和颜色主题。这种机器常常很难打开市场。在某些地区，可选择的供应商范围非常广泛，机器制造商们可以很好地选择合适的零部件，如操作手轮或其他类似的控制装置。但是，供应商们也只会对大批量生产的产品进行适配性的修改工作。在小批量生产的情况下，机器制造商必须注意确保自身机器结构的主导地位，确保系统功能不会受到影响。图 5.115 中控制面板的六边形底座就存在上述问题。

在许多机床（车床、自动车床、外圆磨床等）中，防护罩已成为标准设备的一部分，其功能是防止切屑、切削液或切削液蒸汽扩散。防护罩必须从一开始就包含在此类机器的设计开发工作计划中，否则很难取得最佳的结果。如果设计人员从一开始就参与机器开发，则他们的设计模型可为前期的整体规划提供帮助，以确保封闭式解决方案。图 5.104 中磨床的防护罩就是一个很好的例子，它提供了良好的保护，关闭时具有出色的密封性，并且在打开时不会干扰设置工作。

这里可以参考 2.4.4 小节。现在机床的覆层仍主要由金属板制成，几乎没有使用纤维塑料复合材料（可提供更自由的形状选择）。而在未来则可能会更频繁地使用这种复合材料来制作机器的覆层。我们还经常会遇到通过“伪装”（光学外壳）来“隐藏”结构设计的混乱。我们应该拒绝这种光学“伪装”（图 5.91 中的机罩 1 和机罩 2）。当然，图 5.91 中的机罩 3 不属于这一类，它有一个功能性的固定作用。图 5.92 提供了我们对颜色设计的预期。关于设计规则 MD4.3，图 5.164 中的卷线机模爪可以提供更多真实感受。

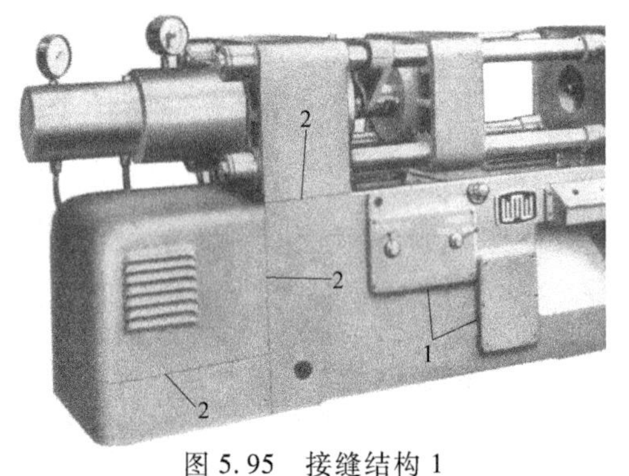

图 5.95　接缝结构 1

注：1 表示可见接缝，如门、盖板处；2 表示“隐藏接缝”，这种接缝结构只属于过去，各铸件间的协调性只能通过成本高昂的擦拭（手动）来实现。

伴随着机器中功能的分离或单独零部件加工的需求，产生了接缝结构。除了易于生产的接缝形状（如用于连接门、盖板和翻板，参见图 5.95 中的 1），一些连接还经常会用到需要大量制造工作的接缝（参见图 5.95 中的 2）。在这种“隐藏”的接缝处，组装的零件（外壳零件、框架零件）必须通过机械加工（通常使用手动工具，如手磨机）进行调整，因为只有这样才能在两个铸件之间实现良好的匹配。即使采用现代铸造工艺，与工艺相关的原始铸造公差也很少能实现充分的、免机械加工的匹配。设计师们可以有选择性地加入可见的接缝（图 5.96）。虽然没有令人信服的理由要保留它，但费力的“隐藏接缝”仍未从工程实践中完全消失。可见的接缝应始终是设计师们的首选，并且可以用于构建整体机架。对于制造需求而言，则应首选较宽的接缝（图 5.97 和图 5.98）。

图 5.96　接缝结构 2

如果在用户视角中存在不同宽度的接缝（图 5.99），则会给他们带去负面的印象。

覆盖元件(保护作用！)
上的宽接缝用于区分各
个机器单元

图 5.97　接缝结构 3

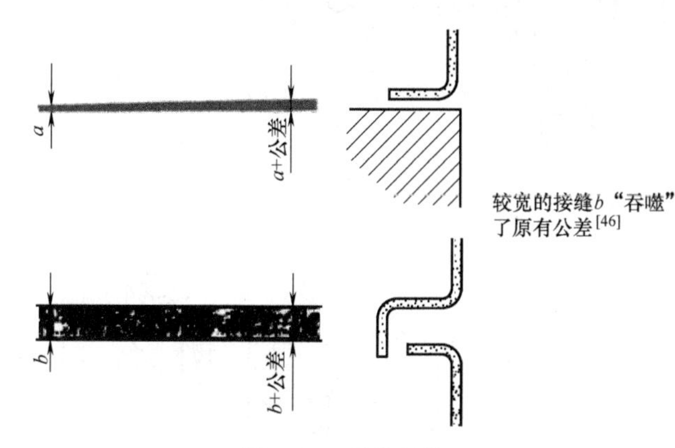
a
a+公差
较宽的接缝b“吞噬”
了原有公差[46]
b
b+公差

图 5.98　接缝结构 4

图 5.99　市政车辆上的接缝（不同粗细的接缝给人以糟糕的感觉）

通常来说，法兰设计与接缝结构设计是密切相关的。法兰多用于此类机械工程任务：外壳与机架之间的可拆卸连接及外壳零部件彼此之间的可拆卸连接。但设计师们过于频繁地使用法兰结构了，即使在可能有更有利的设计解决方案的情况下也是如此。因为无法兰设计结构的视觉效果更佳（请参见图 5.100 和图 5.101 中的设计），且法兰结构在提升应力的前提下会有不利于弯曲应力的变形（图 5.102），因此我们在设计中应优先考虑无法兰结构（图 5.103）。

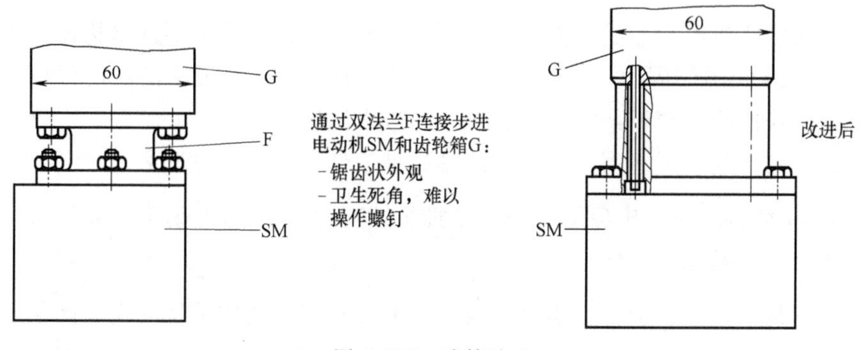
60
G
F
SM
通过双法兰F连接步进
电动机SM和齿轮箱G：
-锯齿状外观
-卫生死角，难以
操作螺钉
60
G
改进后
SM

图 5.100　连接法兰

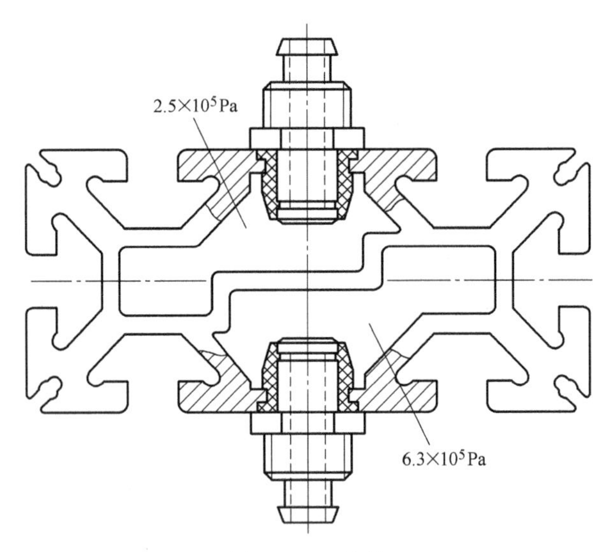

图 5.101　油罐

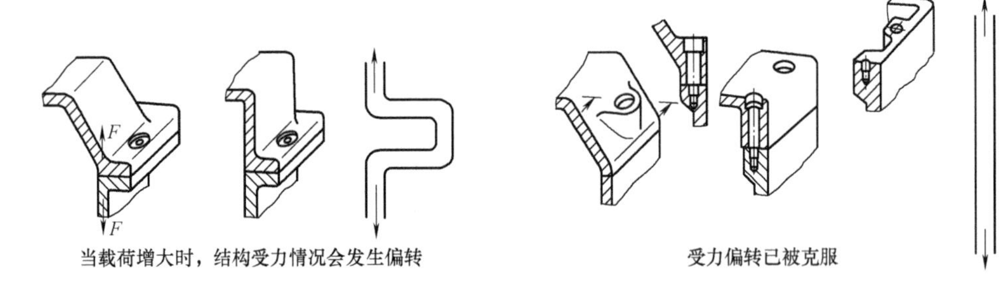

F
F
当载荷增大时，结构受力情况会发生偏转
受力偏转已被克服

图 5.102　旧式的外壳螺纹连接（螺钉未画出）　　图 5.103　无法兰的壳体螺纹连接

第 5 条规则，关于接缝和法兰连接的说明总结如下：

MD5 无须刻意隐藏分型接缝，利用它们来实现结构划分！法兰结构通常会对机器的外观产生负面影响并引起整体结构中不良的受力情况，应避免使用它们！

对于固定式机器，为了最大限度地利用车间区域，可能需要其结构设计支持连续布置，如图 5.104 所示。突出的零部件会产生难以进入且无法清洁的区域，或者用于维护工作的门和挡板最终位于完全无法进入的区域。

因此，第 6 条规则适用于多台连续排布（安装）的固定式机器：

MD6 如有必要，应保证能让多台机器排列整齐、没有间隙（脏角），且不妨碍安装和维护工作！

机器的清洁过程又会衍生出哪些设计任务？它们是整体结构的设计问题还是只需微调即可改善？不言而喻的是，锯齿状结构（图 5.10）不太利于清洁；对于较

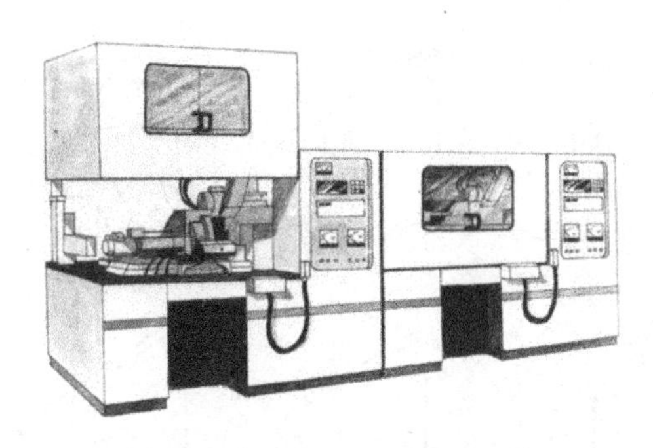

图 5.104　连续布置机器——两台带防溅罩的外圆磨床

注：防溅罩可以有效防止磨削过程中切削液的外溅，升降设计可以保证很好的可操作性。四周完整防护的防溅罩使得多台机器可以紧挨着连续布置，且不会产生难以清洁的狭小间隙。

大面积的设计工作，平面或曲面都是首选。此外，内轮廓中存在锐边也是不良的设计，如图 5.105 所示。加强筋，无论是铸造还是焊接实现，都应该被拒绝，请参见精细设计部分的介绍。

第 7 条规则：

MD7 注意清洁需求，有角度的内角和所有其他难以到达的地方都会聚集大量污垢，应尽可能避免！

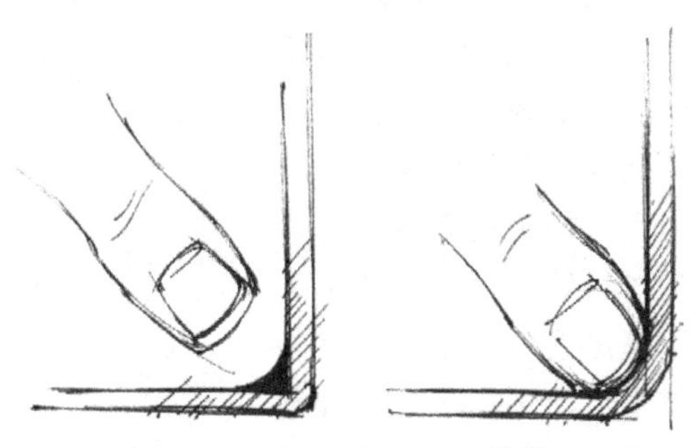

图 5.105　圆角更易清洁[25]

第 8 条规则：

MD8 考虑运输需求。

MD8.1 优先选用适用于叉车或起重机运输的紧凑型解决方案！

MD8.2 将大型机器设计成可分解为易于运输、安装和调节的单元零件！

图 5.106 和图 5.107 旨在说明设计规则 MD8。此外，还应注意图 5.23 及图 5.28~图 5.33 中的内容。

图 5.106 中不同设计的优缺点：1a、1b、1c 和 2b、2c 为集成式方案，无须另外的焊接操作；2a 为可拆卸的孔眼，具有在使用时难以找到的缺点；2b、2c 会产生更大的原材料消耗；3a、3b、3c 需要额外的焊接操作！其材料可取自钣金件废料。

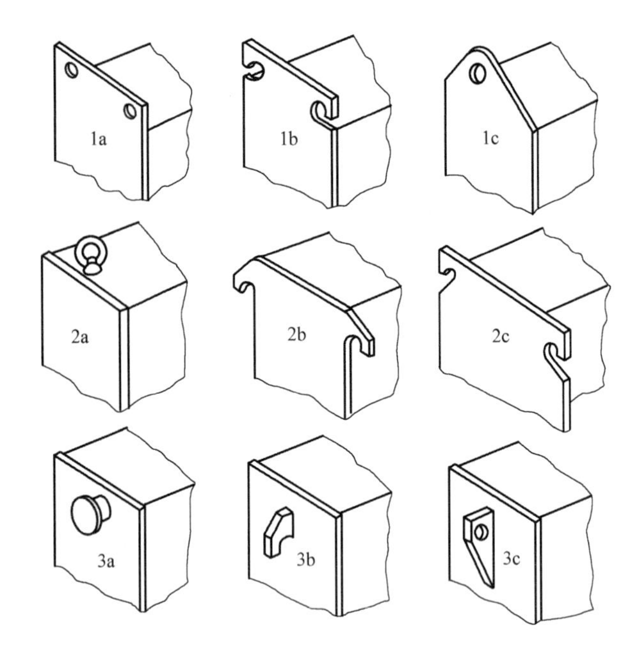

图 5. 106　机身上的不同运输吊耳设计

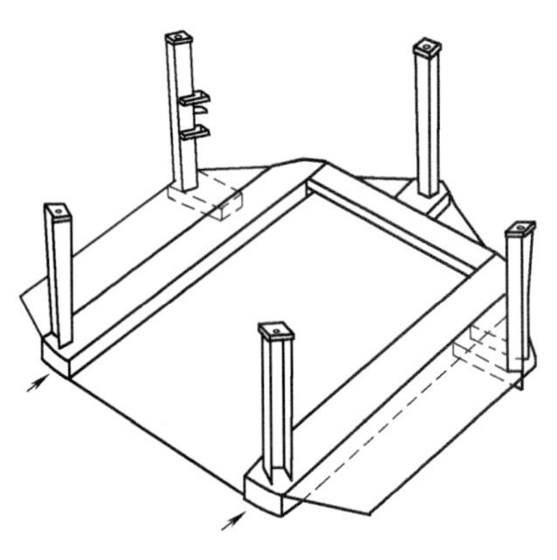

图 5. 107　旋转输送台的机架

注：在绘制机架草图时，就已经考虑到后续用叉车运输的使用场景了（参见“易于运输的机器设计”）。

只有愿意充分面对工业生产的实际经济需求，设计师们的工作才会得到认可。换句话说，设计师们需要找到基于明确功能目标及外观美学的结构形状，并且要满足经济生产的解决方案。设计师们必须和机械工程人员成为合作伙伴，努力找到满足材料经济性和结构可生产性的设计方案。为了满足这一要求，设计师必须了解各自公司的技术可能性，包括其外部合作伙伴和供应商。只有那些了解生产技术极限的人才能实现“经济性”的设计解决方案。当然，这并不意味着不能超过这些限制，因为那将是对创新设计的拒绝。但是，如何权衡两者之间的关系是设计人员需要仔细推敲的。

第 9 条规则：

MD9“设计”的机器必须满足生产要求！

叉车的司机顶篷（图 5. 108）最初是由挤压材料制成的，这保证了其生产合理性。在后期的设计修订过程中，相关人员选择了一种新的、非常有吸引力的外形。然而，这需要非常昂贵的钣金件加工工具。只有大批量生产时才能避免成本问题。

司机顶篷及其支架的角度轮廓设计适合生产

顶篷及其横梁的设计更具吸引力。弯曲矩形管RR在生产方面具有良好的可控性，倾斜金属板空心体B需要复杂的成型工具。但问题是，预期生产数量是否与此成本项目相匹配?

图 5.108　2 种不同的叉车

5.5.3　管道、软管、电缆——被忽视的内容

除了电气连接，现代机器通常还离不开液压、气动和其他介质的管道。此外，包括必要的插头连接等在内的电气控制和传感器线路的比例正在大幅增长，而且这种趋势正愈演愈烈。所有这些管道、软管、电缆都需要越来越多的空间，因此有序的走线排布是理所当然的。而图 5.109 中的样式是我们无法接受的。设计人员没有及时地对此进行分析和设计。

图 5.109　液压管道混乱（水平梁下部都很整齐，但上端的管道过于混乱）

然而，这个话题在我们的设计培训过程中几乎没有被提及。对此，我们必须做出改变。但是，针对“管道、软管、电缆及其配件占用越来越多的空间”这一笼统的陈述我们究竟能做些什么呢？在此我们无法提供科学合理的具体解决方案。因此，我们将对设计规则 MD1～MD9 再进行一系列的补充。

第 10 条规则：

MD10 在设计中应考虑管道、软管、电缆和附件（管件、插入式连接等），并确保它们的正常使用工况（利用原有的外形结构，焊接或铸造管道）！

MD10.1 应特别注意机器中的活动零部件！

MD10.2 应尽可能保证便携设备上也能有序地缠绕管线！

MD10.3 为所有走线提供充足的预留空间！

图 5.89 已经展现了有序的管道、软管和电缆的排布——在批量生产中设计师们不可避免地要在图纸中定义它们的路线。对于由挤压铝型材制成的支撑结构，这些模块化系统的制造商还提供了连接及闭合元件，我们可以利用其挤压型腔的空间（图 5.110）。对于注塑成型的部件，也可以有效利用其型腔的空间，如图 5.111 所示。

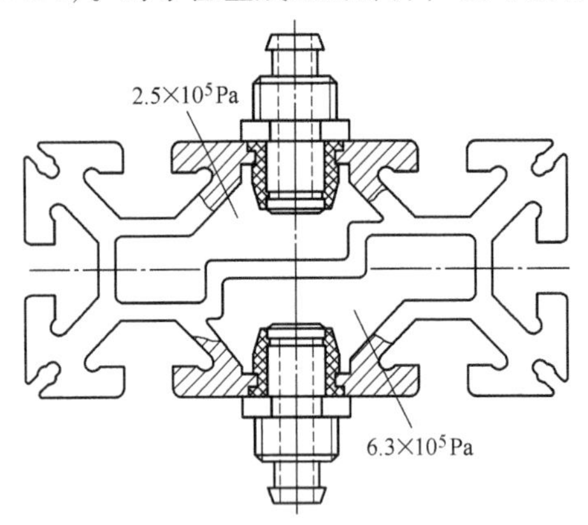

图 5.110　用于压缩空气的多腔型材管道上的插入式接头[29]

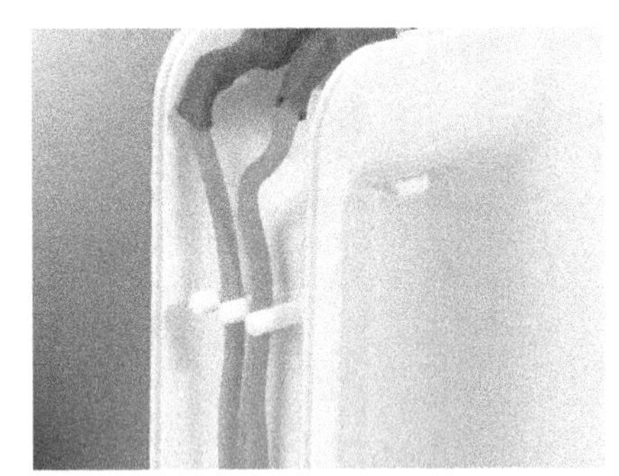

图 5.111　热塑性注塑成型部件上的辅助套管，用于有序地收纳电路管线[98]

一体化构造章节中的图 2.19 表明我们并不一定要铺设油管。现代深孔钻头现在可以实现所需的深度要求，当然这需要使用螺旋钻头进行多次耗时的排屑。而图 5.112 则展示了另一种实现方式。单独的供油线路仅通过几个轴承点，其他所有的润滑点都“浸润”在故意制造的“润滑油雨”中。

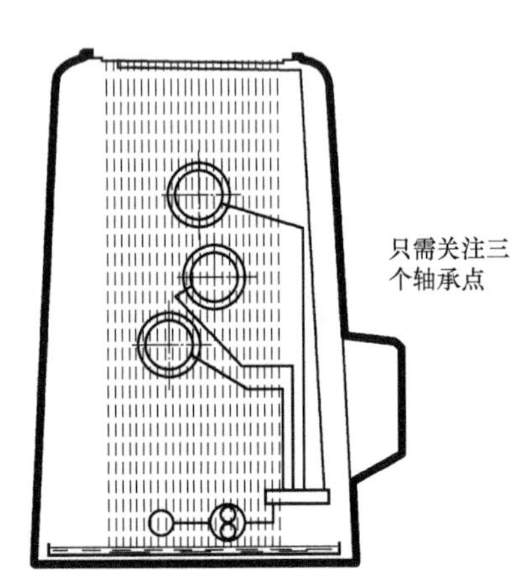

图 5.112　印刷机驱动装置中的“润滑油雨”

图 5.66 已经表明通过矿物铸造可以一次性浇注实现整个结构。

1. 可移动零部件的处理方式

图 5.113 提供了一些可移动零部件的实现方式。电缆卷筒和电缆牵引装置主要用于较大机器；电缆拖链则已普遍运用于中、小型机器。设计师应在设计初期就选

择链条尺寸，并考虑充足的备选方案，以便能够在机器的整体结构设计中充分考虑它们会带来的影响（参见图 5.90）。

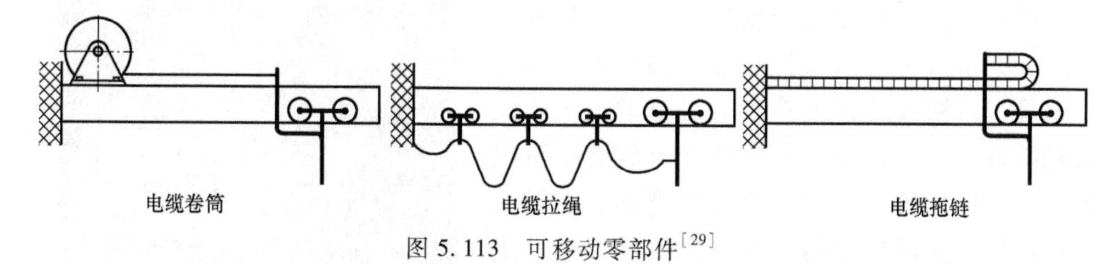

图 5.113　可移动零部件[29]

如果在一条电缆拖链中布置多层管道、软管、电缆，则由于中性光纤外部拉伸和压缩导致的电缆断裂是不可避免的（图 5.114）。如果距离需要供电的模块路径较短，则可以考虑采用图 5.115 所示的悬挂电缆/软管供电方式。

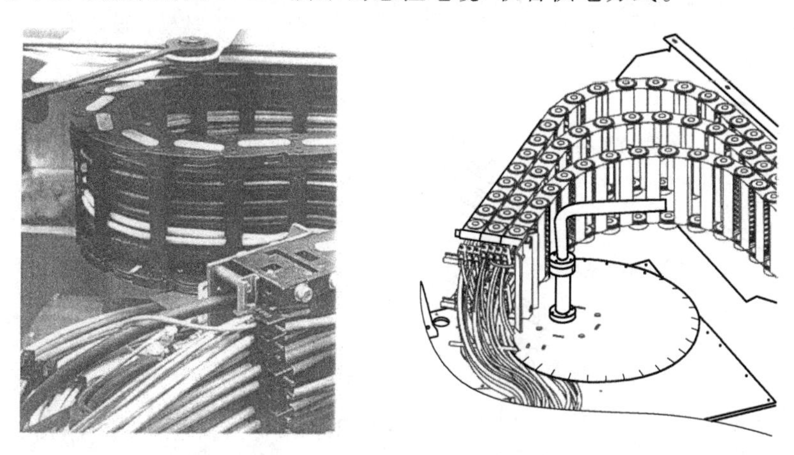

图 5.114　布置多层管道、软管、电缆

注：左图电缆拖链中的软管及电缆束是不切实际的设计！结构拉伸和压缩产生的碰擦是不可避免的；右图所有的软管、电缆等不仅仅是简单地捆扎在一起，而是位于电缆拖链的同一平面内，消除了拉伸和压缩。

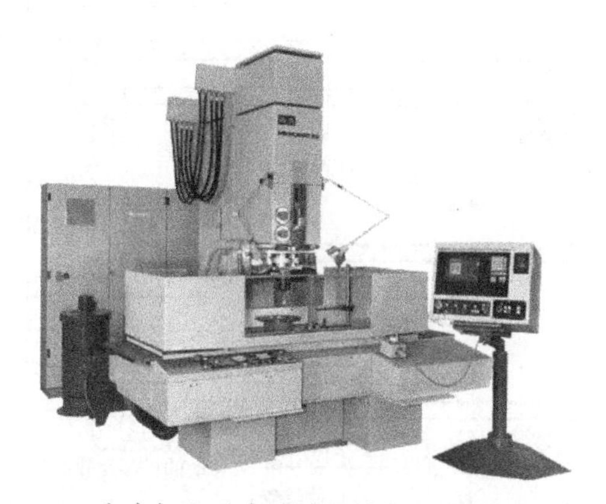

图 5.115　在支架和垂直移动的钻床之间悬挂电缆/软管

图 5.116 所示的固定液压软管的设计方案是错误的，因为软管束会随着滑架的每次移动而前后摇摆。之所以会产生这种不令人满意的解决方案是由于液压组件功能缺陷而不得不对机器进行后期改装，但却没有足够的可用空间去悬挂软管。结构空间上虽然允许软管水平放置，但这样软管在工作中会发生弯曲，会导致在相对较短的操作时间后软管螺钉的连接处发生断裂（图 5.123），因此这种方案也不可取。

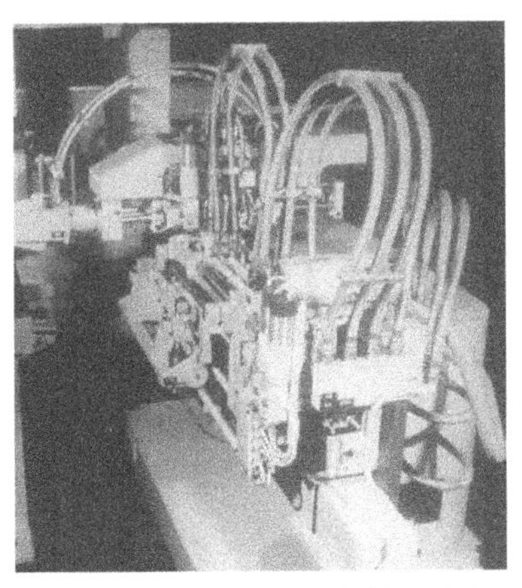

图 5.116　水平移动组件使用垂向软管，设计错误

图 5.117 旨在为各位读者提供不同的软管设计参考。除了相对常用的伸缩管，图 5.118 还展示了一个滑动套筒结构，可以为可移动零部件提供相应的介质供给。

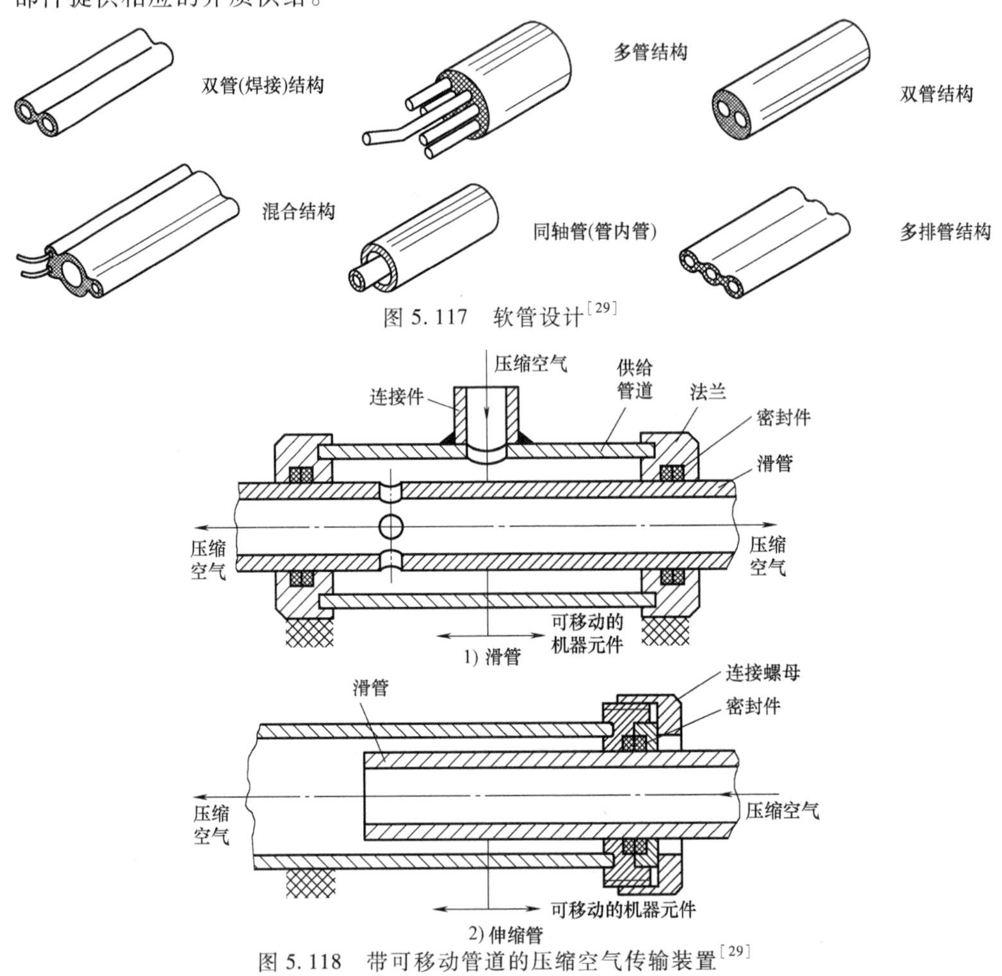

图 5.117　软管设计[29]

图 5.118　带可移动管道的压缩空气传输装置[29]

2. 便携设备上的软管和电缆

设计规则 MD10 所要求的“尽可能保证便携设备上也能有序地缠绕管线!”常常无法得到满足。大家通过日常生活中的电钻、手电筒等产品就能发现这一点。这类产品多年来在管线方面的设计几乎毫无改变。直至最近，才出现了像图 5.119 中的电水壶这样出色的排线解决方案。然而，插头的支架仍常常被遗失。图 5.120 中的移动式液压设备提供了一个非常简单的缠绕方案，但对于较长的电缆或软管，仍旧建议使用缠绕盘，因为现如今我们可以十分方便地取得延长电缆。

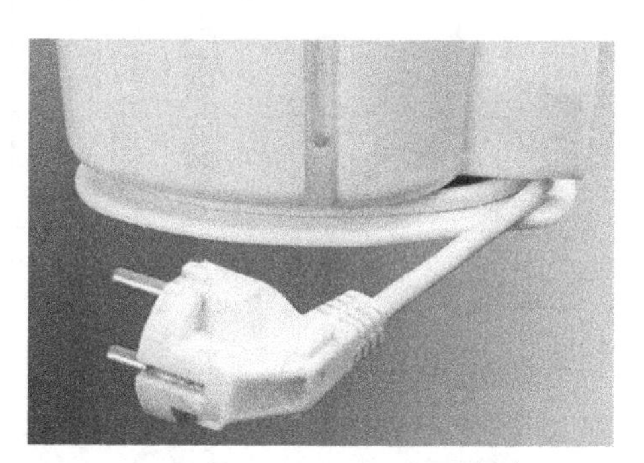

图 5.119　带线槽的烧水壶[98]

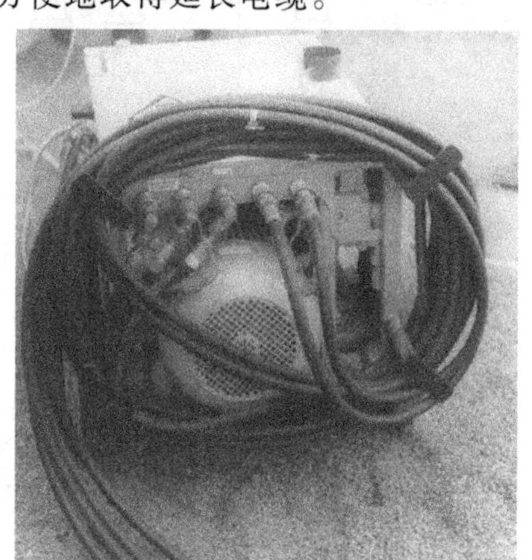

图 5.120　移动式液压设备

如果机器的使用地点预计会出现恶劣的环境，则必须考虑设计规则 MD10 中要求的保护措施。这主要适用于建筑工程机械和采矿机械等。图 5.121 是一台筑路机械，它的液压软管暴露在极其危险的区域。即使是机器角落，暴露区域也应该得到充分的保护。更令人不满意的是大型露天采矿机的底盘润滑油管线的位置，如图 5.122 所示。

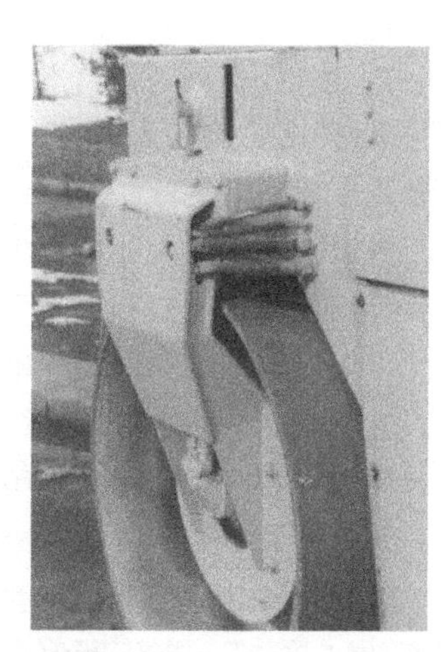

图 5.121　压路机上的液压管路，保护措施十分到位

危险!
危险!
危险!
输油管路十分危险，无法满足采矿作业环境的要求

图 5.122　大型煤炭开采设备的底盘

除了注意操作不当造成的机械损坏，还必须考虑软管管线本身的正确排布。当软管和螺纹连接之间的过渡区域有弯曲时，软管就十分容易损坏，具体内容如图 5.123 所示。

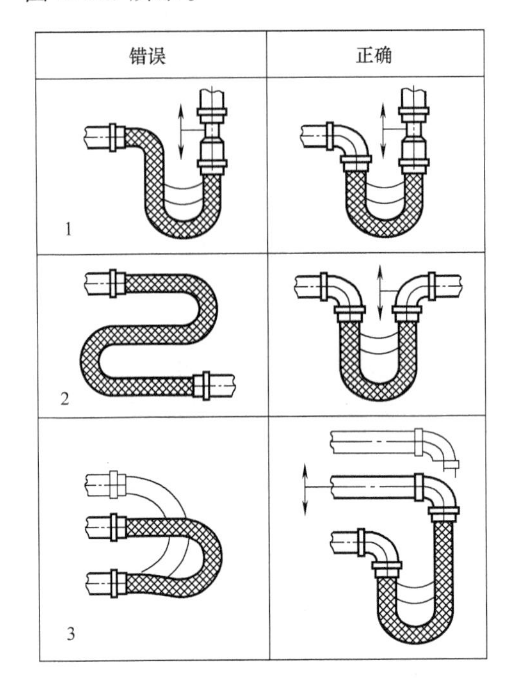

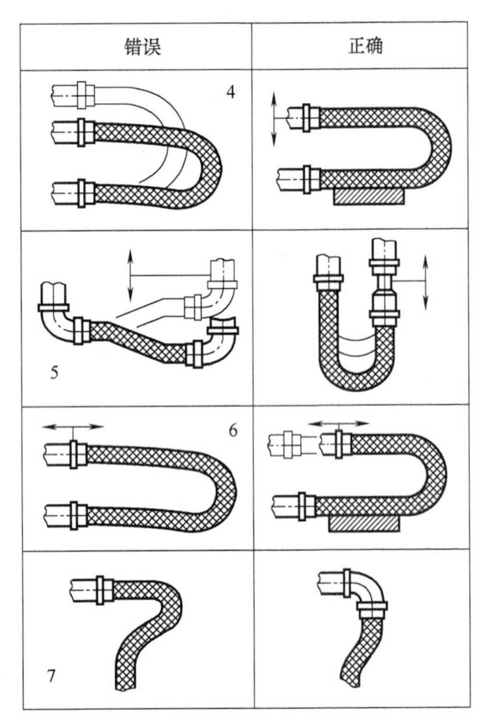

图 5.123 管道的正确/错误接头[29]

注：应注意管道供应商提供的信息！

5.5.4 精细设计

机器设计中的精细设计包括机身上宏观和微观的机械元素（表 5.7），如可见的螺钉头、加强筋、凹槽，还包括未经加工的激光或火焰切割缝隙。在机器的整体结构设计和精细设计之间并没有明确的界限划分。所以在非常庞大的机器上进行法兰元件设计也可以算作精细设计。整体结构设计和精细设计之间的和谐对于整体解决方案来说至关重要。从这个意义上说，精细设计可以对整体结构产生影响，从而使整个机械解决方案看起来更合理。精细设计绝不应该被认为是次要的，因为细节和整体完成度在市场上都是非常重要的。在签订合同或销售时，出色的细节最终发挥决定性作用的情况并不少见。制造商们必须在其产品的整个生产过程中意识到这一点，即必须确保所有细节及其最终完成的质量。虽然机器的整体结构在生产期间改变的频率较低，但诸多细节却常常会受到不间断的“攻击”，即不断地有改进意见提出，以使生产工艺及结构本身都更具合理性。但是，未经负责产品的设计师同意，不得进行任何与设计相关的更改，降低生产成本不能作为唯一的“设计”标准，失去最终的市场份额通常会导致更多的经济损失。细节更改的危险在于，第一次和第二次的更改并不一定能让人注意到它们带来的其他问题，但在多次更改累积之后，质量可能会突然大幅下降，并且之后的修复方案很难做到完美。

表 5.7 精细设计的元素

精细设计的元素	说明及注意点
切割面	火焰切割和激光切割表面如果不是工作表面，则无须进一步加工
焊缝、焊点	仅存在连续应力的缺口效应时才处理焊缝。 以不可见的方式布置焊点——可以有目的地将其设计为表面的图形元素，但很困难
螺纹连接	包含的设计元素有： ■ 螺钉头类型 ■ 螺钉数量 ■ 排列方式
加强筋	除了视觉效果，更应该注意它带来的灰尘集聚的负面效果；优先选择内部加强筋
角加强筋和通风槽	槽、筋的结构设计需要十分谨慎
传感器、限位开关	单独的开关元件通常都会带来视觉上的不协调性
管道、软管、电缆及其他附件	单独出现可归列为精细设计，否则请参阅 5.5.3 小节
磨损痕迹	通过特殊的表面材料来凸显功能的使用痕迹
其他机器上可见区域的精细设计	—

精细设计包含的元素多种多样（表 5.7），当然，这里也不可能涵盖所有。下面仅将进一步介绍无处不在的螺纹连接件和一些其他精细设计元素。

带有可见螺栓头的螺栓连接在许多机器上大量存在，且包含各种尺寸，但它几乎已经从我们的日常产品中消失了（如家用工具、厨房用具、汽车外壳及汽车仪表盘）。其中一部分已被新的解决方案所取代，如卡扣连接或粘合连接；而在另一些情况下，由于结构设计的改进，它们也被隐藏在用户的视野之外。毫无疑问，“隐形连接”是更优雅的解决方案，而且几乎不妨碍后续的清洁工作。因此，取消可见螺钉头的设计目标对于具有卫生要求的机器（如医疗技术、食品和饮料行业）是绝对正确的，并且必须由设计人员强制执行。然而，有时设计师也会对没有特殊卫生或清洁要求的机器提出此类结构设计。那么，设计师需要在多大程度上遵循这些要求呢？设计师们应该限制可见的螺钉连接，但在机械工程中完全取消它们也是完全不合理的。图 5.124 中的解决方案就决不会被认可。统一的钻孔模式确实符合有序外观的概念，但在维修时松开连接所需的时间却与经济性要求完全背道而驰。对于所需的密封效果，使用平盖是不切实际的，设计人员应该寻求更优的解决方案。

相比之下，汽车仪表盘的无螺钉表面设计并不能简单地被视为设计模板，并直接应用到机械工程中的控制面板上（图 5.125）。在维修过程中，不能总是假定操作人员“知道如何拆卸电路板或元器件”，或者必须提供详细的操作说明书。尽可能少的可见螺钉可以节省拆卸时的搜索时间，如图 5.126 所示。窗把手是日常生活中的“隐形”螺纹连接——带有旋转卡扣盖的出色方案，如图 5.127 所示。

仅仅是拧入46个螺钉耗时太长这一前提，就应该阻止设计师设计此类连接结构

图 5.124　板盖的螺纹连接

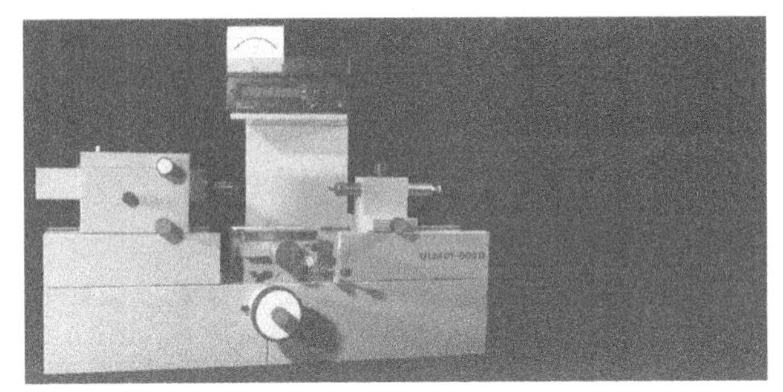

测量机的无螺钉外观是否合适，或者说这种外观是否只能用于医疗设备？

图 5.125　测量机

现代窗把手中常见的紧固螺钉的覆盖件（图 5.127）就是一种优雅且易于清洁的解决方案——螺钉易于拆卸，但又隐藏在视线之外。但是，那些不了解可旋转卡扣盖设计的人还是会遇到一些小麻烦。

图 5.126　两个可见螺钉清楚地表明了金属板的拆卸方式

图 5.127　窗把手[98]

机器上的焊缝通常都无须覆盖隐藏。这里将不会考虑在显著动态应力的情况下必须处理焊缝的这一事实。就像上面讨论的螺纹连接一样，车身上的焊点是“看不见”的。这也应该是机械工程中包覆零件的目标，但图 5.128 中的“装饰”是不可取的。

加强筋结构是铸造和焊接结构中普遍存在的元素。但设计师们应该清楚它们的变形抑制及应力集中特性。而且，外部加强筋总是会聚集污垢并阻碍清洁工作（图 5.129）。从结构强度的角度来看，内部加强筋更有效，因此在设计中应优先选择内部加强筋。

图 5.128 防溅门上的焊点：加工失败或用作装饰元素？

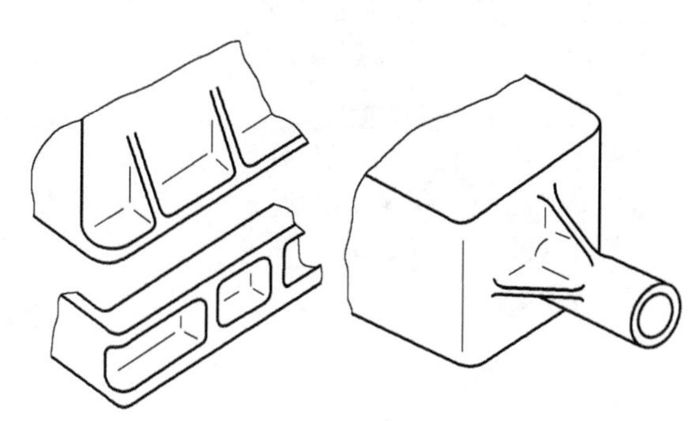

图 5.129 铸件上的加强筋：外部加强筋很容易集聚灰尘

卷边或凹槽可以在视觉上充当外观图形元素。但图 5.130 中的设计方案似乎并没有起到作用，因为油箱上非常吸引人的胎圈加强设计被扎带遮住了，外观效果大打折扣。我们对机器内部使用这种功能性解决方案没有异议，但便携泵上这样应用也确实产生了负面影响。

如今，传感器装置已成为保证可移动工作区域及类似的具有防护罩区域的工作人员的职业健康和安全不可或缺的重要元素。但是，它们不应该像图 5.131 和图 5.132 那样放置，或者它们只是用来装饰的？我们不应该允许这样的外观存在。

图 5.130 油箱加固装置

注：扎带是一种非常安全的加固方式，但此处对表面凹槽设计带去了负面影响。

图 5.131 机器外侧的开关元件

注：十分业余的电缆铺设凸显了这个结构的负面效果。

关于精细设计的其他图片均能十分清晰地表明其含义，无须进一步介绍（图

5.133~图5.135）。

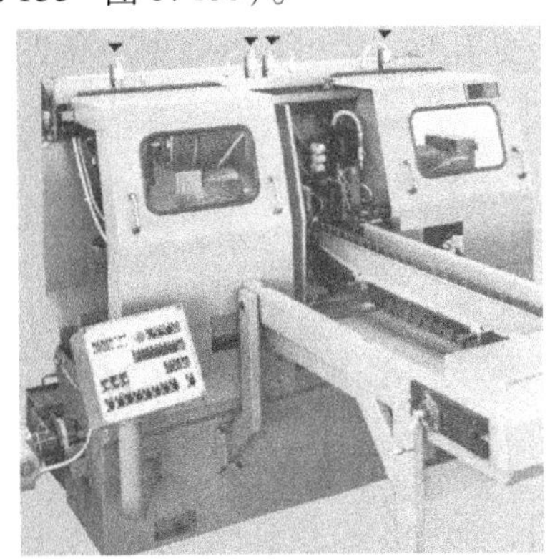

图5.132　端面加工机——带拱形开关的推拉门锁

图5.133　管道设计带来了负面影响，并阻碍了对中间紧固螺钉的操作

车身光滑的外部轮廓很好地适应了崎岖的山地条件，但发动机罩上的把手及闩锁却与此互相矛盾

图5.134　采矿业的窄轨机车（部分视图）

最终可总结为第11条规则：

MD11 机身上的所有宏观、微观元素都应有助于形成整体和谐的外观。

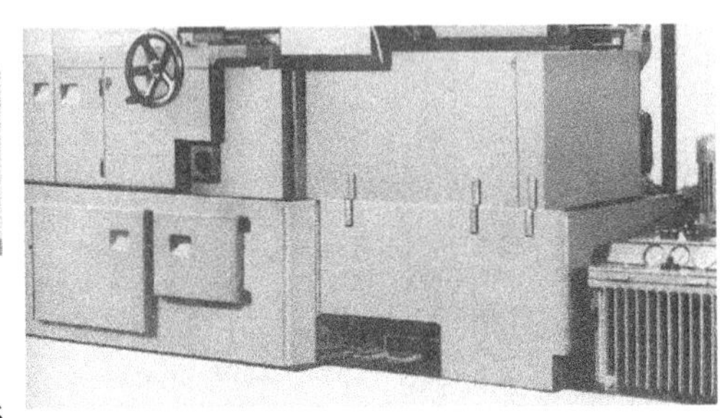

图5.135　可插拔的防溅板支架[33]

5.5.5　人机交互区域的结构设计

规则MD1.1要求结构必须保证为安装、操作和维护提供最佳条件！这适用于需要短期或连续在机器上进行操作的相关人员的心理和生理感受，其中包括如下工作：

- 安装（参见5.3节）。
- 设置/改装。
- 生产操作，包括装载和卸载。
- 监控自动机器。

- 清洁。
- 等待过程（如上料操作）。
- 维护（诊断并更换易损件）。
- 由于临时关闭（如在季节性运行期间）而导致的保存/取消保存操作。
- 报废或相关处理所需的拆解。

上述所有活动都与人员的职业健康和安全这一关键问题相关。我们应始终坚持的原则是：

安全的结构设计永远优于要求相关人员谨慎操作！

尽管职业健康和安全必然处于生产工作的中心地位，但人们很少会以此为基础展开机器的设计工作；设计师必须始终意识到职业健康和安全。

1. 考虑间隔性发生的生产操作

虽然设计师们已经对操作区的设计给予了足够的重视，但我们仍可以一次又一次地看到，间隔性进行的生产活动没有得到充分考虑。当必须添加小平台、把手或台阶才能够在常规操作范围内工作，或需要在正常操作区域之外进行工作时，这些缺陷会变得很明显。足够大的梯子、栏杆、升降机和爬行空间也应是结构设计中的一部分。此类辅助设备应该始终都是机器的一个重要组成部分（图 5.136 和图 5.137），因为所有后续的“即兴创作”通常都不能令人满意，且会对机器外观产生负面影响。

图 5.136　在恶劣条件下攀爬机器的防滑台阶，标识“小心滑倒”已无必要

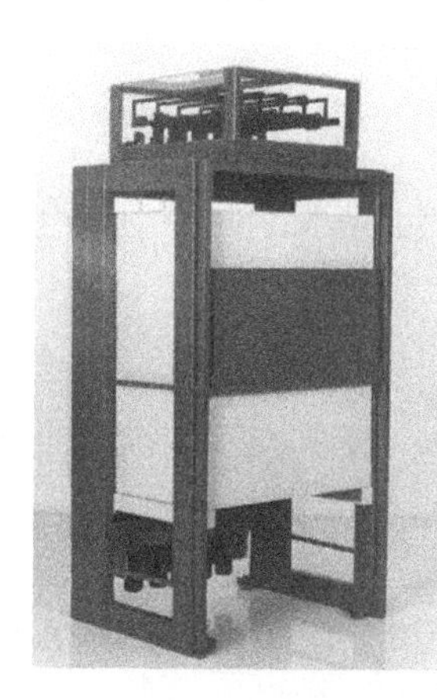

图 5.137　长效测试机（模型图片）

注：左图为折叠状态的后视图，梯子也已收入；右图为前视图，工作台和梯子都在工作位置。

如果大型机器上需要扶手，则不应参照图 5.138 中的 1。无论是谁使用了这个扶手，都会切实地感受到“不符合人体工学设计”。

对于难以进入区域的维修工作，设计时应遵守爬行空间的最小尺寸（图 5.139）。

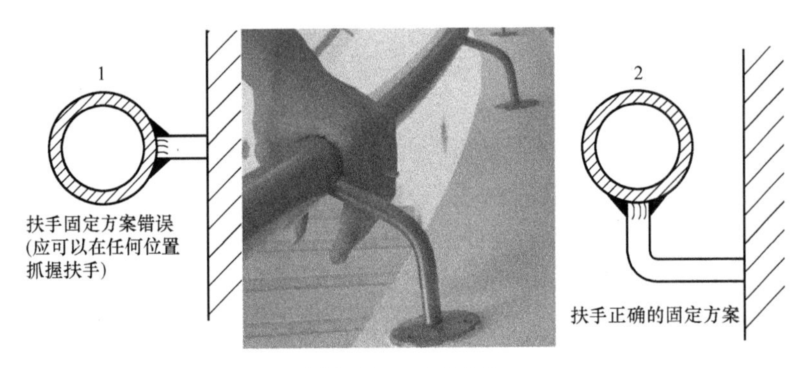

图 5.138　扶手固定

名称	最小允许尺寸/mm	最佳尺寸/mm	图示
工作姿势为蹲坐			
A高度	1220		
B宽度	685	915	
工作姿势为弯腰			
C宽度	915	1020	
工作姿势为跪姿			
D宽度	1070	1220	
E高度	1420		
F实际工作点高度		585	

图 5.139　爬行空间的最小尺寸[73]

包括泵在内的冷却液箱需要不时进行维护，因此应保证其可接近性。许多机器上都有这样的零部件单元，但其结构设计却总与设计规则 MD5 相违背。磨刀机的设计者想要一个封闭的、可移动的组件单元。最初的设计如图 5.140 中的变体 1，但这样的底座设计是无法实际投入应用的；因此又开发了变体 2，既保证了基本的可访问性，又消除了被悬臂单元绊倒的风险。

如果螺纹盖或翻板必须频繁打开，则可以考虑不使用扳手操作的设计。在这种情况下，使用铰接的吊环螺栓非常有利，因为没有零件的可移动部分会磨损或

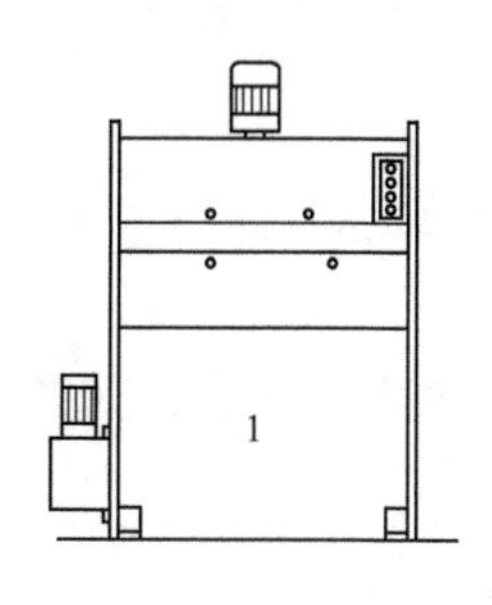

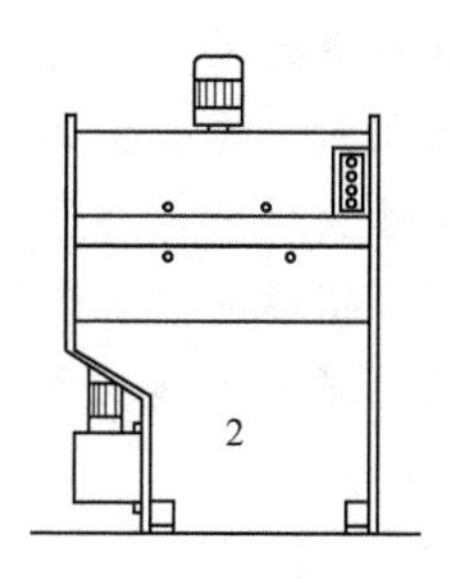

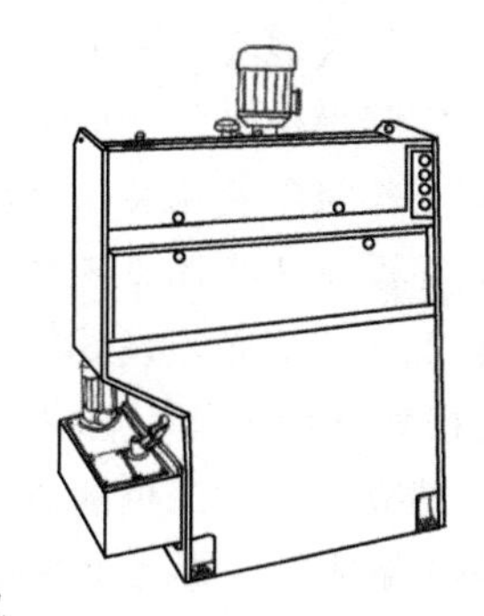

图 5.140　两种不同的磨刀机

注：为了便于维护，冷却液箱应易于拆装；变形 2 为优选设计。

“消失”。在文献中还提到了符合 DIN 315 的蝶形螺母，它也可用于此类场景，但并没有明确说明它实际是非常不适合的零件，因为它仅适用于非常低的拧紧扭矩。如果您想用手拧紧蝶形螺母，那么您自然会感到疼痛；但如果使用钳子，则又很容易折断“翅膀”部分。因此，更加锐减符合 DIN 99 的锥形手柄，如图 5.141 所示。

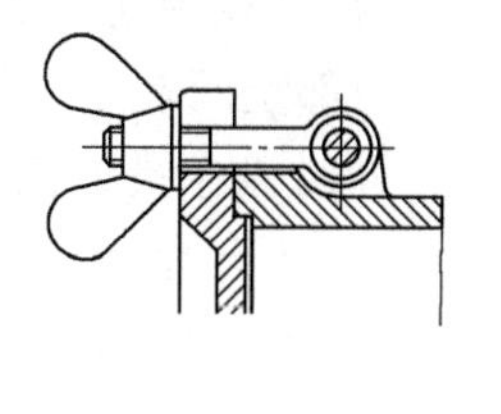
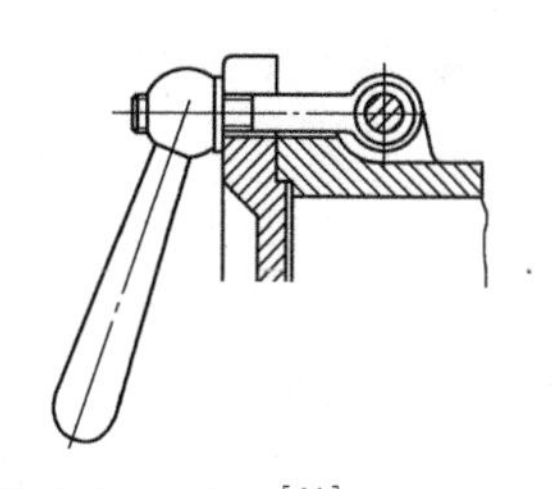

图 5.141　外部螺钉固定盖板[11]

注：符合 DIN 315 的蝶形螺母仅适用于非常小的拧紧扭矩，它完全不符合人体工学设计！应优先选择符合 DIN 99 的锥形手柄。

之前关于人机交互区设计的说法可以总结为第 12 条规则：

MD12 始终遵守操作标准及要求（从安装到报废）。

MD12.1 确保所有与操作任务有关的可执行（接近）性，尤其是临时任务，如平台、攀爬辅助设备、台阶、把手、梯子、工作平台、爬行空间等！

2. 操作区设计——实际的核心任务

在 5.5.2 小节“结构设计”中，我们已经将整体结构机器设计认定为核心任务，那么为什么此处又出现了一个实际的核心任务呢？这两者之间存在的“矛盾”需要进一步的解释。

机器的外观结构设计工作被描述为一项核心任务是因为潜在买家的整体印象会对其购买决策产生重大影响（如图 5.10 中的示例）；而操作人员与机器的接触与买家完全不同，在工作时间内与机器的接触会对其身心健康有极大的影响，因此“人-机”系统的性能十分重要。对于这个区域的设计，它不应该照搬该主题领域中文献上的文字内容，而是要以它们为基础，在实际工作中对它们提出自己的疑问，或与那些专家（人体工学专家）更有效地合作。

要满足以上要求的设计，应满足：

■ 工作区域必须根据操作人员的身高尺寸进行设计。

■ 实际操作必须适应人体运动和力量能承受的极限。

■ 工作对象及相关信息必须能够及时被人类感官系统感知。

■ 在没有适当休息的情况下不得超过连续工作限制。

■ 工作环境必须设计得尽可能舒适；至少必须避免噪声、过热、有害物质等造成的损害（内容均引自文献［47］）。

3. 站立和坐式工位的设计

操作台对人体的尺寸适应性应针对 95% 的相关人群进行设计，对应的数值包括对操纵杆、手轮等工具的操作，以及手、脚直接动作所需的合理体力值，具体可参见文献［47］和文献［78］。在文献中还可以找到：

■ 坐式工位的尺寸，包括腿部空间。

■ 视野尺寸（如读取的仪器时操作员的位置）。

对于坐着的工作区域，一个令人印象非常深刻的解决方案是车载起重机的驾驶舱，如图 5.142 所示。驾驶员的座椅可以向后旋转 21°。相关研究表明，起重机操作员必须长时间仰视，其颈部损伤是不可避免的。而将所有操作功能都集成在扶手上，并与座椅一起向后倾斜，则操作元件的位置对于操作者来说就不会发生变化。

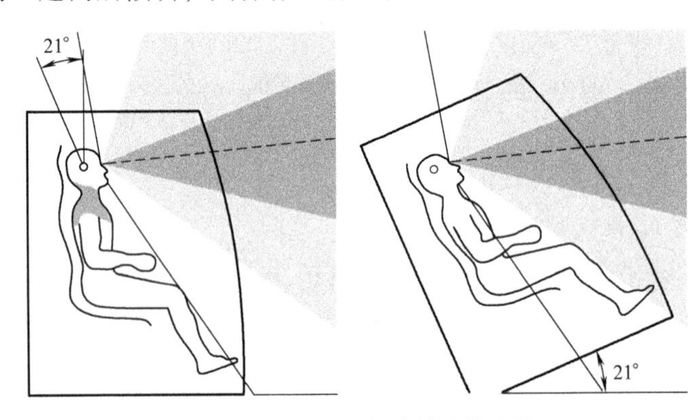

图 5.142　起重机驾驶舱中的座椅

注：驾驶员的视线总是需要向上倾斜，需通过调整座椅角度实现（Liebherr 公司设计）。

第 13 条规则：

MD13 确保站立和就座时的人体自然姿势，并将尺寸调整到适应 95%的相关人群！

如果向车身尺寸较小的国家出口机器，则必须遵守欧洲地区以外的其他尺寸要求，参见文献［47］和文献［78］。

4. 操控和可抓取空间

在设计工作台和控制面板时，必须考虑工作人员的可触及范围。图 5.143 所示为水平面上的可触及区域。

为了不超过图 5.143 中标记的可抓取空间范围，我们有时必须进行相关的结构设计，如图 5.144 所示。

出于同样的目的，设计师们为中型砂箱的半机械化生产厂设计了一种用于插入型芯的倾斜装置（图 5.145）。

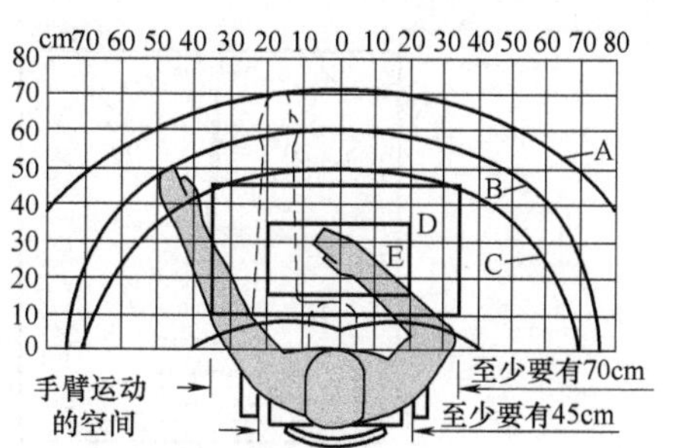

图 5.143　水平面上的可触及区域

注：在区域 D 和 E 可以进行最快、最准确、最协调、最轻松的动作[47]。

5. 文字说明还是符号标签？

如果仍旧使用指针式仪表盘，那么图 5.146 给出的建议将十分有用。

除了数值或标签，设计师们还可以使用清晰的符号或图形，如图 5.147~图 5.149 所示。

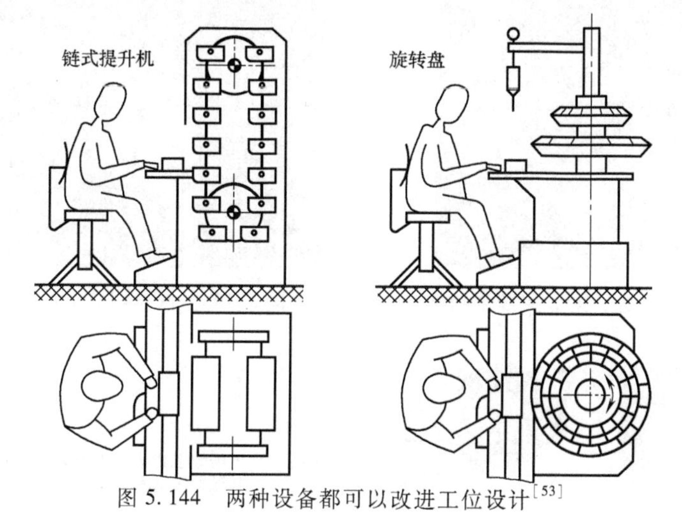

图 5.144　两种设备都可以改进工位设计[53]

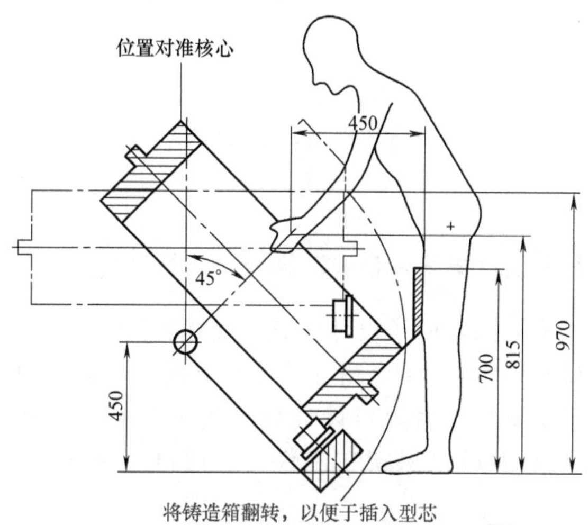

图 5.145　铸造流程中的型芯插入工位[53]

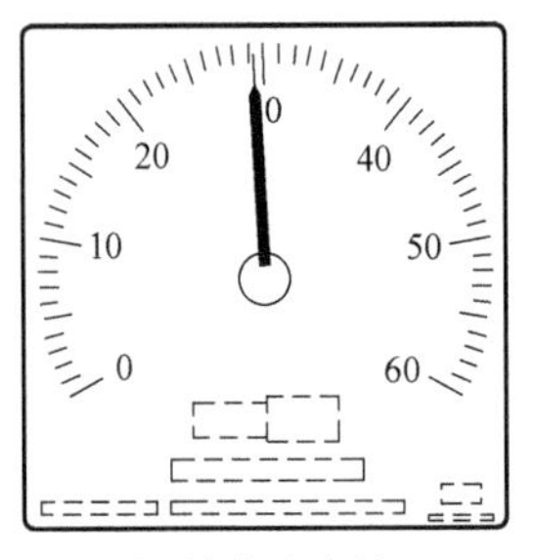

正确的读数需要时间

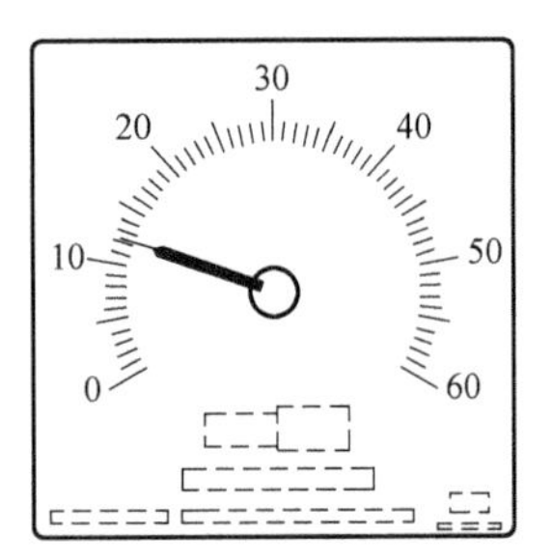

表盘外圈的数字不会发生遮挡

图 5.146　确保正确的读数[78]

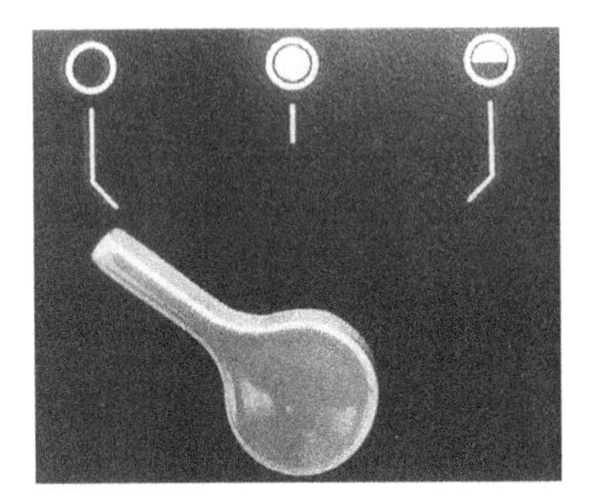

图 5.147　三档开关：开、关和半功率

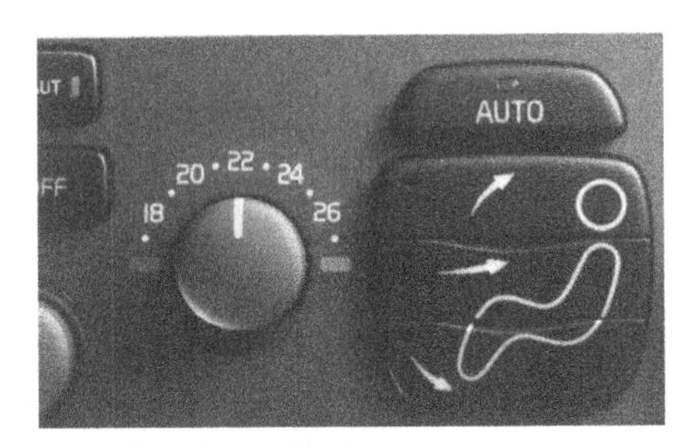

图 5.148　汽车调节空调风向的开关

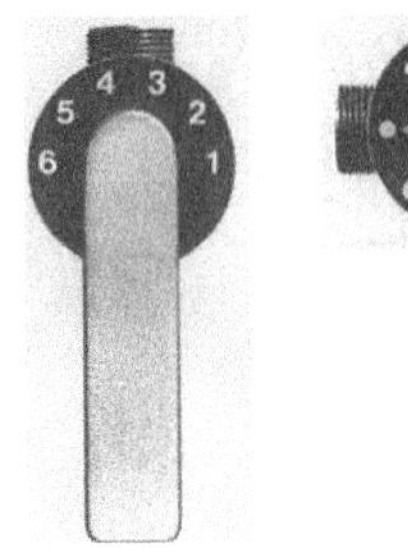

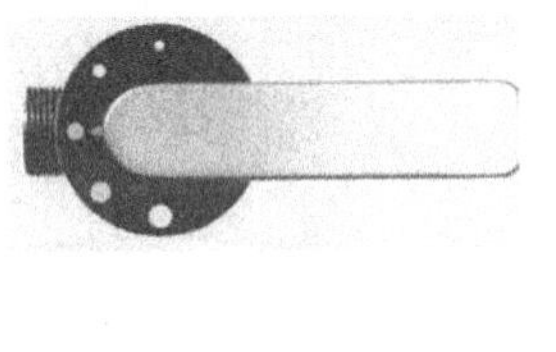

不带数字的结构可以改变安装位置，
且无须调整表盘

图 5.149　两种阀门开关

第 14 条规则：

MD14 控制用元器件更适合带有清晰符号的标签！

此类符号元素是机器图形的子设计任务，最好委托给专业的设计工作室，参见 5.5.6 小节。图 5.150 和图 5.151 介绍了其他能够确保可读性的方法。图中的两种情况都运用了触觉可识别性，因此可以进行“闭眼”操作。换言之，在短暂的学习阶段之后，视觉注意力可以保持在工件上，通过手指或手“识别”开关操作元件。

第 15 条规则：

MD15 将控制元器件集中在可抓取范围内，使其易于接近和区分——实现“闭眼”操作！

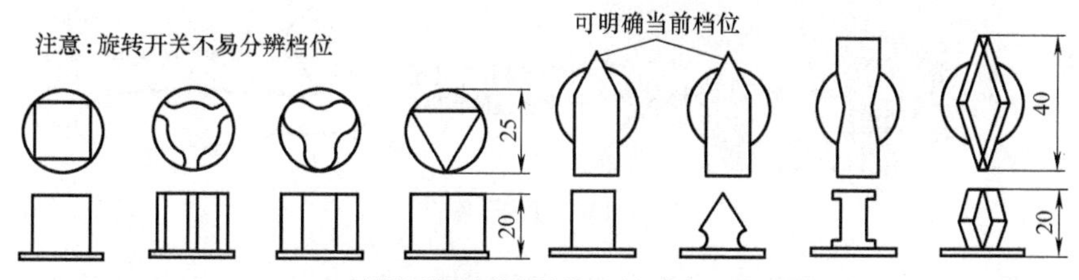

注意：旋转开关不易分辨档位
可明确当前档位
25
40
20
20
触觉识别可在较短的学习时间内实现闭眼操作

图 5.150 开关元件

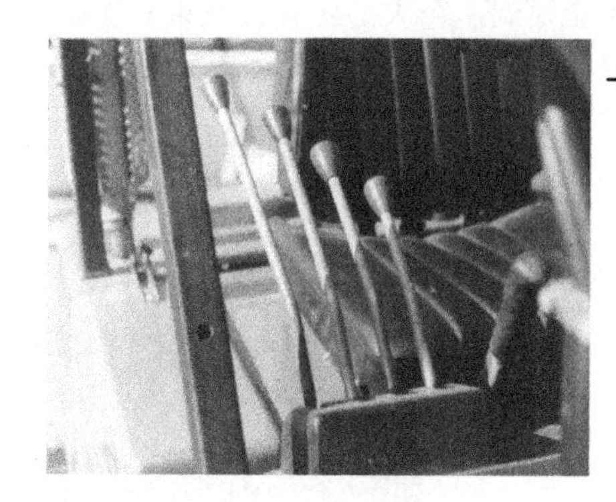

操作杆的不同长度允许闭眼
操作，驾驶员可以专注于货物

图 5.151 叉车上的操作杆

除非您真正接触过设计不佳的产品，否则很难体会到设计优秀的操作界面（控制板）的价值。从最初的旋转开关到现在电灯开关的漫长发展道路就是一个例子（图 5.152）。

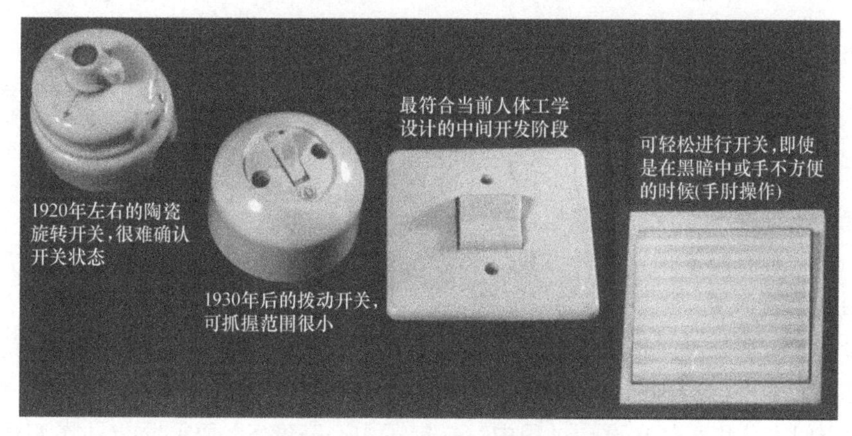

1920年左右的陶瓷
旋转开关，很难确认
开关状态
1930年后的拨动开关，
可抓握范围很小
最符合当前人体工学
设计的中间开发阶段
可轻松进行开关，即使
是在黑暗中或手不方便
的时候(手肘操作)

图 5.152 家用电灯开关的进化之路

图 5.153 中没有握柄的门把手让您只看一眼就能“感觉”到把手的体积不足。

人在进行抓握动作时不喜欢空隙，而是希望掌心能够被填满。因此，把手的抓握体积是必要的设计，如刀柄、锉刀柄或是球状手柄等都符合 DIN 39 的设计要求。

木质手柄，手几乎
没有抓握的实感！

抓握空间实体

图 5.153　门把手[98]

精心设计的执行器可以在没有操作说明的情况下“自行”引导正确的操作方式。每个人都知道如何操作门把手，但图 5.154 中箱锁上的环呢？这种锁曾经很常见，但现在只能在极少数的旧建筑上才能找到。今天的年轻人在第一次接触这种结构时，由于不了解其原理，且没有“操作说明”，都需要多次尝试才能打开。

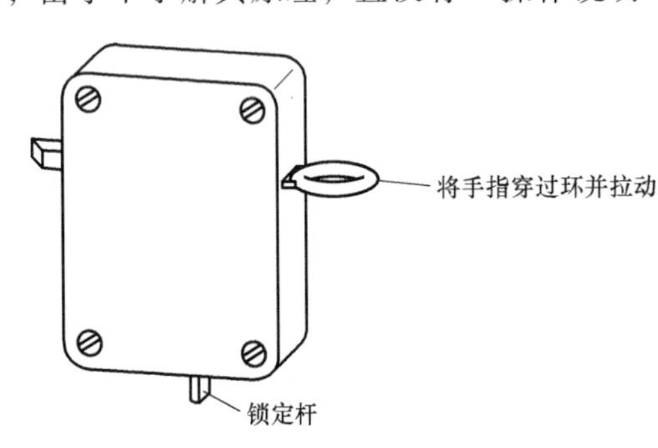
将手指穿过环并拉动
锁定杆

图 5.154　厕所门上的盒式锁（仅在一些老建筑上可见）

第 16 条规则：

MD16 操作元器件应能提示正确的操作方式！

除了实际的抓握效果，抓握时的空间也必须足够大。货车专用的充电座锁，该结构对手柄周围区域的关注就不足，如图 5.155 所示。图示位置处的把手拉杆既不能被抓住，也很难操作。设计师忽略了调整拉杆位置以补偿制造公差的需要。

处于“关闭”档时，由于缺乏空间抓握杆件，难以确认关闭状态！

图 5.155　刚性锁定杆

每个带有曲柄把手的手轮在转动时都必须允许整体结构的自由旋转，且不会夹住手指。图 5.156 中的尾座在其尺寸 A 处的空间十分狭小。在设计过程中，指定了中心高度 S，而尺寸 H（尾座体的厚度）应尽可能地大一些，以保证整体结构的刚性。如何选择尺寸 A（操作员的手指有多粗?）和尽可能大的尺寸 H 是设计者面临的一大难题。

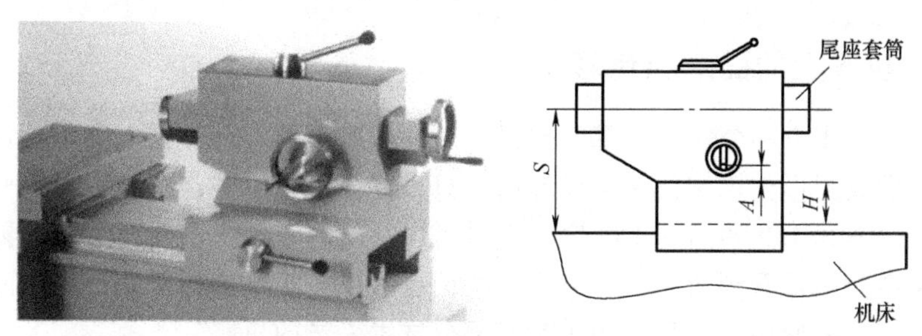

图 5.156　精密车床尾座

注：与常见的圆柱形顶尖套筒不同，此结构使用了棱柱形套筒；如何保持足够的距离 A 确实是一个设计难点；我们究竟需要多大的空间，操作员的手有多大呢？

第 17 条规则：

MD17 保证握持区域足够大！即使执行元件在其极端位置，也绝对不能挤压手指或身体的其他部位。

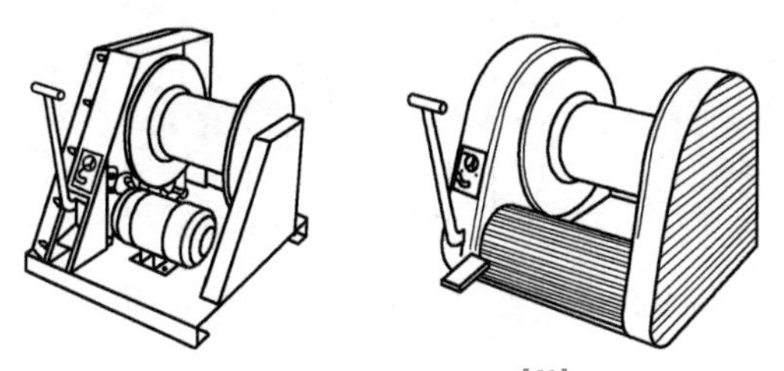

图 5.157　两种绞盘[82]

课题 5.2：

评估图 5.157 中的两种结构设计，请考虑它们在建筑工地上的实际使用情况（包括暴力操作!）。

带传动、链传动和类似的旋转元件都必须辅以保证安全的覆盖零件，这已成为机械工程中的共识。然而，在农业机械的曲柄机构中，这一点似乎做得还不够成功（图 5.158）。如果工作服较为宽松，则可能会卡在边角上。这甚至会引起十分严重的事故，是我们绝对应该要避免的。

图 5.158　秸秆打包机曲柄机构的保护覆盖结构

5.5.6 机器上的图形和色彩

产品上的图形和色彩设计都不是设计工程师培训的一部分，本书也无意将设计工程师培训成图形艺术家或色彩设计师，只是提供给各位与这些领域专家们合作时的小建议。图 5.159 和图 5.160 旨在表明结构设计的实际变化范围远大于机械工程贸易展览会上通常看到的。另一方面，我们也并不打算推广这两张图片中的极端结构在机械工程中使用，它只是为了激发部分技术人员的思路！

图 5.159　毫不起眼到引人注目的设计变化[82]　　图 5.160　颜色及图案的变化[82]

1. 产品图形

产品图形领域主要包括：

- 用于公司、商标协会或单个产品的令人难忘的标识（正如当今汽车制造商所做的那样）。
- 机器功能、操作元件等的符号、标签或其他标识（参见塑料加工机器上的象征性标志，如图 5.161 和图 5.162 所示）。

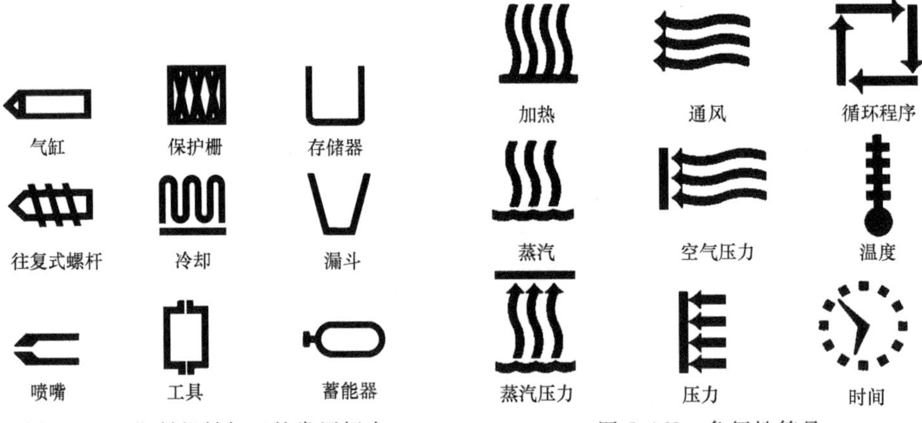

图 5.161　塑料机械加工的常用标志　　图 5.162　象征性符号

■ 机身上具有图形效果的元素（如接头、卷边、通风槽等），这些元素必须与机器设计形成一个和谐的整体，并与配色方案相协调。

产品图形的实现方式有：

■ 油漆（多色涂漆，绘画，印刷等）。

■ 胶合（箔、金属条、贴花等）。

■ 表面结构变化（阳极氧化、蚀刻、刷涂、喷砂等）。

■ 浮雕（铸造、压制、压花、雕刻、串珠等）。

■ 孔型图案（槽、孔图案等，如图5.163所示）。

根据产品的特性和实际使用环境，必须选择适当的方式（当然也可以组合使用）以保证机器图形长时间明确的指示效果。对于操作和安全相关的说明而言，这一点非常重要。

图 5.163　刻字（可承担通风作用）作为孔型图案非常耐用

2. 色彩方案

如果机械工程公司已决定使用一种接近本公司标志的颜色，则无须在机器的色彩方案上浪费更多的时间。机器购买方也可以指定颜色以避免在其自己的生产设施中出现颜色混淆。如果以上两种情况都不满足，则需要专门指定机器颜色，且色彩方案应实现以下目标：

■ 形成有利于职业安全和操作可用性的感知条件。

■ 为提升直接的感官感受做出贡献！

色彩方案可以实现或支持以下子任务：

■ 警示作用，从而有助于避免事故。仅在真正的危险点使用安全颜色！

■ 创建概览（具有相同功能的组件使用相同的颜色）。

■ 降低操作难度并消除混乱，如通过色彩对比突出重点零件（考虑日光、人造光、暮光影响）、控制元器件使用特定颜色。

■ 促进清洁（卫生），使污垢明显可见（主要用于医疗技术和食品加工机器）。

■ 突出需要给客户留下的“印象”。

■ 减少不必要的坏印象，如抑制不佳外形或不良结构比例（图5.92），消除机器单调性。

若考虑到使用场所和机器功能，在选择颜色方案时应考虑以下几个方面：

■ 能够应对日常生产造成的污染。

■ 适应操作地点的（假定的）环境。

■ 保留且不会破坏日常的操作痕迹；复杂的设计往往会造成操作不便。

■ 不易磨损和“消失”。

■ 在双色/多色的情况下适合整体结构结构；各个零部件之间不会出现色彩突变，即没有颜色不匹配的情况。

图 5.164 中包含了与最后一个观点的偏差现象。电动机卷线机上的黑圈表示绕组的旋转端（通过着色明确标识）。

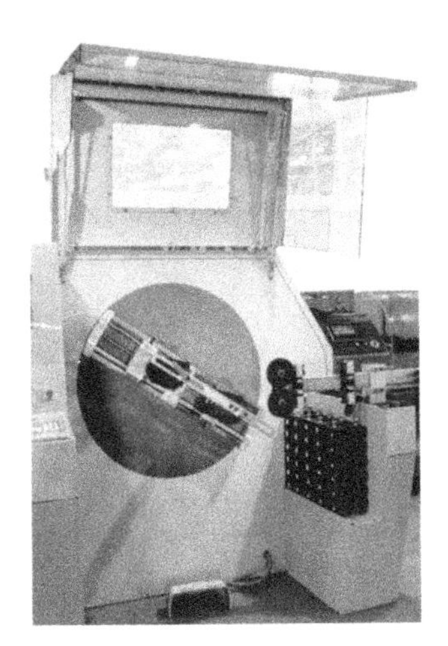

图 5.164　卷线机，旋转区域通过色彩标明

5.5.7　机械工程师——与设计师合作的优势

之前几节内容的主要关注点是让工程师们意识到他们所设计的机器外观的重要性，并填补他们对这门学科的不足。有了以上这些基础的“过渡”知识，工程师与设计师们之间无条件的合作也随之成为可能。但是，由于相当一部分机械工程公司的日常工作中仍然没有产品设计师的参与，所以我们在这里以逐个论点的形式为大家总结他们的合作目标和优势：

1）共同做出采购决定！如果技术数据相同，那么外观将会对决策有明显的影响。引用尔根·施密德的话：“成功的设计可以引发令人惊叹的效果。”

2）确保用户、操作人员的福祉！

3）机器外观设计不是结构开发完成后就可以直接“穿上的装饰品”，而是建立在自开发之初起就存在的多方设计师合作的基础上！

4）更加关注产品开发的准备工作！公司与设计师之间的合作能为公司前期制定发展战略提供帮助（市场观察、确定细分市场的定位等）。

5）设计师们常常能突破常规，带来更广阔的思路！

6）设计师能够掌握和评估产品对普通人、操作人员或采购方的整体影响（甚至可以分析之前产品的操作人员的医疗诊断影像）。

7）设计师可以通过他的表达技巧（草图、图纸或模型），快速地将合作伙伴的想法和方法可视化为抽象的解决方案；通过这种方式，可以明确后续的工作步骤。

8）我们应尽可能地实现机械工程人员与设计人员之间工作流程的紧密联系，缩短所有员工之间的物理距离可以减少大量的项目协调工作，供应商们也必须及时参与。

9）设计师也必须充分考虑制造适用性和材料经济性等方面。造型外观和时尚风格决不能凌驾于机器功能之上。

10）良好的项目组织和多方人员的并行工作甚至可以减少开发时间，但开发成本的增加是不可避免的！

对于具有多个独立分支机构的大型公司的平台化产品而言，设计师（设计办公室）需负责明确统一的特征。这可以通过以下几点实现：

1）操作面板和界面的一致性。

2）标准化的操控元件或手柄等。

3）统一的包装。

5.6 解答

课题 5.1 的解决方案

旧结构：C 型架会因磨削力而产生变形，导致砂轮轴与工作台平行度出现偏差。为了保证良好的平行度，只能使用低功率进行磨削。

新结构：

1）比 C 型框架更稳定。

2）由于托架弯曲导致的平行度偏差远小于 C 型框架。

3）床身长度可以变化，可以在磨削过程中根据要求重新装载。

4）冷却液可以完全淹没工件。

5）整个驱动单元安装在机架中，因此移动质量恒定，驱动单元的开发可以得到简化。

6）双机（两个磨削滑块）并行工作也同样能够实现。

课题 5.2 的解决方案

1）缺乏安全性：变体 1 的脚踏板需要操作人员有意识的驱动，但变体 2 很容易发生意外驱动的情况。在任何情况下都不允许这样做！

2）外观 2 能给人留下非常积极的印象。然而，波纹覆层板——细小波浪表明壁厚较薄——是否足够坚固？工地作业会相对较快地产生凹痕，但上述精细结构可以抑制这种效应。

第6章

总结与展望

机器、零件组和单个零件合适的设计需要广泛的专业知识。笔者在文献［34］中介绍了通用的机器构造，其主要内容包括组件和装配设计。而本书则专注于整台机器及其主要部件或支撑结构。如果读者拥有一定的基础知识，那么本书可以作为配套书使用，最大化地体现价值，也就是说各位读者在完成各自的设计任务时可以参考书中介绍的知识点。这也使得枯燥的文字变成了解决实际问题的技巧。设计工程师必须不断在头脑中扩建自己的“知识仓库”，因为其他专业领域的知识很难适应机器设计工程师的思维方式，这一点在已经在本书中多次提及。

1. 拥有创造性的设计思维

长期以来，VDI 一直致力于为设计过程开发系统化方法，并将其纳入 VDI 2221。这一流程使得针对设计任务的描述逐步变得抽象，参考图 1.18。笔者个人认为（另请参见文献［41］和文献［42］）这个工作流程被高估了。**复杂的产品只能依赖与材料和几何相关的创造性设计思维来开发**。当然，这并不意味着使用抽象解决原则在开发过程中毫无用处。然而，它们对解决方案边界条件的评估是非常有问题的，正如 1.2 节中借助带轮的例子所解释的那样。

2. 设计规则的价值及全面试制测试的必要性

本书各个章节中介绍的设计规则只是辅助用的知识点，它们永远无法完全覆盖设计实践中的各种任务。具体规则有：

■ 标准、指导书、帮助。

■ 总结得出的经验。

■ 在多数情况下是正确的。

■ 并非理论教条，这意味着它是正确的方法，其适用性在特定情况下经得起严格的考验。

■ 并非没有矛盾，这意味着可以存在相对的负面影响。

由此可以推断，即使遵守所有规则，也不能确定是否会设计出不存在错误的机器。绘图板上没有完美的结构。这与是否才有先进技术无关，我们永远都不能完全排除错误和缺陷。因此，必须对每个新设计进行试制测试，以便在开始批量生产之前识别出不足并及时采取相应的措施解决。全面的测试意味着这并不是原型设计团队的职责。因为这支团队非常清楚机器结构的某些弱点，并会相应地调整其操作，在某些情况下甚至可能是下意识的。非专业操作者的“暴力操作”更容易暴露缺点。量产产品的工业化应用会进一步暴露出更多的缺陷，因为不同的操作环境和不同资质的操作人员会产生各种工况。因此，迭代式地将新获得的经验融入批量生产中是很有益的。一台机器只有在被市场真正淘汰的时候才完成了它的开发任务。

鲜有关于未经充分测试的机器的报告，针对其各种问题的合适且及时的解决方案的信息也很少。我们只能了解那些在公共场合表现出明显缺陷的产品，如倾斜技术列车直到2007年才再次得到运用，西门子召回有轨电车。

3. 新技术的运用

设计工程师必须始终注意在所有开发和设计工作中尽量降低成本和工作量。本书通过很多的示例来鼓励这种处理方式。对于内高压成型组件的开发（参见2.4.6小节），舒勒公司的设计师与制造专家在项目初期便开始了合作[80]，并定义了从概念讨论到批量生产的七个工作阶段。由于这一系列步骤不仅可以用于内高压成型组件，因此将其介绍并推荐给各位读者，可以在设计生产新结构或应用新材料（如将承重结构从铸铁改为矿物铸件）时使用。

1）初步对话，澄清所有条件。

2）可行性分析。

3）组件及其布局设计。

4）原型开发。

5）试用。

6）依据质量数据进行修复。

7）批量生产。

参考文献

[1] Ambos, E.: Urformtechnik metallischer Werkstoffe. Deutscher Verlag für Grundstoffindustrie, Leipzig 1982.

[2] Ambos, E.; Hartmann, R.; Lichtenberg, H.: Fertigungsgerechtes Gestalten von Gussstücken. Hoppenstedt Technik Tabellen Verlag, Darmstadt 1992.

[3] Awiszus, B.; Bast, J.; Dürr, H.; Matthes, K.-J. (Hrsg.): Grundlagen der Fertigungstechnik. Fachbuchverlag, Leipzig 2009.

[4] Bachmann, R.; Lohkamp, F.; Strobl, R.: Maschinenelemente. Vogel-Buchverlag, Würzburg 1982.

[5] Beispielhafte Gusskonstruktionen. Fachreihe „konstruieren und gießen". Zentrale für Gussverwendung (ZGV), Düsseldorf.

[6] Bode, E.: Konstruktionsatlas. Werkstoff- und verfahrensgerecht konstruieren, 1000 Konstruktionsbeispiele bildlich dargestellt. Hoppenstedt Technik Tabellen Verlag, Darmstadt 1991.

[7] Bonten, Chr.: Kunststofftechnik für Designer. Carl Hanser Verlag, München 2003.

[8] Conrad, K.-J.: Grundlagen der Konstruktionslehre. Carl Hanser Verlag, München 2010.

[9] Conrad, K.-J. (Hrsg.): Taschenbuch der Werkzeugmaschinen. Fachbuchverlag, Leipzig 2006.

[10] Conrad, K.-J. (Hrsg.): Taschenbuch der Konstruktionstechnik. Fachbuchverlag, Leipzig 2008.

[11] Decker, K.-H.: Maschinenelemente. Carl Hanser Verlag, München 2011.

[12] Die gute Industrieform, Hannover e. V.: Prädikat if 86, Die gute Industrieform.

[13] Ehrenstein, G.-W.: Mit Kunststoffen konstruieren. Carl Hanser Verlag, München 2007.

[14] Ehrlenspiel, K.: Kostengünstig konstruieren. Konstruktionsbücher Bd. 35. Springer-Verlag, Berlin 1985.

[15] Ehrlenspiel, K.; Kiewert, A.; Lindemann, U.: Kostengünstig Entwickeln und Konstruieren. Springer-Verlag, Berlin 2002.

[16] Eisenschink, A.: Zweckform, Reissform, Quatschform. Ernst Wachsmuth Verlag, Tübingen 1998.

[17] Erhard, G.: Konstruieren mit Kunststoffen. Carl Hanser Verlag, München 2008.

[18] FAG Kugelfischer: Die Gestaltung von Wälzlagerungen. Publ.-Nr.: WL 00200/4 DA.

[19] Feinguss für alle Industriebereiche. Zentrale für Gussverwendung (ZGV), Düsseldorf.

[20] Flimm, J.: Spanlose Formgebung. Carl Hanser Verlag, München 1990.

[21] Friedrich Tabellenbuch, Metall- und Maschinentechnik. Bildungsverlag EINS, Troisdorf 2003/2004.

[22] Fritz, A. H.; Schulze, G. (Hrsg.): Fertigungstechnik. Springer-Verlag, Berlin 2004.

[23] Ganter, O.: Normteile zum Bedienen und Spannen. Otto Ganter u. Co. Normteilefabrik, Furtwangen.

[24] Geupel, H.: Konstruktionslehre. Springer-Verlag, Berlin Heidelberg 1996.

[25] Habermann, H.: Kompendium des Industrie-Design. Springer-V erlag, Berlin 2003.

[26] Hansen, F.: Justierung. Verlag Technik, Berlin 1964.

[27] Hansen, F.: Konstruktionssystematik. Verlag Technik, Berlin 1968.

[28] Hesse, S.: Montagemaschinen. Kamprath-Reihe. Vogel Verlag, Würzburg 1993.

[29] Hesse, S.: Energieträger Druckluft. Festo AG, Esslingen 2002.

[30] Hesse, S.: Montage-Atlas, Montage- und automatisierungsgerecht konstruieren. Hoppenstedt Technik Tabellen Verlag, Darmstadt 1994.

[31] Hesse, S.; Krahn, H.; Eh, D.: Betriebsmittel Vorrichtung. Carl Hanser Verlag, München 2002.

[32] Hintzen, H.; Laufenberg, H.; Kurz, U.: Konstruieren Gestalten Entwerfen. Viewegs Fachbücher der Technik. Vieweg, Wiesbaden 2002.

[33] Hirdina, H.: Gestalten für die Serie, Design in der DDR. Verlag der Kunst Dresden 1988.

[34] Hoenow, G.; Meißner, Th.: Entwerfen und Gestalten im Maschinenbau. Fachbuchverlag, Leipzig 2010.

[35] Höhne, G.: Penti, Erika und Bebo-Sher. Schwarzkopf & Schwarzkopf Verlag, Berlin 2001.

[36] Hückler, A. (Hrsg.): Technische Formgestaltung, Leitlinien. Kammer der Technik, Berlin 1968.

[37] ICS Handbuch Automatische Schraubmontage. Hans-Herbert Mönnig Verlag, Iserlohn 1993.

[38] Jackisch, U.-V.: Mineralguss für den Maschinenbau. Verlag moderne industrie, Landsberg/Lech 2002.

[39] Jackisch, U.-V./Rampf, R. (Hrsg.): Erstes Göppinger Mineralguss-Kolloquium. RAMPF Holding GmbH & Co. KG, 2001.

[40] Jorden, W.: Form- und Lagetoleranzen. Carl Hanser Verlag, München 2009.

[41] Jung, A.: Technologische Gestaltbildung. Springer-Verlag, Berlin Heidelberg 1991.

[42] Jung, A.: Funktionale Gestaltbildung. Springer-Verlag, Berlin 1989.

[43] Junker, G.; Köthe, H.; Lienemann, H.: Schraubenverbindungen, Berechnung und Gestaltung. Verlag Technik, Berlin 1968.

[44] Kesselring, F.: Technische Kompositionslehre. Springer-Verlag, Berlin 1954.

[45] Kleppmann, W.: Taschenbuch Versuchsplanung. Carl Hanser Verlag, München 2011.

[46] Klöcker, I.: Produktgestaltung. Springer Verlag, Berlin 1981.

[47] Koether, R.; Kurz, B.; Seidel, U. A.; Weber, F.: Betriebsstättenplanung und Ergonomie. Carl Hanser Verlag, München 2001.

[48] Koller, R.: Konstruktionsmethode für den Maschinen-, Geräte- und Apparatebau. Springer-Verlag, Berlin Heidelberg New York 1979.

[49] Koller, R.: Konstruktionslehre für den Maschinenbau. Springer-Verlag, Berlin 1994.

[50] Konstruieren mit Gusswerkstoffen. Herausgeben: Verein Deutscher Gießereifachleute und VDI, Gießerei-Verlag, Düsseldorf 1966.

[51] Konstruieren mit Kunststoffen. Hrsg.: VDI Wissensforum Düsseldorf, Springer-Verlag, Düsseldorf Berlin 2003.

[52] Krahn, H.; Eh, D.; Lauterbach, Th.: 1000 Konstruktionsbeispiele für die Praxis. Carl Hanser Verlag, München 2010.

[53] Krahn, H.; Nörthemann, K.H.; Hesse, S.; Eh, D.: Konstruktionselemente 3 (Montage- und Zuführtechnik). Vogel-Verlag, Würzburg 1999.

[54] Krahn, H.; Nörthemann, K.H.; Stenger, L.; Hesse, S.: Konstruktionselemente 1 (Vorrichtungs- und Maschinenbau). Vogel-Verlag, Würzburg 2002.

[55] Krause, W.: Grundlagen der Konstruktion. Carl Hanser Verlag, München 2002.

[56] Krause, W. (Hrsg.): Konstruktionselemente der Feinmechanik. Carl Hanser Verlag, München 2004.

[57] Künanz/Dittmar/Walter/Gratz: Automatisierungsgerechte Werkzeugentwicklung für Genauigkeitsbohrungen durch Ausbohren und Reiben. Zeitschrift Fertigungstechnik und Betrieb, Berlin 37 (1987) 4.

[58] Laudien, K.: Maschinenelemente. Dr. Max Jänecke Verlagsbuchhandlung, Leipzig 1931.

[59] Leyer, A.: Maschinenkonstruktionslehre. Heft 1 (1963) bis Heft 6 (1971), Birkhäuser Verlag Basel und Stuttgart.

[60] Mattheck, C.: Design in der Natur - Der Baum als Lehrmeister. Rombach-Verlag, Freiburg im Breisgau 1997.

[61] Matthes, K.-J.; Richter, E. (Hrsg.): Schweißtechnik. Fachbuchverlag, Leipzig 2008.

[62] Matthes, K.-J.; Riedel, F. (Hrsg.): Fügetechnik. Fachbuchverlag, Leipzig 2003.

[63] Mertz, K. W.; Jehn, H. A.: Praxishandbuch moderne Beschichtungen. Carl Hanser Verlag, München 2001.

[64] Museum für Kunst und Gewerbe: Mehr oder Weniger. Braun-Design im Vergleich, Hamburg 1990.

[65] Nachtigall, W.: Bionik - Grundlagen und Beispiele für Ingenieure und Naturwissenschaftler. Springer-Verlag, Berlin 2002.

[66] Neudörfer, A.: Konstruieren sicherheitsgerechter Produkte. Springer-Verlag, Berlin 2002.

[67] Neumann, A.: Schweißtechnisches Handbuch für Konstrukteure. Teil 3: Maschinen- und Fahrzeugbau, Deutscher Verlag für Schweißtechnik, Düsseldorf 1986.

[68] Neumann, A. (Hrsg.): Schweißtechnisches Handbuch für Konstrukteure, Teil 1: Grundlagen, Gestaltung. Verlag Technik, Berlin 1978.

[69] Niemann, G.; Winter, H.; Höhn, B. R.: Maschinenelemente. Springer-Verlag, Berlin 2001.

[70] Pahl/Beitz/Feldhusen/Grote: Konstruktionslehre. Springer-Verlag, Berlin 2002.

[71] Perovic, B.: Werkzeugmaschinen und Vorrichtungen. Carl Hanser Verlag, München 1999.

[72] Potente, H.: Grundlagen des Fügens von Kunststoffen. Carl Hanser Verlag München 2004.

[73] Reschtschetow, D.: Grundlagen der Konstruktion von Maschinen (russ.). Verlag Maschinostrojenije (Maschinenbau), Moskau 1967.

[74] Richter, R.: Form- und gießgerechtes Konstruieren. Deutscher Verlag für Grundstoffindustrie, Leipzig 1984.

[75] Richter/Schilling/Weise: Montage im Maschinenbau. Berlin: Verlag Technik 1974.

[76] Rieberer, A.: Schweißgerechtes konstruieren im Maschinenbau. DVS-Verlag Düsseldorf 1989.

[77] Rögnitz, H.: Das Gestalten der Form. Teubner Verlagsgesellschaft, Leipzig 1950.

[78] Schmidtke, H.: Lehrbuch der Ergonomie. Carl Hanser Verlag, München 1993.

[79] Schreyer, K.: Werkstückspanner (Vorrichtungen). Springer-Verlag, Berlin 1969.

[80] Schuler GmbH (Hrsg.): Handbuch der Umformtechnik. Springer-Verlag Berlin 1996.

[81] Schweißgerechtes Konstruieren im Maschinenbau, Merkblatt 379. Beratungsstelle für Stahlverwendung; Düsseldorf 1965.

[82] Seeger, H.: Design technischer Produkte, Programme und Systeme. Springer Verlag, Berlin 1992.

[83] Steinhilper, W.; Röper, R.: Maschinen- und Konstruktionselemente. Springer-Verlag, Berlin 1982.

[84] Steinwender, F.; Christian, E.: Konstruieren im Maschinenwesen. Markt & Technik, München 1997.

[85] Stitz, S.; Keller, W.: Spitzgießtechnik. Carl Hanser Verlag, München 2004.

[86] Thom, A.: Metallpulverspitzguss. Zeitschrift Konstruktion 11/12 - 2003.

[87] Tjalve, E.: Systematische Formgebung für Industrieprodukte. VDI-Verlag, Geldach 1978.

[88] Trumpf GmbH & Co., Ditzingen (Hrsg.): Faszination Blech.

[89] Tschätsch, H.: Werkzeugmaschinen der spanlosen und spanenden Formgebung. Carl Hanser Verlag, München 2003.

[90] Uhlmann, J.: Design für Ingenieure. Technische Universität, Dresden 1995.

[91] Wächter, K. (Hrsg.): Konstruktionslehre für Maschineningenieure. Verlag Technik, Berlin 1987.

[92] Winterfeld, R.: Konstruieren mit Stahlleichtprofilen. Deutscher Verlag für Grundstoffindustrie, Leipzig 1974.

[93] Andresen/Kähler/Lund: Montagegerechtes Konstruieren. Springer-Verlag, Berlin 1985.

[94] Förster, D.; Müller, W.: Laser in der Metallbearbeitung. Fachbuchverlag, Leipzig 2001.

[95] Daimler-Benz AG und FAT, Lasergerechtes Konstruieren, Stuttgart 1993.

[96] Lange, K. (Hrsg.): Umformtechnik. Springer-Verlag, Berlin 1993.

[97] Fichtner, Gussformstofffräsen Vortrag TUD 2005.

[98] STUDIO WIR DRESDEN.

[99] Fritz, E.; Haas, W.; Müller, H.K.: Berührungsfreie Spindelabdichtung im Werkzeugmaschinenbau. Konstruktionskatalog, Institutsbericht Nr. 39 (1992), ISBN 3-921920-39-6.

[100] Knauer, B.; Salier, H.J. (Hrsg.): Polymertechnik und Leichtbau, Verlag Frankenschwelle, Hildburghausen 2006.

[101] Renneberg, H.; Schneider, W. (Hrsg.): Kunststoffe im Anlagenbau, DVS-Verlag 1998.

[102] Schürmann, H.: Konstruieren mit Faser-Kunststoff-Verbunden, Springer-Verlag, Berlin 2005.

[103] Flemming, M.; Ziegmann, G.; Roth, S.: Faserverbundbauweisen, Springer-Verlag 1996.

[104] Witt, G. (Hrsg.): Taschenbuch der Fertigungstechnik, Fachbuchverlag, Leipzig 2006.

[105] Kugler, H.: Umformtechnik. Fachbuchverlag, Leipzig 2009.

[106] Alexander Riedl (Hrsg.): Handbuch Dichtungspraxis. 4. Auflage, 2017, Kapitel 8 (S. 520 - 584), Vulkan-Verlag GmbH, ISBN 978-3-8027-2214-1.

[107] Wang, A.-J.; McDowell, D. L.: In-Plane Stiffness and Yield strength of Periodic Metal Honeycombs. Journal of Engineering Materials and Technology - ASME; April 2004.

[108] VDI 3405:2014-12, Additive Fertigungsverfahren - Grundlagen, Begriffe, Verfahrensbeschreibungen.

[109] VDI 3405 Blatt 3.5:2018-09, Additive Fertigungsverfahren - Konstruktionsempfehlungen für die Bauteilfertigung mit Elektronen-Strahlschmelzen.

[110] Lippert, R. B.; Lachmayer, R.: Konstruktion für die Additive Fertigung - Methodik auf den Kopf gestellt? In: Lachmeyer, R.; Lippert, R. B.; Kaierle, S. (Hrsg.): Konstruktion für die Additive Fertigung 2018. Springer Verlag GmbH, Berlin Heidelberg 2020.

[111] Mirtsch, F.; Mirtsch, S., Schade, M.: Wölbstrukturierte Flachmaterialien mit synergetischen Eigenschaften; Konstruktion; Springer - Verlag, 2002/10.

[112] Mütze, S.: Beurteilung des Einsatzes von teilstrukturierten Stahlfeinblechen im Kfz-Karosseriebau zur Gewichtsreduzierung; FAT Schriftenreihe Nr. 171; Frankfurt; 2002.

[113] Sedlacek, G.: Hydrostatisch geformte flächige Formlichtbaukomponenten und Prägeteile aus Stahlblech; Dresdner Leichbausymposium 1997; Studiengesellschaft Stahlanwendung; Tagungs-

band 714; Neuartige Fahrzeugleichtbaukonzepte durch Stahlinnovation.

[114] Mirtsch, F.; Mirtsch, S.; Schade, M.: Wölbstrukturen geben Materialien neue Perspektiven; Stahl; 2002/5.

[115] Hoppe, M.: Umformverhalten strukturierter Feinbleche; dissertation.de; 2003.

[116] Hellwig, U.: Neubauer, A.; Umformen von Nebenformelementen für Leichtbau-Strukturkomponenten; Maschinenmarkt; H. 21/97; S. 26 - 31.

[117] Adam, F.: Zum ansiothropen Strukturverhalten mehrschichtiger Flächenverbunde des Leichtbautragwerkes; Diss. TU Dresden; 2000; ILK.

[118] Behr, F.; Blümel, K.; Göhler, K.; Nazikkol; C.: Aufbau und Eigenschaften des Noppenbleches; Stahl; 3/2002.

[119] Hufenbach, W.; Adam, F.: Strukturierung und Klassifizierung von Stahl-Mehrschichtverbunden; Forschung für die Praxis P 307; Studiengesellschaft für Stahlanwendung e.V.; Düsseldorf 1996.

[120] Simon, S.: Werkstoffgerechtes Konstruieren und Gestalten mit metallischen Werkstoffe, Habilitationsschrift, Verlag Dissertation.de, ISBN 978-3-86624-324-8, 2008, *LINK9*.

[121] Otremba, F.; Simon, S.: A new Design of Hazmat Tanks; Posterpräsentation, IMECE 2016; *LINK5*.

[122] Simon, S.; Weist, M.: Untersuchungen zur Tragfähigkeit strukturierter Bleche; in: Simon, S. (Hrsg.): 3. Ingenieurtag 2016 der Fakultät Maschinenbau, Elektro- und Energiesysteme: NESEFF-Netzwerktreffen 2016, ISBN 978-3-940471-28-4, S. 147 - S.151.

[123] Simon, S.; Wichmann, S.; Egert, J.; Frana, K.: Untersuchungen zur Verbesserung der Wärmeübertragung durch die Nutzung von strukturierten Feinblechen - Experiments on Heattransfer with Structur Metal Sheets; Neseff Tagung Moskau Smolensk 2016; ISBN 978-5-91412-313-7.

[124] Egert, J.; Frana, K.; Simon, S.; Wichmann, S.: Heat Transfer Studies on Structured Metal Plates; KMUTNB Int. J. Appl Sci Technol, Vol. 9, No. 3, pp. 189 - 196; 2016; DOI 10.14416.

[125] Kulhavy, P.; Lepsik, P.; Simon, S.: Using Hyperelastic Material in Device for Manufacturing Metal Templates Used for Creating Composites, The 22nd International Scientific Conference, Mechanika 2017, Kaunas University of Technology, p. 205 - 210, 2017, ISSN 1822-2951.

[126] Seidlitz, H.; Simon, S.; Gerstenberger, C.; Osiecki, T.; Kroll, L.: High-performance lightweight structures with Fiber Reinforced Thermoplastics and Structured Metal Thin Sheets; Journal of Materials Science Research, Vol 4, No 1 (2015), *LINK8*.

[127] Haas, W.: Generatorgetriebe in Windkraftanlagen zuverlässig abdichten. Antriebstechnisches Kolloquium, Aachen 29. - 30. Mai 2001. S. 181 - 199.